工业机器人工学结合项目化系列教材

焊接机器人
应用与维护保养

刘文东　王一粟　李彦飞　车焕文
李　红　李　雪　李　广　付　萍　编著

電子工業出版社
Publishing House of Electronics Industry
北京 • BEIJING

内 容 简 介

本书采用项目引领式方法编写，按照由浅入深、逐步递进的方式引出焊接机器人的概念、组成、设置和焊接工艺调试等内容，主要包括认识焊接机器人、焊接机器人功能设置与测试、焊接工艺、焊接机器人的接线、焊接机器人手动示教操作、焊接机器人程序编写、焊接机器人程序运行和应用、焊接机器人维护保养等。

本书采用任务方式提出焊接机器人实训知识点，结合生动形象的数字教学资源，理论和实践相辅相成，让学生做到既动脑又动手。本书可用于应用型本科、职业院校等相关专业课程的教材，也可用于企业工程技术人员的参考和学习用书。

图书在版编目（CIP）数据

焊接机器人应用与维护保养 / 刘文东等编著. —北京：电子工业出版社，2022.5
工业机器人工学结合项目化系列教材
ISBN 978-7-121-43390-0

Ⅰ. ①焊… Ⅱ. ①刘… Ⅲ. ①焊接机器人－维修－教材 ②焊接机器人－保养－教材 Ⅳ. ①TP242.2

中国版本图书馆 CIP 数据核字（2022）第 075125 号

责任编辑：李树林 文字编辑：底 波
印　　刷：三河市华成印务有限公司
装　　订：三河市华成印务有限公司
出版发行：电子工业出版社
　　　　　北京市海淀区万寿路 173 信箱 邮编：100036
开　　本：787×1092 1/16 印张：16.5 字数：411.8 千字
版　　次：2022 年 5 月第 1 版
印　　次：2022 年 5 月第 1 次印刷
定　　价：69.00 元

凡所购买电子工业出版社图书有缺损问题，请向购买书店调换。若书店售缺，请与本社发行部联系，联系及邮购电话：（010）88254888，88258888。

质量投诉请发邮件至 zlts@phei.com.cn，盗版侵权举报请发邮件至 dbqq@phei. com.cn。

本书咨询和投稿联系方式：（010）88254463，lisl@phei.com.cn。

前　　言

工业机器人发展至今可算得上是日新月异，技术进步和工业应用速度非常快。焊接机器人的技术和应用更是工业机器人领域最重要的一环。中国缺少工业机器人技术人才是当今社会问题之一，教会学生如何使用焊接机器人是必需的。同时，当今中国工业机器人拥有量和装机量都是世界第一，工厂的自动化生产已经离不开工业机器人，工业机器人的使用和维护是我们中国实现制造强国的重要环节，已不可缺少。

本书主要从应用型本科、中高职学生所必备的工业机器人和焊接工艺基础技能出发，结合焊接机器人的设备使用和焊接工艺的设置进行有针对性的强化训练，使学生掌握焊接机器人基础技能，几乎囊括所有焊接机器人技能知识，对大众使用者也同样适用。

本书针对从事焊接机器人工作站安装调试、操作与编程、维护和保养相关岗位技术技能型人才培养的需求，参考国家标准 GB/T 20723—2006《弧焊机器人　通用技术条件》中对弧焊机器人的技术要求、试验方法和检验规则的规定，介绍了焊接机器人功能设置、焊接工艺参数设置、手动操作与示教、焊接程序编写、自动运行和维护保养等在实际生产中的主要内容。

本书内容的编排采用项目牵引、任务驱动方式，以一个具体的实际操作过程为主线，展示焊接机器人在整个使用过程的功能和使用方法，让学生通过理论和实操练习，系统地理解焊接机器人的概念和功能，掌握焊接机器人在实际生产中的应用技能。任务是本书的基本单元，既对应一项生产操作活动，也对应一个知识点，不仅要求学生理解任务实施指引过程或参与任务实施指引（针对有配套焊接机器人实训室的院校），还要对学生进行任务执行考核（学校根据教学安排设置考核内容）。

本书内容虽然涉及日本的发那科（FANUC）和安川电机（Yaskawa）、瑞士的 ABB 和德国的库卡（KUKA）等工业机器人产品，但重点内容是国产品牌的焊接机器人和焊接电源。本书的编写基于山东时代新纪元机器人有限公司的焊接机器人、焊接电源和变位机产品等设备，设备技术参数、设备图片均来源于山东时代新纪元机器人有限公司。

本书可用于拥有焊接机器人实训室和没有焊接机器人实训室两种条件下的教学，在内容编排上分成理论和实践两部分：理论部分由“关联知识”和各项目的“任务导入”“任务目标”构成，可以独立形成一门课程教学；实践部分主要在各任务的“项目描述”“任务实施指引”部分介绍。本书所列举的基于山东时代新纪元机器人有限公司的焊接机器人、焊接电源和变位机产品的任务，也同样适用于其他品牌设备。

本书由多年从事焊接机器人“理论与实践一体化”教学的中高职一线教师，以及焊接机器人应用和教育培训工作的企业专家联合完成。中国机器人产教融合联盟专家、包头机械工业职业学校刘文东，中国机械工业联合会机器人分会特聘专家王一粟，包头铁道职业技术学院车焕文，包头职业技术学院李红，包头机械工业职业学校李广、李雪、付萍，以及上海添唯教育科技有限公司李鹏飞、马春港、龙剑参加了部分书稿的编写、教学视频拍摄、图片拍摄和处理工作。山东时代新纪元机器人有限公司李彦飞、郭洁为本书的编写提供了重要帮助。

由于编者实践操作水平有限，书稿和视频中若有不当之处，敬请读者和业内人士批评指正。在编写过程中，参阅了各个机器人和焊接电源生产厂家的技术和培训资料，以及从事焊接、机器人研究和教学人员的教学与研究成果，在此向原作者表示衷心感谢！

编著者

目　录

第 1 章　焊接机器人概述……1

第 2 章　认识焊接机器人……5

2.1　焊接机器人基本组成……5

2.1.1　焊接机器人组成……6

2.1.2　焊接设备组成……12

2.1.3　焊接机器人软件组成……18

2.1.4　知识拓展——制造业的生产组织方式……20

课后练习……21

2.2　焊接机器人安全和防护教育……22

2.2.1　焊接机器人相关的安全防护……23

2.2.2　安全防护标识及其装置……27

2.2.3　知识拓展——焊接机器人安全操作规程……29

课后练习……30

2.3　焊接机器人的基本焊接工艺和方法……30

2.3.1　焊接机器人弧焊工艺和方法……32

2.3.2　焊接机器人点焊工艺和方法……35

2.3.3　知识拓展——焊接工艺和方法……36

课后练习……38

2.4　焊接机器人模拟焊接操作程序与实践……39

2.4.1　掌握焊接机器人的操作……40

2.4.2　焊缝轨迹编程……41

2.4.3　焊接机器人焊接程序的连续运行（不起电弧）……43

2.4.4　如何评估焊枪角度、焊接位置及焊接速度……44

2.4.5　知识拓展——焊接机器人作业轨迹规划……45

课后练习……47

第 3 章　焊接机器人功能设置与测试……48

3.1　焊接机器人送丝功能设置与测试……49

3.1.1　送丝机构的组成……50

3.1.2　送丝信号及其功能……54

3.1.3 知识拓展——影响焊接质量的因素 …… 57
课后练习 …… 60
3.2 焊接机器人保护气功能设置与测试 …… 60
3.2.1 送保护气装置的组成 …… 61
3.2.2 送保护气信号及其功能 …… 62
3.2.3 知识拓展——不同的焊接保护气的焊接特性 …… 65
课后练习 …… 67
3.3 焊接机器人起（引）弧功能设置与测试 …… 68
3.3.1 引弧原理和构成 …… 68
3.3.2 引弧信号和功能 …… 69
课后练习 …… 72
3.4 焊接机器人电弧建立功能的设置与测试 …… 72
3.4.1 焊接机器人电弧建立原理和构成 …… 73
3.4.2 焊接机器人电弧建立信号和功能 …… 74
3.4.3 知识拓展——霍尔效应 …… 76
课后练习 …… 77
第 4 章 焊接工艺 …… 78
4.1 焊接工艺软件包配置 …… 78
4.1.1 焊接工艺软件包的功能 …… 79
4.1.2 焊接工艺软件包的系统配置 …… 80
4.1.3 知识拓展——常用的焊接工艺参数 …… 81
课后练习 …… 84
4.2 焊接引弧、收弧工艺 …… 85
4.2.1 焊接引弧工艺 …… 86
4.2.2 焊接收弧工艺 …… 87
4.2.3 知识拓展——冷金属过渡工艺 …… 89
课后练习 …… 90
4.3 焊接阶段的工艺参数 …… 90
4.3.1 焊接电流对焊接质量的影响 …… 91
4.3.2 焊接电压与电弧电压对焊接质量的影响 …… 92
4.3.3 焊接速度对焊接质量的影响 …… 93
4.3.4 知识拓展——二氧化碳气体保护焊的焊接缺陷 …… 94
课后练习 …… 96
4.4 焊接机器人通信信号配置 …… 97
4.4.1 焊接工艺软件包数字 I/O 信号通信配置 …… 98
4.4.2 焊接工艺软件包模拟量信号通信配置 …… 100
4.4.3 焊接工艺软件包总线通信配置 …… 101

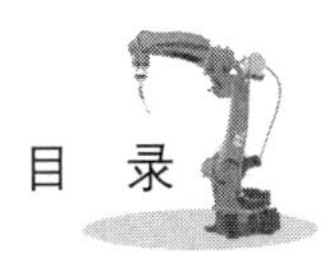

4.4.4 知识拓展——焊接机器人工艺参数和控制 ……102

课后练习……104

第 5 章 焊接机器人的接线……105

5.1 机器人的接线……105

5.1.1 控制柜与本体、配电柜的连接 ……106

5.1.2 控制柜通电操作……108

课后练习……110

5.2 焊接电源的接线……110

课后练习……114

5.3 手动移动机械臂的各个轴……114

课后练习……118

第 6 章 焊接机器人手动示教操作……119

6.1 焊接机器人手持示教器的使用……119

6.1.1 焊接机器人手持示教器……120

6.1.2 手持示教器显示界面……126

课后练习……132

6.2 轴运动的示教操作……133

6.2.1 不同坐标系下轴运动的区别……133

6.2.2 知识拓展——原点坐标系标定 ……137

课后练习……141

第 7 章 焊接机器人程序编写……142

7.1 焊接机器人工具中心点数据设置……143

7.1.1 工具坐标系的标定步骤……143

7.1.2 工具坐标系标定 TCP 并验证其精确度 ……148

7.1.3 知识拓展——用户坐标系标定 ……149

课后练习……154

7.2 焊接机器人运动指令编写……154

7.2.1 程序管理操作……155

7.2.2 简单示教编程……162

课后练习……170

7.3 焊接机器人焊接工艺指令编写……170

7.3.1 弧焊工艺参数设置……171

7.3.2 弧焊焊接工艺程序……178

课后练习……179

7.4 焊接机器人程序测试……179

7.4.1 轨迹确认的方法……180

7.4.2 如何修改程序……182
课后练习……185

第8章 焊接机器人程序运行和应用……186

8.1 焊接机器人变位机的结构和选择……186
课后练习……190
8.2 焊接机器人和变位机坐标系标定……190
8.2.1 变位机坐标系标定……191
8.2.2 知识拓展——变位系统菜单介绍……194
课后练习……196
8.3 焊接机器人手动模式和自动模式……196
8.3.1 焊接机器人手动模式和自动模式的区别……197
8.3.2 焊接机器人手动模式和自动模式的切换……198
课后练习……199
8.4 焊接机器人焊接准备状态检查……199
课后练习……202

第9章 焊接机器人维护保养……203

9.1 焊接机器人本体和控制柜的维护保养……203
9.1.1 焊接机器人本体维护保养的组成……204
9.1.2 常用工具的名称和作用……208
9.1.3 各主要部件维护保养的步骤……210
课后练习……214
9.2 焊接电源的维护保养……214
9.2.1 焊接电源的日常检查……215
9.2.2 焊接电缆的日常检查……216
9.2.3 知识拓展——焊接电源的安装、使用与维护保养……217
课后练习……218
9.3 焊枪的维护保养……218
9.3.1 TBi焊枪维护保养……219
9.3.2 知识拓展——焊接机器人焊枪的维护保养……220
课后练习……223
9.4 送丝机构的维护保养……224
9.4.1 送丝机构的安装……225
9.4.2 送丝机构的安全防护和维护保养……227
9.4.3 知识拓展——自动送丝机构……227
课后练习……228

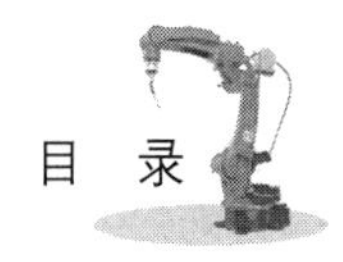

附录 **A** 故障代码……230

附录 **B** 焊接工艺参数附表……236

附录 **C** 焊接机器人编程指令……240

附录 **D** 焊接机器人安全操作规程……249

参考文献……254

第1章

焊接机器人概述

如今，随着科学技术的快速发展和广泛应用，工业自动化水平越来越高，自动化设备应用的广度和深度不断扩展。自动化设备的广泛安装和使用，不但提高了工厂的生产效率，提高了产品质量，而且降低了人力成本，对熟练技术工人的依赖程度降低。工厂的生产安排和自动化设备使用进入了“机器换人”时代。人类的工业水平和工业生产实现了从机械化到电气化，从电气化到自动化，从自动化到信息化、数字化和智能化的发展。智能制造、工业互联网、虚拟仿真和数字孪生、工业人工智能、智慧工厂等新概念与新技术应用层出不穷。

根据百度百科的定义可知，工业自动化（Industrial Automation）是在工业生产中广泛采用自动控制、自动调整装置，用以代替人工操纵机器和机器体系进行加工生产的趋势。在工业生产自动化条件下，人只是间接地照管和监督机器进行生产。工业自动化，按其发展阶段可分为：（1）半自动化，即部分采用自动控制和自动装置，部分由人工操作机器生产；（2）全自动化，即生产过程中的全部工序，包括上料、下料、装卸等都不需要人直接操作（人只是间接地照看和监督机器运转），由机器连续地、重复地自动生产出一个或一批产品。自动化技术就是探索和研究实现自动化过程的方法和技术，是涉及机械、微电子、计算机、机器视觉等技术领域的一门综合性技术。

焊接机器人如图1-1所示。焊接机器人（Welding Robot）是工厂自动化装备的一种，实际包含两个重要概念：一个是焊接；另一个是机器人。我们有时把焊接机器人又叫作机器人焊接，实际上这是有区别的：焊接机器人强调的是机器人，是一种自动化设备；机器人焊接强调的是焊接，是一种工艺过程或生产过程。

什么是工业机器人呢？根据国际标准ISO 10218-1：2006和国家标准GB 11291.1—2011中工业机器人的定义：工业机器人是一种多用途的、可重复编程的自动控制操作机（Manipulator），具有三个或更多可编程的轴，用于工业自动化领域。

工业机器人与其他自动化设备相比，有四个显著特点。

（1）可编程。生产自动化的进一步发展是柔性自动化。工业机器人可随其工作环境变化的需要而再编程，在小批量多品种具有均衡高效率的柔性制造过程中能发挥很好的作用，是柔性制造系统（FMS）中的一个重要组成部分。

（2）拟人化。工业机器人在机械结构上有类似人的行走、大臂、小臂、手腕、手爪等部分，在控制上有计算机。此外，智能化工业机器人还有许多类似人类的生物传感器，如皮肤型接触传感器、力传感器、负载传感器、视觉传感器、声音传感器、语言功能等。传感器提高了工业机器人对周围环境的自适应能力。

图 1-1 焊接机器人

（3）通用性。除了专门设计特殊用途的工业机器人，一般工业机器人在执行不同的作业任务时具有较好的通用性。比如，更换工业机器人手部末端执行器（手爪、工具等）便可执行不同的作业任务。

（4）机电一体化。工业机器人技术涉及的学科虽相当广泛，但归纳起来就是机械学和微电子学的结合——机电一体化技术。第三代智能机器人不仅具有获取外部环境信息的各种传感器，而且还具有记忆能力、语言理解能力、图像识别能力、推理判断能力等人工智能，这些都与微电子技术的应用，特别是计算机技术的应用密切相关。

工业机器人本身是一个机械臂单元加控制器单元。机械臂单元相当于人类的手臂，只有手臂是没办法工作的，必须有手，而且必须是要能拿着合适的工具才可以完成某项工作。

焊接机器人就是在机械臂第 6 轴（或第 7 轴）法兰盘上，安装可以弧焊的焊枪、可以点焊的焊钳、可以切割的切割枪、可以热喷涂的喷枪等工具。这些工具在焊接机器人设备中也被叫作末端执行器，针对不同材料的焊件，根据工艺要求，能完成弧焊、点焊、切割和热喷涂等工作。

什么是焊接或焊接工艺呢？焊接，也称作熔接、镕接，是一种以加热、高温或者高压的方式接合金属或其他热塑性材料，如塑料的制造工艺及技术。焊接通过下列三种途径达成接合的目的。

（1）熔焊——加热与之接合的焊件，使之局部熔化形成熔池，熔池冷却凝固后便接合，必要时可加入熔填物辅助，是适合各种金属和合金的焊接加工，不需要压力。

（2）压焊——焊接过程必须对焊件施加压力，属于各种金属材料和部分非金属材料的加工。

（3）钎焊——采用比母材熔点低的金属材料作为钎料，利用液态钎料润湿母材，填充接头间隙，并与母材互相扩散实现接合焊件，适合各种材料的焊接加工，也适合不同金属或异类材料的焊接加工。

本书所涉及的焊接工艺是基于一般气体保护电弧焊接工艺。点焊、钎焊、切割和热喷涂工艺不在本书描述范围内。

焊接机器人工作站构成示意图分别如图 1-2 和图 1-3 所示。焊接机器人工作站是焊件弧焊工艺一站式整体解决方案，从系统组成角度看，包含硬件部分和软件部分。硬件部分从功能角度主要分为三大部分，即焊接工艺控制设备、焊缝轨迹控制部分和焊接辅助设备：焊接工艺控制设备主要包括焊接电源、焊接工艺控制柜、送丝机构、焊枪、焊缝跟踪传感器（可选）等；焊缝轨迹控制部分主要包括六轴机器人、变位机（可选）；焊接辅助设备主要包括焊枪清枪器、焊丝盘（桶）、排烟装置、安全装置、操作按钮盒等。软件部分从功能角度主要分为三大部分，即焊接工艺参数设置软件（如焊接专家库）、机器人弧焊工艺软件包、焊接工艺仿真软件（可选）。

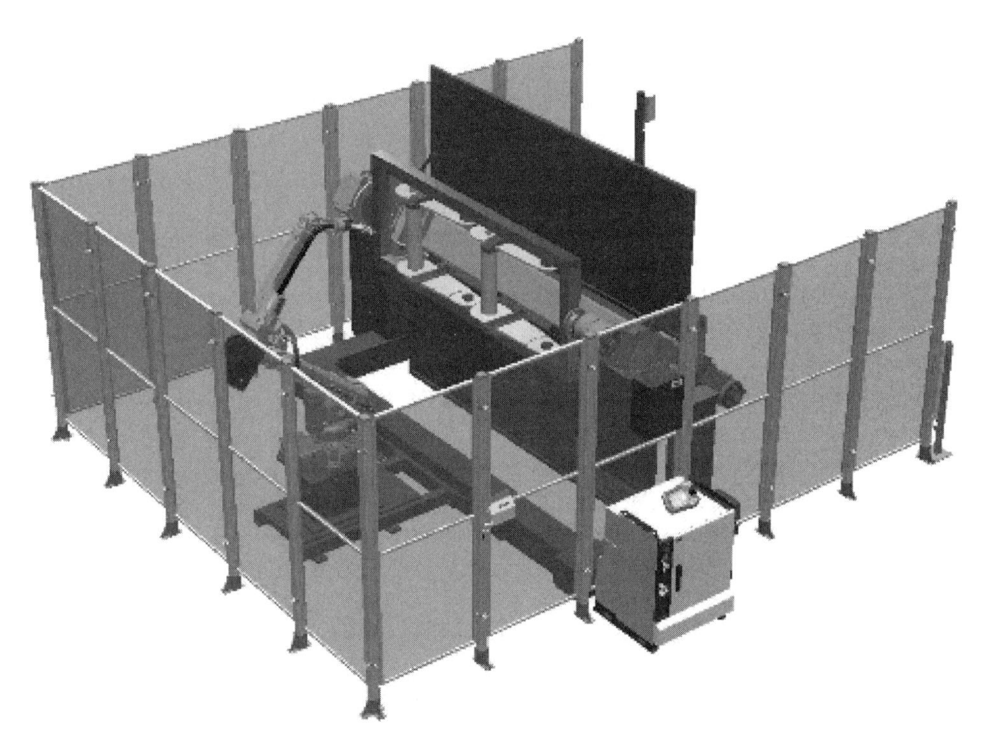

图 1-2　焊接机器人工作站构成示意图（1）

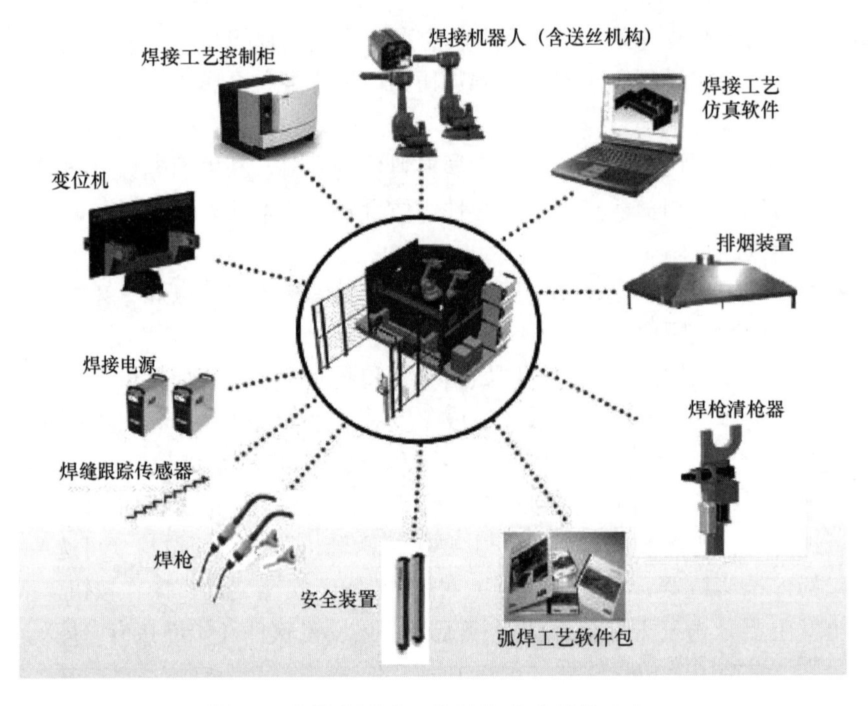

图 1-3　焊接机器人工作站构成示意图（2）

第2章

认识焊接机器人

项目描述

焊接工艺作为工业机器人最早和最广泛应用的场景，焊接机器人作为工业机器人最早和最广泛的应用设备，已经有超过 40 年的应用积累和技术储备。随着工业互联网、智能制造等技术的推广，焊接机器人越来越向信息化、数字化和智能化方向发展，而且相对于不同焊件材料、不同焊接工艺、不同应用场景，又开发出大量多种功能的系列化焊接机器人设备，可满足多种类型的生产制造。生产线中的焊接机器人如图 2-1 所示。

图 2-1　生产线中的焊接机器人

我们现在需要结合最新的技术和应用场景重新认识和了解焊接机器人，重新认识焊接机器人对新型智慧工厂的作用和影响，重新认识焊接机器人在设计制造、安装调试、操作编程、维护保养、升级改造等方面对新型技能型人才需求的影响，重新认识焊接机器人对现代职业教育手段和教学方式、内容的影响。

本项目的前半部分任务是通过文字、图片、视频、实物等展示焊接机器人的组成，并通过图表、符号等直观方式介绍焊接机器人的安全和防护；后半部分任务通过理论讲解什么是适合机器人的焊接工艺，并通过自己动手动脑，完成虚拟焊接实际操作，直观感受焊接机器人的工作过程，对焊接机器人整体有一个完整的感性认知。

2.1　焊接机器人基本组成

任务导入

焊接机器人是从事焊接作业的工业机器人。焊接机器人在工业机器人的末轴法兰安装焊钳或焊枪，使其能进行焊接作业。焊接机器人主要包括机器人和焊接设备两部分：机器人由机器人本体和控制柜（硬件及软件）组成；焊接设备（以弧焊为例）由焊接电源、送丝机构（弧焊）、焊枪等部分组成。接下来，我们一起认识焊接机器人基本组成。焊接机器人示例如图 2-2 所示。

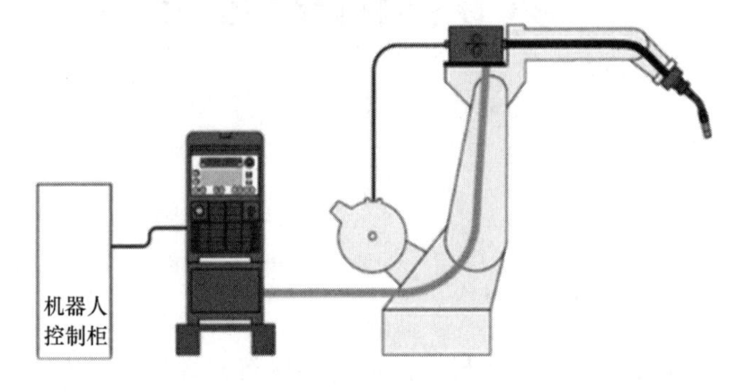

图 2-2　焊接机器人示例

任务目标

（1）认识焊接机器人的组成；

（2）认识焊接设备组成；

（3）认识焊接机器人软件组成。

任务实施指引

在教师的安排下，各学习小组观察现场焊接机器人设备，并结合教材内容了解焊接机器人、焊接机器人焊接设备、焊接机器人软件的组成，通过启发式教学法激发学生的学习兴趣和学习主动性。

2.1.1　焊接机器人组成

通过观察教室中的焊接机器人，了解焊接机器人的组成部分，掌握图 2-3（示例，不同实验室不同品牌的部件有所不同）部件的名称及作用，并填写到表 2-1 中。

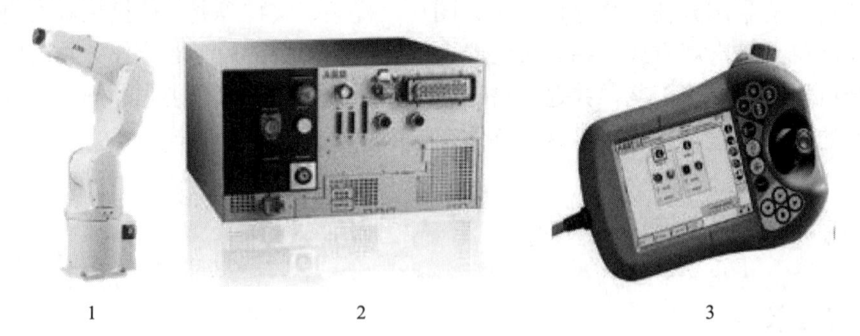

图 2-3　焊接机器人组成

表 2-1　焊接机器人组成

序　　号	名　　称	功　　能
1		
2		
3		

温馨提示：

（1）参观设备时，必须听从教师的安排，不准私自触碰设备与电源开关。

（2）参观完毕后有序回到讨论区，完成表 2-1 的填写。

关联知识

1. 焊接机器人硬件单元——六轴机械臂

六轴机械臂是拟人手臂、手腕和手功能的机械电子装置，可把任一物件或工具按空间位姿（位置和姿态）的变化要求进行移动，从而完成某一项工业生产的作业要求，如夹持焊钳或焊枪，对汽车或摩托车车体进行点焊或弧焊，搬运压铸或冲压的零件或构件进行激光切割、喷涂、装配机械零部件等。

六轴机械臂也被称作六关节机械臂（Robot Arms）、机器人本体（Manipulator），有六个自由度，理论上末端执行器（未安装工具时指第六轴法兰盘）中心点可以运动到机械臂运动范围内的任意位置。六轴机械臂如图 2-4 所示。

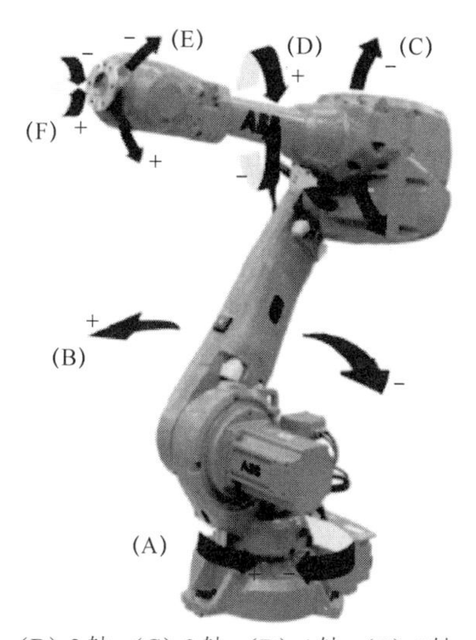

（A）1 轴；（B）2 轴；（C）3 轴；（D）4 轴；（E）5 轴；（F）6 轴

图 2-4　六轴机械臂

机器人本体结构由机械结构和机械传动系统组成，也是机器人的支承基础和执行机构。机器人本体的核心元器件包括伺服电机、减速机、制动器、编码器等。辅助部件包括上臂和下臂支撑架、平衡缸、连杆机构、动力电缆和通信电缆等。六轴机械臂结构如图 2-5 所示。

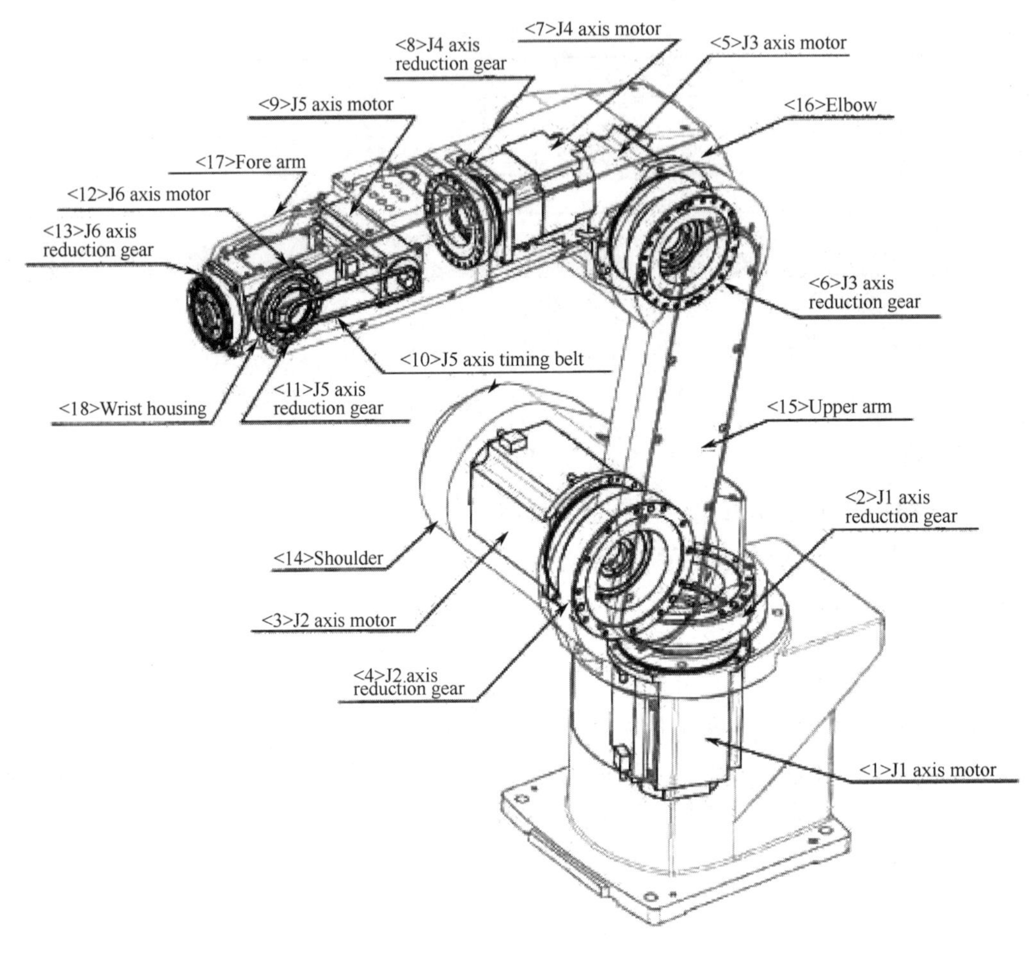

图 2-5　六轴机械臂结构

表 2-2 为六轴机械臂结构英文名称解释。

表 2-2　六轴机械臂结构英文名称解释

序　号	英 文 名 称	中 文 名 称
1	J1 axis motor	1 轴伺服电机
2	J1 axis reduction gear	1 轴减速机
3	J2 axis motor	2 轴伺服电机
4	J2 axis reduction gear	2 轴减速机
5	J3 axis motor	3 轴伺服电机
6	J3 axis reduction gear	3 轴减速机
7	J4 axis motor	4 轴伺服电机
8	J4 axis reduction gear	4 轴减速机
9	J5 axis motor	5 轴伺服电机
10	J5 axis timing belt	5 轴齿轮同步带
11	J5 axis reduction gear	5 轴减速机
12	J6 axis motor	6 轴伺服电机

（续表）

序　　号	英 文 名 称	中 文 名 称
13	J6 axis reduction gear	6 轴减速机
14	Shoulder	肩部
15	Upper arm	上臂
16	Elbow	肘部
17	Fore arm	前臂
18	Wrist housing	手腕支架

接下来，重点介绍伺服电机和减速机装置。

（1）伺服电机。

伺服一词源于希腊语“奴隶”的意思。伺服电机可以理解为绝对服从控制信号指挥的电机：在控制信号发出之前，转子静止不动；当控制信号发出时，转子立即转动；当控制信号消失时，转子能即时停转。伺服电机是自动控制装置中被用作执行元件的微型特种电机，用于将电信号转换成转轴的角位移或角速度。机器人用伺服电机要求控制器与伺服之间的总线通信速度快、精度高。尤其是当要求快速响应时，伺服电动机必须具有较高的可靠性和稳定性，能经受得起苛刻的运行条件，可进行十分频繁的正反向和加减速运行，并能在短时间内承受过载。焊接机器人伺服电机示意图如图 2-6 所示。

（2）减速机。

焊接机器人运动的核心部件——减速机，是一种精密的动力传达机构，其利用齿轮的速度转换功能，将电机的回转数减到所需要的回转数，从而降低转速，增加转矩，并得到较大转矩的装置。焊接机器人 RV 减速机示意图如图 2-7 所示。

图 2-6　焊接机器人伺服电机示意图

图 2-7　焊接机器人 RV 减速机示意图

RV 减速机是在摆线针轮传动基础上发展起来的，具有二级减速和中心圆盘支承结构，因其具有传动比大、传动效率高、运动精度高、回差小、低振动、刚性大和高可靠性等优点，所以是机器人的“专用”减速机。

谐波传动减速机由三部分组成，分别为谐波发生器、柔性轮和刚性轮。其工作原理是由谐波发生器使柔性轮产生可控的弹性变形，靠柔性轮与刚性轮啮合来传递动力，并达到减速的目的；按照谐波发生器的不同，有凸轮式、滚轮式和偏心盘式。谐波传动减速器的传动比大、外形轮廓小、零件数目少且传动效率高。单机传动比可达到 50～4000，传动效率高达 92%～96%。焊接机器人谐波传动减速机如图 2-8 所示。

图 2-8 焊接机器人谐波传动减速机

2. 焊接机器人硬件单元——控制器

焊接机器人控制器相当于人类的大脑，主要包括两部分：控制柜和示教器。控制柜中包含了多个驱动控制模块，用于控制机器人六轴或外部轴的运动。示教器是人机交互的连接器，用于编程和发送控制命令给控制柜以命令机器人运动。常见的焊接机器人控制柜如图 2-9 所示。

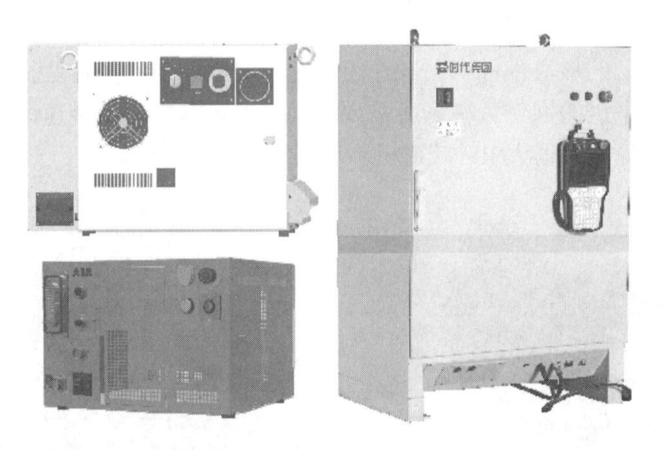

图 2-9 常见的焊接机器人控制柜

焊接机器人控制柜主要控制机器人在工作空间的运动位置、姿态和轨迹、操作顺序及动作的时间等，通过对机器人的正向运动及逆向运动求解，帮助机器人完成轨迹规划的工作。焊接机器人控制柜是由控制器硬件与控制器软件组成的。其中控制器软件就相当于机器人的“大脑”。

焊接机器人控制柜的要求：首先是保证安全，控制柜一般采用电子限位开关技术，兼顾安全性和灵活性的同时，缩小占地面积，在人机协作方面都有很好的表现；其次是控制柜在控制时要求高速精准，提升焊接机器人执行任务的效率。另外，焊接机器人控制柜以先进动态建模技术为基础，可对机器人性能实现自动优化。

一般焊接机器人控制器的控制机械臂重复定位精度可达±0.01 mm，标配的防护等级是 IP54，最高防护等级可达 IP67（对液态和固态微颗粒的防护能力），可在比较恶劣的工作环境和高负荷、高频率的节拍下工作。焊接机器人控制柜的主动安全（Active Safety）和被动安全（Passive Safety）功能可最大化地保证操作人员、机器人和其他财产的安全。控制柜能够兼容各种规格电源电压，广泛适应各类环境条件。它可以与其他生产设备实现互联互通，支持大部分主流工业网络，形成强大的联网能力。最新型控制柜具有的远程监测技术，可迅速完成故障检测，并提供机器人状态实时监测，能够显著提高生产效率。焊接机器人控制柜构成示意图（ABB 机器人）如图 2-10 所示。

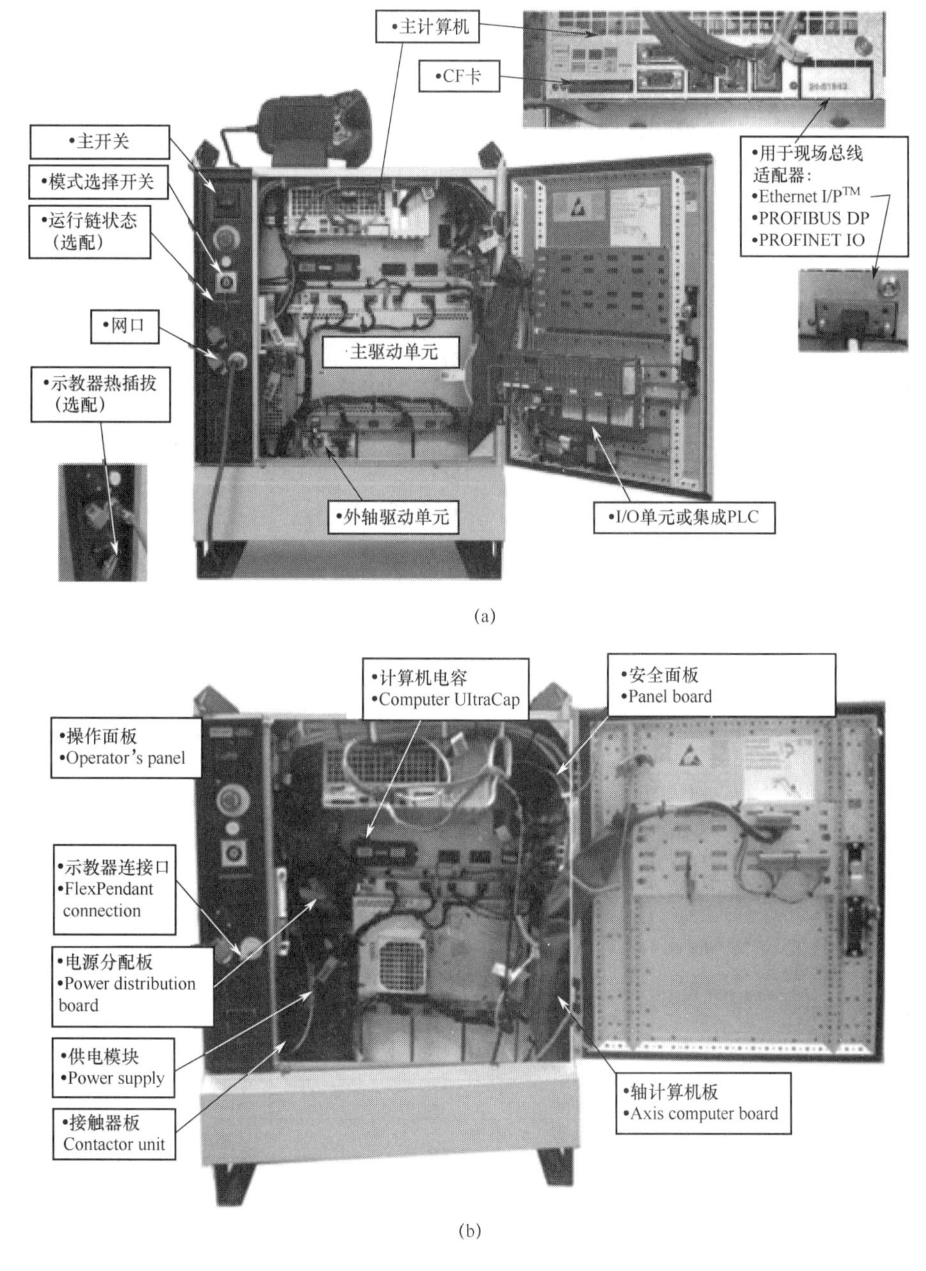

图 2-10　焊接机器人控制柜构成示意图（ABB 机器人）

焊接机器人控制柜的硬件主要是由控制模块、驱动模块、通信单元、安全单元、操作单元、供电模块等组成的。控制模块包含控制机器人本体动作的主计算机，主计算机主要进行程序的执行和信号处理。一个控制模块可以连接 1～4 个驱动模块。驱动模块包含电子设备的模块，可为机器人本体的电机供电。驱动模块最多可以包含 9 个驱动单元。每个单元控制一个机器人本体关节。标准焊接机器人有 6 个轴，因此有 6 个关节，所以每个焊接机器人关节通常只使用一个驱动模块。通信单元包括通信接口板和支持各种总线类型的通信板。安全单元包括安全板、安全控制单元、接触器等。操作单元包括操作面板、上电按钮、钥匙开关等。供电模块包括变压器、整流单元、电源分配板、电容等。

2.1.2　焊接设备组成

通过观察教室中的焊接设备，认识焊接设备组成。

各小组讨论及查阅资料，对图 2-11 中所示的焊接设备进行判别，对号入座完成表 2-3 的填写。

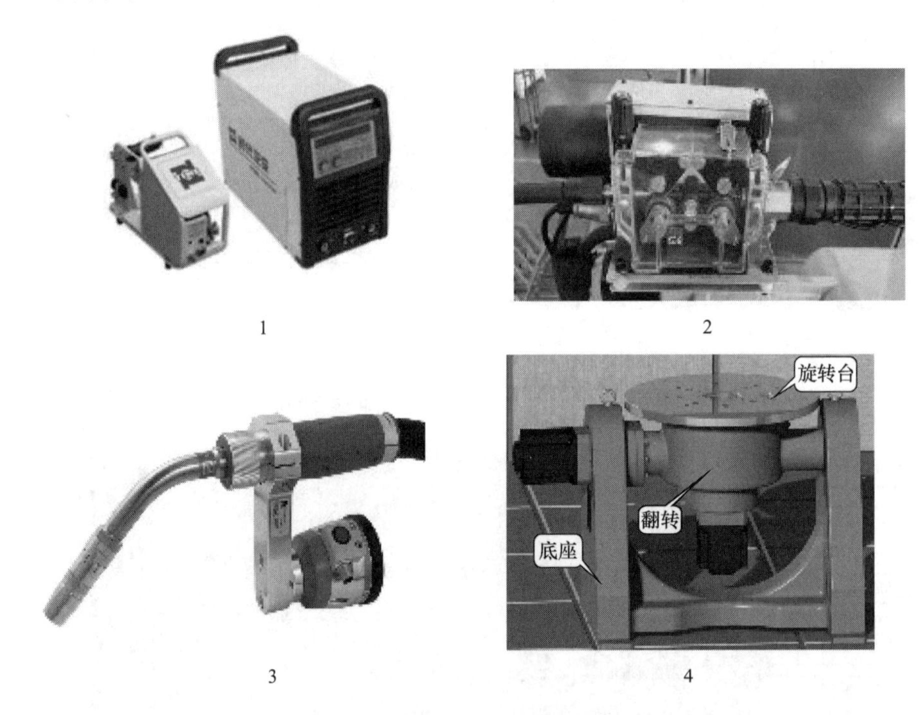

图 2-11　焊接设备组成

表 2-3　焊接设备组成

序　号	名　称	功　能
1		
2		
3		
4		

1. 焊接机器人硬件单元——焊接电源

焊接机器人中多采用气体保护焊方法，如熔化极活性气体保护电弧焊（Metal Active Gas Arc Welding，MAG）、熔化极惰性气体保护焊（Melt Inert-gas Welding，MIG）、非熔化极惰性气体保护电弧焊（Tungsten Inert Gas Welding，TIG）等，通常的晶闸管式、逆变式、波形控制式、脉冲或非脉冲式等的焊接电源都可以连接到机器人上当作焊接电源。现在新型的焊接电源都具有数字通信接口，可以和控制柜之间进行基于总线的数字通信。有一些焊接电源仍然为模拟控制，有些焊接工艺参数控制信号仍然是模拟信号，所以需要在焊接电源与控制柜之间加一个数模转换接口板。高端焊接电源还应该具有焊接专家库系统和焊接工艺参数一元化设置模式。

针对焊接机器人使用的焊接电源，以下功能需要关注和保证：

（1）焊接电弧的抗磁偏吹能力；

（2）焊接电弧的引弧成功率；

（3）熔化极弧焊电源的焊缝成形问题；

（4）机器人控制器与弧焊电源的通信问题；

（5）机器人控制器对自动送丝机构的要求；

（6）机器人控制器对机器人匹配焊枪的要求。

下面介绍几款时代集团机器人焊接电源的功能和技术参数。

（1）TDN3500 数字逆变气保焊接电源如图 2-12 所示。

图 2-12　TDN3500 数字逆变气保焊接电源

TDN3500 数字逆变气保焊接电源的主要特点如下。

- 采用数字化控制面板，友好的人机界面。
- 内部储存一元化焊接参数数据库，焊接规范设置更简单快捷。
- 可以存储/调用 20 种焊接规范，方便初学者使用。
- 使用带编码器的送丝机构，可实现稳定和高精度的送丝控制。
- 可选多种焊接控制方法，适合焊接多种焊缝。
- 可根据需求对焊接参数进行设置，方便实现定制特殊焊接工艺。
- 采用模块化设计，便于产品的升级换代和维修。
- 丰富的功能扩展接口，方便实现与各种自动焊设备的联动。
- 具备故障智能检测功能。

TDN3500 数字逆变气保焊接电源的技术参数见表 2-4。

表 2-4　TDN3500 数字逆变气保焊接电源的技术参数

技术参数	参数属性
输入电压	380 (1±15%)V（50/60 Hz 三相交流）
额定输入电流	23.5 A

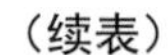
（续表）

技 术 参 数	参 数 属 性
额定输入功率	14 kW
空载电压	76(1±5%)V
空载电流	0.7～0.9 A
空载损耗	300 W
电压调节范围	10～40 V
电流输出范围	30～350 A
点焊时间	0～10.0 s
提前送气时间	0～10.0 s
滞后关气时间	0～10.0 s
适应焊丝类型	实心焊丝/药芯碳钢焊丝/药芯不锈钢焊丝
适应焊丝直径	Φ0.8 mm / Φ1.0 mm / Φ1.2 mm
保护气体类型	CO_2：100%；Ar：80%；CO_2：20%；Ar：98%；CO_2：2%
负载持续率（40℃）	60%（350 A\31.5 V）
能效等级	2 级
外壳防护等级	IP23
功率因数	0.7～0.9
冷却方式	温控风冷
外形尺寸	603 mm×290 mm×503 mm
质量	35 kg
送丝机构质量	9 kg

（2）TDN5000 数字脉冲气保焊接电源如图 2-13 所示。

图 2-13　TDN5000 数字脉冲气保焊接电源

TDN5000 数字脉冲气保焊接电源的主要特点如下。

- 采用先进的全数字化 DSP 微处理逆变技术，可提高电压的反馈速度和精度，保证大电流使用时的电弧稳定性。
- 具有通道存储记忆功能，真正实现一脉一滴的过渡形式。
- 可进行 MIG/MAG 脉冲焊接、手工电弧焊接、直流 TIG 焊（接触引弧）、碳弧气刨等多种功能。
- 主机面板具有送丝速度、母材厚度、电流及电压数字液晶显示屏，焊接结束时焊接参数“自动暂储”功能，内存多组焊接专家系统。
- 全方位的保护功能，具有恒压、恒流、欠压、欠流、过压、过流保护功能，保证焊接电源稳定性及可靠性。

TDN5000 数字脉冲气保焊接电源的技术参数见表 2-5。

表 2-5　TDN5000 数字脉冲气保焊接电源的技术参数

技 术 参 数	参 数 属 性
输入电压	380(1±15%)V（50/60 Hz 三相交流）
额定输入电流	42.0 A
额定输入功率	23.5 kW
空载电压	76(1±5%)V
空载电流	0.7～0.9 A
空载损耗	300 W
电压调节范围	10～45 V
电流输出范围	30～500 A
手工焊接电流范围	30～500 A
适应焊丝类型	实心焊丝
适应焊丝直径	Φ1.0 mm / Φ1.2 mm / Φ1.6 mm
适应焊丝材料	碳钢 / 不锈钢 / 铝镁合金
冷却方式	温控风冷

2. 焊接机器人硬件单元——自动送丝机构

自动送丝机构是在微电脑控制下，根据设定的参数连续稳定地送出焊丝的自动化装置。焊接机器人自动送丝机构示意图如图 2-14 所示。

图 2-14　焊接机器人自动送丝机构示意图（时代）

自动送丝机构包括电动机、减速器、校直轮、送丝轮、送丝软管、焊丝盘等。盘绕在焊丝盘上的焊丝经过校直轮和送丝轮送往焊枪。根据送丝方式的不同，自动送丝机构可分为四种类型，即推丝式、拉丝式、推拉丝式和行星式（线式）。

1）推丝式

推丝式是焊丝被送丝轮推送经过软管而到达焊枪，也是半自动熔化极气体保护焊的主要送丝方式，焊枪结构简单、轻便，操作维修都比较方便，缺点是焊丝送进的阻力较大，随着软管的加长，送丝稳定性变差，一般送丝软管长为 3.5～4 m。

2）拉丝式

拉丝式可分为三种方式，分别如下。

第一种，将焊丝盘和焊枪分开，两者通过送丝软管连接。

第二种，将焊丝盘直接安装在焊枪上。

第三种，焊丝盘与焊枪分开，送丝电动机与焊枪也分开。

前两种都适用于细丝半自动焊，但第一种操作比较方便，第三种送丝方式可用于自动熔化极气体保护焊。

3）推拉丝式

这种送丝方式的送丝软管最长可以加长到 15 m 左右，扩大了半自动焊的操作距离。焊丝前进时既靠后面的推力，又靠前边的拉力，利用两个力的合力来克服焊丝在软管中的阻力。推拉丝两个动力在调试过程中要有一定配合，尽量做到同步，但以拉为主。焊丝送进过程中，始终要保持焊丝在软管中处于拉直状态。这种送丝方式常被用于半自动熔化极气体保护焊。

4）行星式（线式）

行星式送丝系统是根据“轴向固定的旋转螺母能轴向送进螺杆”的原理设计而成的。三个互为 120° 的轮交叉地安装在一块底座上，组成一个驱动盘。驱动盘相当于螺母，通过三个滚轮中间的焊丝相当于螺杆，三个滚轮与焊丝之间有一个预先调定的螺旋角。当电动机的主轴带动驱动盘旋转时，三个滚轮即向焊丝施加一个轴向的推力，将焊丝往前推送。送丝过程中，三个滚轮一方面围绕焊丝公转，另一方面又绕着自己的轴自转。调节电动机的转速即可调节焊丝送进速度。这种送丝机构可一级一级串联起来而成为所谓线式送丝系统，使送丝距离更长（可达 60 m）。若采用一级传送，可传送 7～8 m。这种线式送丝系统适合于输送小直径焊丝 ϕ（0.8～1.2 mm）和钢焊丝，以及长距离送丝。

3. 焊接机器人硬件单元——焊枪

熔化极气体保护焊的焊枪分为半自动焊焊枪（手握式）和自动焊焊枪（安装在机械装置上）。在焊枪内部装有导电嘴（紫铜或铬铜等）。焊枪还有一个向焊接区输送保护气体的通道和喷嘴。喷嘴和导电嘴根据需要都可方便地更换。此外，焊接电流通过导电嘴等部件时产生的电阻热和电弧辐射热一起，会使焊枪发热，故需要采取一定的措施冷却焊枪。冷却方式有空气冷却、内部循环水冷却，或者两种方式相结合。对于空气冷却焊枪，在 CO_2 气体保护焊时，断续负载下一般可使用高达 600 A 的电流。但是，在使用氩气或氦气保护焊时，通常只限于 200 A 电流。焊接机器人焊枪示例如图 2-15 所示。

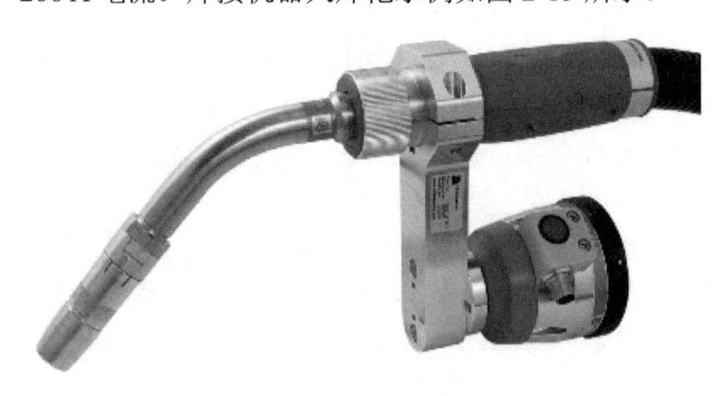

图 2-15 焊接机器人焊枪示例

1）半自动焊焊枪

半自动焊焊枪通常有两种形式：鹅颈式和手枪式。

（1）鹅颈式焊枪，适合小直径焊丝，使用灵活方便，特别适合紧凑部位、难以达到的拐角处和某些受限制区域的焊接。

（2）手枪式焊枪，适合较大直径焊丝，对冷却效果要求较高，因而常采用内部循环水冷却。

半自动焊焊枪可与送丝机构装在一起，也可分离。

2）自动焊焊枪

自动焊焊枪的基本构造与半自动焊焊枪相同，但其载流容量较大，工作时间较长，有时要采用内部循环水冷却。焊枪直接装在焊接机头的下部，焊丝通过送丝轮和导丝管送进焊枪。

4. 焊接机器人硬件单元——变位机

变位机是专用焊接辅助设备，适用于回转工作的焊接变位，以得到理想的加工位置和焊接速度。变位机一般与机器人本体联动，可以看成机器人的一个或多个附加轴，能配合机器人完成复杂焊件的焊接，高性能的变位机重复定位精度能达到±0.1 mm。焊接机器人变位机示意图如图 2-16 所示。

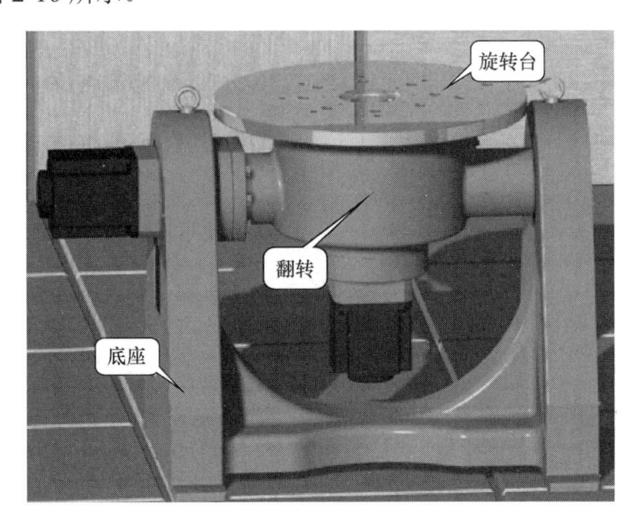

图 2-16　焊接机器人变位机示意图（时代双轴 H 形）

变位机按结构形式可分为三类。

1）伸臂式变位机

回转工作台安装在伸臂一端。伸臂一般相对于某倾斜轴成角度回转，而此倾斜轴的位置多是固定的，但有的也可以在小于 100° 的范围内上下倾斜。该变位机范围大，作业适应性好，但整体稳定性差，适用范围为 1t 以下中小焊件的翻转变位，在手工焊中应用较多，多为电动机驱动，承载能力在 0.5t 以下，适用于小型焊件的翻转变位，也有液压驱动的，承载能力强，适用于结构尺寸不大，但自重较大的焊件。

2）座式变位机

座式变位机工作台有一个整体翻转的自由度，可以将工作台翻转到理想的焊接位置进行焊接。另外，工作台还有一个旋转的自由度。该种变位机已经系列化生产，主要用于一

些管、盘的焊接。工作台连同回转机构支承在两边的倾斜轴上，工作台以焊速回转，倾斜边通过扇形齿轮或液压油缸，多在 140° 的范围内恒速倾斜。座式变位机稳定性好，一般不用固定在地基上，搬移方便，适用范围为 1～50t 焊件的翻转变位，是目前应用广泛的结构形式，常与伸缩臂式焊接变位机配合使用。座式变位机通过工作台的回转或倾斜，使焊缝处于水平或船型位置。工作台旋转采用变频无级调速，工作台通过扇形齿轮或液压油缸驱动倾斜，可以实现与操作机或焊接电源联控。控制系统可选装三种配置：按键数字控制式、开关数字控制式和开关继电器控制式。座式变位机应用于各种轴类、盘类、筒体等回转体焊件的焊接。

3）双座式变位机

双座式变位机是集翻转和回转功能于一身的变位机械。翻转和回转分别由两根轴来驱动，夹持焊件的工作台除能绕自身轴线回转外，还能绕另一根轴做倾斜或翻转，可以将焊件上各种位置的焊缝调整到水平的或“船型”的易焊位置施焊，适用于框架型、箱型、盘型和其他非长型焊件的焊接。

工作台在 U 形架上，以所需的焊速回转，U 形架在两侧的机座上，多以恒速或所需焊速绕水平轴线转动。该机不仅整体稳定性好，而且如果设计得当，焊件安放在工作台上以后，倾斜运动的重心将通过或接近倾斜轴线，而使倾斜驱动力矩大大减少，重型变位机多采用这种结构，适用范围为 50t 以上重型大尺寸焊件的翻转变位，多与大型门式变位机或伸臂式变位机配合使用。

2.1.3 焊接机器人软件组成

请学生认真学习本节，了解本节介绍了哪些焊接机器人软件及其功能，完成表 2-6 的填写。

表 2-6 焊接机器人软件

序 号	软件名称	功 能
1		
2		
3		
4		

焊接机器人软件组成——嵌入式系统软件和工艺软件

焊接机器人嵌入式系统软件是整个控制系统的核心。作为操作系统软件，它包括用于操作机器人系统的所有关键特征，包括数据与用户管理、轨迹规划、输入/输出（Input/Output，I/O；在本书中，为了与实际系统上的标识一致，有的地方也称为 IO）管理等，也同样集成了用于编程的扩展功能。有的软件以 Windows CE 系统为底层开发平台，有的以 Linux 系统为底层开发平台。焊接机器人嵌入式系统软件显示在示教器屏幕中，并在示教器屏幕中调试，如图 2-17 所示。

图 2-17　焊接机器人嵌入式系统软件调试

焊接机器人嵌入式系统软件的主要功能如下。

（1）适合不同技术等级人员的编程系统，从简单编程到专家编程。

（2）针对不同现场总线（PROFIBUS、PROFINET、EtherNet/IP、EtherCAT、PROFIsafe、CIP Safety、FSoE）的现场总线配置。

（3）附加驱动装置的灵活配置。

（4）通过内置的备份管理器进行系统配置备份。

为了提高生产效率，降低焊接机器人解决方案的成本，针对机器人不同工业场景的应用，开发了一系列工艺软件产品。工艺软件能帮助人们改进工艺，优化生产，提高效率，降低风险，并尽可能扩大机器人系统的投资回报。焊接机器人工艺软件包（以 ABB 机器人为例）如图 2-18 所示。

图 2-18　焊接机器人工艺软件包（以 ABB 机器人为例）

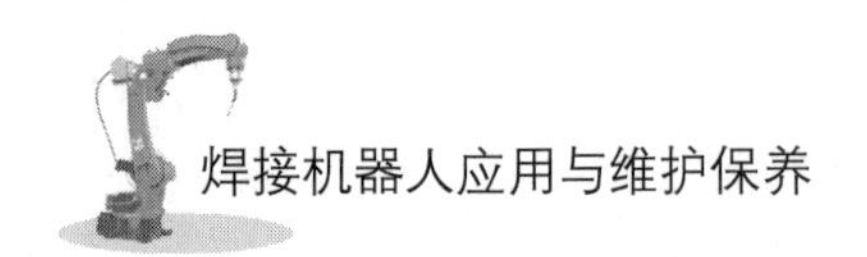

2.1.4 知识拓展——制造业的生产组织方式

制造业的生产组织方式一般有离散型制造和流程型制造两种。

可乐的生产属于流程型制造，其过程是按照固定配方，将糖、碳酸水等原料注入生产线，经过各种设备按照固定流程加工成饮料，再经过灌装或瓶装得到最终产品。整个过程基本上没有人工干预，是一个通过化学变化将原料变成产品的过程。自行车生产属于离散型制造，其过程是先生产车轮和车架，再将车轮和车架装配到一起，组装成自行车。整个过程分成加工和装配两个主要环节，是一个通过物理变化将原材料变成产品的过程，一般人工参与较多。

流程型制造使用配方或食谱。离散型制造使用物料清单（BOM）。离散型制造商顺着工艺路线进行组装。而流程型制造商则多批量混合。离散型制造就是组装东西，制作精确的东西。这些产品通常以单独定义的批次生产，工作中心的顺序跟随生产而变化。因此，在离散型制造中，产品通过使用相同的工艺路线或由相同操作者按顺序逐步加工制成。基于生产订单和产品的离散型制造经常从一个订单到另一个订单。而流程型制造是指所生产的产品需要完成一组流程，而每个流程都需要某些要求，因此，在规划和制定制造要求时，最好将每个流程与另一个流程分开。离散型制造工厂示意图如图 2-19 所示。

图 2-19　离散型制造工厂示意图

离散型制造业需要实现生产设备网络化、生产数据可视化、生产文档无纸化、生产过程透明化、生产现场无人化等先进技术应用，做到纵向、横向和端到端的集成，以实现优质、高效、低耗、清洁、灵活的生产，从而建立基于工业大数据和互联网的智能工厂。

焊接机器人的应用场景基本上属于离散型制造。

项目测评

各小组在任务实施指引完成后，根据学习任务要求，检查各项知识。教师根据各小组的实际掌握情况在表 2-7 中进行评价。

表 2-7　认识焊接机器人

序　　号	主 要 内 容	考 核 要 求	评 分 标 准	配　　分	得　　分
1	焊接机器人本体主要组成	正确全面地说明主要构成名称和功能	按照构成全面性、功能说明的合理性和全面性评分	15	
2	焊接机器人控制柜主要组成	正确全面地说明主要构成名称和功能	按照构成全面性、功能说明的合理性和全面性评分	20	
3	焊接电源主要组成	正确全面地说明主要构成名称和功能	按照构成全面性、功能说明的合理性和全面性评分	10	
4	焊接自动送丝机构和焊枪主要组成	正确全面地说明主要构成名称和功能	按照构成全面性、功能说明的合理性和全面性评分	15	
5	变位机主要组成	正确全面地说明主要构成名称和功能	按照构成全面性、功能说明的合理性和全面性评分	10	
6	焊接仿真软件主要组成	正确全面地说明主要构成名称和功能	按照构成全面性、功能说明的合理性和全面性评分	10	
7	课堂纪律	遵守课堂纪律	按照课堂纪律细则评分	10	
8	工位 7S 管理	正确管理工位 7S	按照工位 7S 管理要求评分	10	
合计				100	

课 后 练 习

一、填空题

1．六轴机械臂是拟人手臂、________和手功能的机械__________。

2．机器人本体结构由机械结构和机械__________组成，也是机器人的________基础和___________。

3．机器人本体每个关节主要包含_________、减速机、_________、编码器等核心元器件。

4．焊接机器人精密减速机有__________和__________两种。

5．焊接机器人的控制器主要包括两部分，分别是_________和_________。

6．新型的焊接电源都具有_________通信接口，可以和机器人控制柜之间进行基于___________的数字通信。

7．自动送丝机构包括电动机、__________、校直轮、__________、送丝软管、焊丝盘等。

8．熔化极气体保护焊的焊枪分为_________焊枪和_________焊枪。

9．变位机是专用焊接辅助设备，适用于_________工作的焊接_________，以得到理想的加工位置和焊接速度。

二、问答题

1．自动送丝机构根据送丝方式的不同，可以分为几类？分别是什么？

____

2．变位机按结构形式可分几类？分别是什么？

2.2 焊接机器人安全和防护教育

任务导入

为学习规范地操作焊接机器人，防止在调试、操作焊接机器人过程中发生意外事件，规避各类不安全因素，使操作者及周围人员处于安全的工作环境中，制定本任务学习内容。本任务要求学习者通过文字描述、图片、视频、实物等展现形式，学习焊接机器人的安全和防护知识。如果有焊接机器人实训室，则可以通过实训室的焊接机器人工作站讲解、演示焊接机器人工作站的安全防护设施各个组成部分的名称和功能；如果没有焊接机器人实训室，则可以通过文字描述、图片和视频等手段，讲解、演示焊接机器人工作站安全防护设施各个组成部分的名称和功能。

本任务安全防护描述符合下列安全规范。

- 《工业环境用机器人　安全要求　第1部分：机器人》（GB 11291.1—2011）
- 《工业机器人　安全实施规范》（GB/T 20867—2007）
- 《弧焊设备　第1部分：焊接电源》（GB 15579.1—2013）

本任务完成后，学生应该能够说出或认知焊接机器人工作站安全防护设施的基本组成，包括以下内容。

1）电气安全防护

机器人控制柜安全防护——断路器、急停按钮、安全运行链、安全继电器、安全控制板等。

焊接电源的安全防护——电源开关、电磁干扰防护、保护开关、保险（熔断器）等。

2）机械运动安全防护

机械臂运动安全防护——防碰撞开关、轴限位开关、工作区域设置。

变位机运动安全防护——变位机安全接触器、运动控制光栅、急停按钮。

工装夹具运动安全防护——气动压头防护、夹紧压力传感器。

3）焊接工艺的安全防护

焊接弧光、焊接烟尘、焊接飞溅和焊件烫伤的安全防护。

4）安全防护标识

禁止类安全防护、警告类安全防护、指令标识、提示标识等。

5）安全防护装置

安全光栅、安全门、安全围栏、紧急按钮、遮光屏等。

焊接机器人安全防护示意图如图2-20所示。

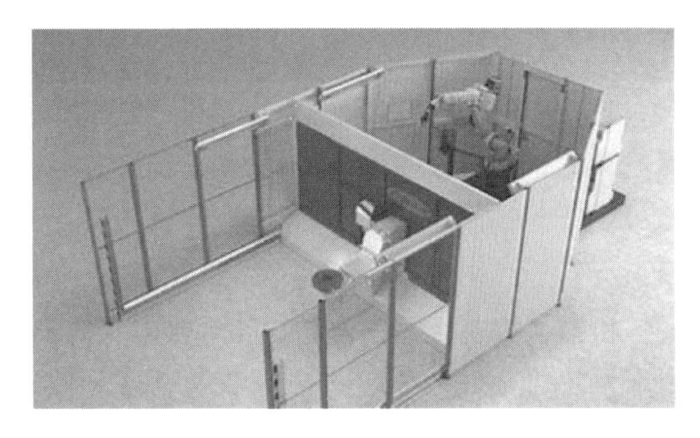

图 2-20　焊接机器人安全防护示意图

任务目标

（1）了解焊接机器人相关的安全防护；

（2）认识安全防护的标识及其装置。

任务实施指引

在教师的安排下，各学习小组观察现场焊接机器人设备，并结合教材内容了解各种安全防护的措施及设备标识。

2.2.1　焊接机器人相关的安全防护

通过观察教室中的焊接机器人，了解焊接机器人的安全装置，说出图 2-21 所示部件的名称及作用，并填写到表 2-8 中。

1

2

图 2-21　安全防护装置

表 2-8　焊接机器人安全装置

序　号	名　称	功　能
1		
2		

温馨提示：

（1）参观设备时，必须听从教师的安排，不准私自触碰设备与电源开关。

（2）参观完毕后有序回到讨论区，完成表 2-8 的填写。

关联知识

1. 电气安全防护：机器人控制柜的安全防护和焊接电源的安全防护

机器人控制柜设计了系统的、冗余的安全防护功能，并且所有安全防护功能都遵守相关国际标准和国家标准，任何使用机器人的人员都需要了解和掌握这些功能，正确操作机器人，才能保证自身和机器人的安全。

机器人控制柜急停按钮：默认情况下，机器人示教器和控制柜操作面板模块上都有内置的紧急停止按钮。其他外接的紧急停止按钮可以连接到机器人系统安全运行链上，急停按钮示意图如图 2-22 所示。

（1）机器人控制柜操作模式：自动模式和手动模式。自动模式就是生产模式，没有机器人运行速度的限制。手动模式有两种：一种是机器人工具中心点运行线速度≤250 mm/s；另一种是 100%运行速度（可选项），意味着在调试和编程时，机器人对速度没有限制。机器人控制柜操作模式选择示例如图 2-23 所示。

图 2-22　急停按钮示意图（ABB 机器人）

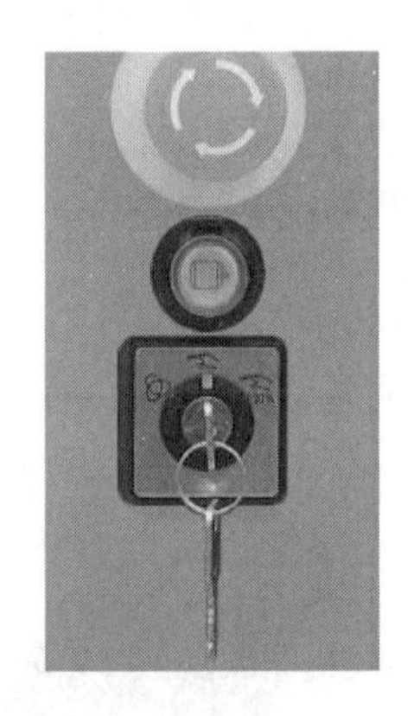

图 2-23　机器人控制柜操作模式选择示例（ABB 机器人）

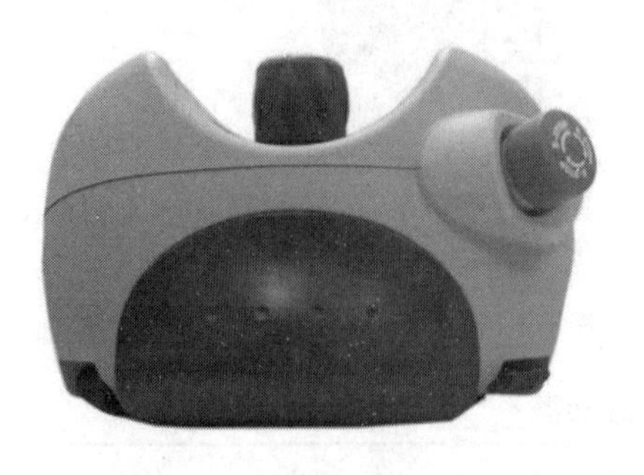

图 2-24　机器人使能开关示例（ABB 机器人）

机器人使能开关也叫弹性手柄，是一个有三个位置的压力开关。压力开关必须处于中间位置才能启动机器人电机，如果松开压力开关或按下压力开关到底部，则所有机器人的运动立即停止。机器人使能开关示例如图 2-24 所示。

（2）机器人控制柜安全停止装置：安全停止装置的连接可实现外部安全设备的互锁，例如，门、光电跳闸装置、光电电池或感应垫。安全停止装置可通过两种方式连接：手动，无论运行模式如何，安全停止都处于激活状态；自动，当选择自动模式时，安全保护处于活动状态。

（3）机器人立刻停止系统：如果任何人进入正在工作的机器人范围内，为了避免伤害个人和机器设备，机器人将立刻停止系统工作，等待恢复。

（4）用电安全：机器人控制柜和负载大于 40kg 级别的中大型机器人本体之间的电源数值，输入的交流电压为 400 V，变压器交流电压为 260 V，滤波器交流电压为 260 V，滤波器直流电压为 370 V，电源模块直流电压为 370 V，电源模块到机器人电机直流电压为 370 V。

（5）焊接电源的安全防护：焊接电源主要防护强电漏电和焊接过程中的强电磁干扰。焊接操作中人体可能会碰触漏电焊接设备的金属外壳，为了保证安全，不发生触电事故，所有旋转式直流电焊接电源、交流电焊接电源、硅整流式直流电焊接电源以及其他焊接设备的机壳都必须接地。在电源为三相三线制或单相制系统中，应安置保护接地线；在电网为三相四线制中性点接地系统中，应安置保护性接零线。

焊接变压器的一次线圈与二次线圈之间、引线与引线之间、绕组和引线与外壳之间，绝缘电阻不得少于 1 MΩ。自动焊接电源的轮子，也要有良好的绝缘性。

一方面，随着电力电子技术快速发展，焊接电源正朝着高频、高速、高灵敏度、高可靠性、多功能、小型化的方向发展。另一方面，随着电力电子装置本身功率容量和功率密度不断增大，大功率开关管在运行过程中高频的开、关必然会产生高次谐波和电磁干扰注入电网以及干扰自身系统的稳定性和可靠性。焊接电源在设计时需考虑电磁干扰的问题，并通过技术措施加以防护。焊接电源在使用过程中对环境的电磁干扰，也值得特别关注，需要在焊接电缆和周边环境中增加电磁屏蔽措施，如加金属套管、加强接地等。

2. 机械运动安全防护

机器人工作区域限制：为了避免被夹在机器人和外部安全设备（如围栏）之间的风险，可以限制机器人的工作空间，所有轴均可由软件控制，轴 1～轴 3 可通过可调机械止动器进行限制，并由限位开关控制，机器人轴的工作范围限制示意图如图 2-25 所示。

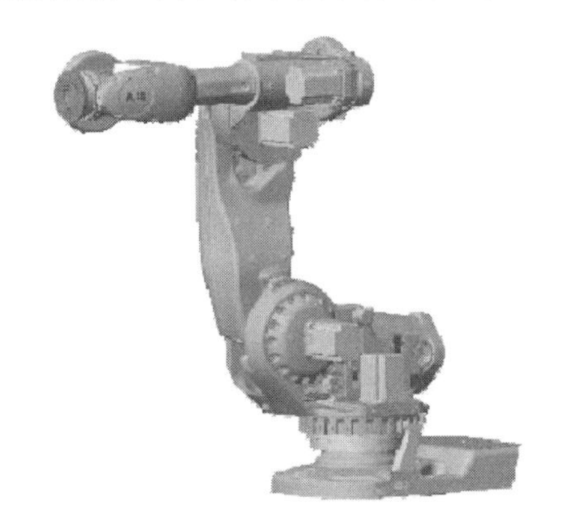

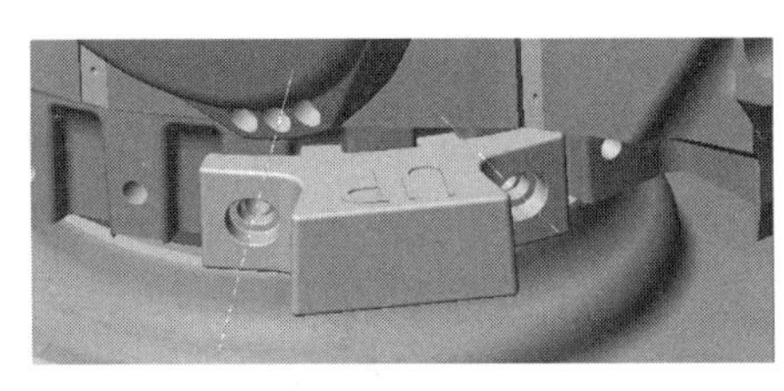

图 2-25　机器人轴的工作范围限制示意图（ABB 机器人）

机器人松抱闸按钮安全防护：机器人电机上的抱闸可以通过手动单独逐个释放，在释放刹车之前，应确保机器人手臂的重量不会对个人造成挤压伤害。机器人松抱闸按钮示意图如图 2-26 所示。

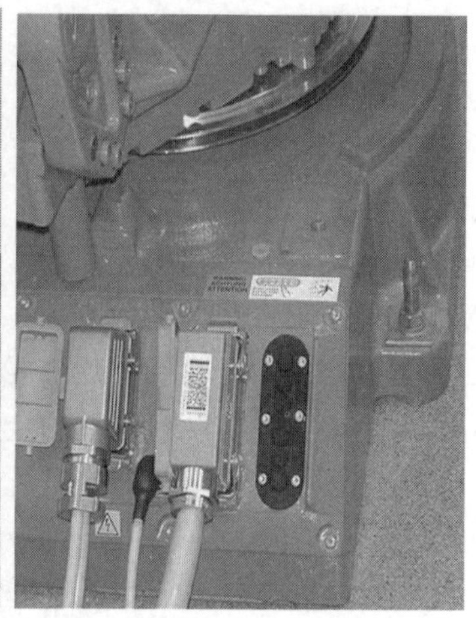

图 2-26　机器人松抱闸按钮示意图（ABB 机器人）

图 2-27　焊接机器人变位机安全光栅示例

变位机运动安全防护：对于 R 形的双面作业变位机，其中一面在里面，是机器人弧焊作业区域，另一面在外面，是人工上下料区域；当人工上下料结束后，工人将退出变位机工作区域，并且按启动按钮，如果此时机器人也完成弧焊作业，则变位机将旋转 180°，因为这个旋转速度非常快，碰到人体后会对人体有很大的伤害，所以必须增加光栅以防止人员误入变位机工作区域。焊接机器人变位机安全光栅示例如图 2-27 所示。

3. 焊接工艺的安全防护

焊接机器人在焊接工艺方面对人体造成的伤害主要有以下几点。

1）焊接弧光

焊接时，强烈的弧光对眼部、皮肤等会产生急性、慢性损伤。眼部受到弧光中的紫外线过度照射会引起角膜炎、结膜炎。轻者眼部有异物感和轻度不适，重者眼部有灼伤感和剧烈疼痛，并伴有畏光、流泪、脸部痉挛等症状。

在预测到有焊接弧光发生时，一定要提前带好弧焊面罩；有防弧光遮光帘时，要退到焊接工作区外部，通过观察窗的遮光屏，观察焊接状态。

2）焊接烟尘和有毒气体

焊接时，焊丝、焊条和药皮在高温作用下，会产生大量有害的烟尘。这些烟尘的主要成分有铁、铝、锰等。空气在弧光的作用下会产生氮氧化物等有毒气体。人一旦长期吸入此类金属粉尘和有毒气体，对人体的伤害就会很大。

一般在焊接工位的上方安装排烟系统，将焊接产生的烟尘、有害气体排出工作站，进行集中处理。

3）焊接飞溅和焊件烫伤

在弧焊工艺中，大部分焊丝熔化金属可过渡到熔池，有一部分焊丝熔化金属飞向熔池外，飞到熔池外的金属称为飞溅，如图 2-28 所示。飞溅是有害的，不但降低焊接生产率，影响焊接质量，而且使劳动条件变差。在焊接完成后，金属焊件冷却，颜色恢复到正常颜色，但这时金属焊件的温度仍然很高，如果不小心触碰，则很容易发生烫伤。

需要在调节焊接工艺参数时，控制焊接电流和熔滴过渡方式，减少飞溅；焊接完成，拿取焊件时，一定要戴防烫手套，以避免烫伤。

图 2-28　焊接飞溅示意图

2.2.2　安全防护标识及其装置

通过学习本节内容，认识安全防护标识，说出图 2-29 所示标识对应的名称，并填写到表 2-9 中。

图 2-29　部分安全防护标识

表 2-9　安全防护标识

序　　号	名　　称
1	
2	
3	
4	

1. 安全防护标识

安全防护标识是以红色、黄色、蓝色、绿色为主要颜色，辅以边框、图形符号或文字构成的，用于表达与安全有关的信息。焊接机器人安全防护标识示意图如图 2-30 所示。

2. 安全防护装置

1）安全光栅

安全光栅也叫安全光幕（Safety Light Curtains），是一种光电安全保护装置。安全光栅由一组传送器及接收器组合而成。传送器会传送一组红外线光束。而接收器会包括许多光感测器。若物体在传送器和接收器之间，接收器收不到完整信号，就会发送停止信号给监控的设备。一般安全光栅会连接到安全继电器上，若监测到有物体，就会自动移除会造成危害的动力来源。配合安全继电器也可以暂时暂停安全光栅的机能，允许物体通过安全光栅，而不产生保护信号，适用在一些半自动化的程序中。焊接机器人安全光栅示意图如图 2-31 所示。

图 2-30　焊接机器人安全防护标识示意图

2）安全门系统

安全门系统用于防护装置保护，监控安全围栏中门的开启与关闭。安全门系统符合 EN ISO 14119—2013 标准。根据标准 EN ISO 14119—2013，如果安全门打开，则必须停止危险的机械运动并防止重启，必须防止这些防护装置失效或被操纵。焊接机器人安全门系统示意图如图 2-32 所示。

图 2-31　焊接机器人安全光栅示意图

图 2-32　焊接机器人安全门系统示意图

3）弧光遮光屏

电弧焊接时，因为弧光非常强，会对人眼产生伤害，所以必须对焊接弧光加强防护，保护人眼不受伤害。弧光遮光屏一般采用防弧 PVC 分子材料，将防弧度与透明度二者统一，无味，防火；也可以选择配套焊接防护软板作为可视窗，便于观看焊接机器人手柄工作，确保焊接作业正常。焊接机器人防弧光遮光屏示意图如图 2-33 所示。

图 2-33　焊接机器人防弧光遮光屏示意图

2.2.3　知识拓展——焊接机器人安全操作规程

焊接机器人各项操作需要按标准、规程进行，确保人员、设备的安全，具体规范参见本书附录 D 焊接机器人安全操作规程。

项目测评

各小组在任务实施指引完成后，根据学习任务要求，检查各项知识。教师根据各小组的实际掌握情况在表 2-10 中进行评价。

表 2-10　焊接机器人安全和防护教育

序　号	主要内容	考核要求	评分标准	配　分	得　分
1	列表说明焊接机器人和焊接设备的电气安全防护	正确全面地说明主要构成名称和功能	按照构成全面性和功能说明的合理性和全面性评分	15	
2	列表说明焊接机器人和焊接设备的机械运动安全防护	正确全面地说明主要构成名称和功能	按照构成全面性和功能说明的合理性和全面性评分	20	
3	列表说明焊接工艺的安全防护	正确全面地说明主要构成名称和功能	按照构成全面性和功能说明的合理性和全面性评分	15	
4	列表说明焊接安全标识	正确全面地说明主要构成名称和功能	按照构成全面性和功能说明的合理性和全面性评分	15	
5	说明紧急停止安全防护	正确全面地说明主要构成名称和功能	按照构成全面性和功能说明的合理性和全面性评分	15	
6	说明安全光栅的安全防护	正确全面地说明主要构成名称和功能	按照构成全面性和功能说明的合理性和全面性评分	10	
7	说明安全门的安全防护	正确全面地说明主要构成名称和功能	按照构成全面性和功能说明的合理性和全面性评分	10	
合计				100	

课 后 练 习

一、填空题

1．焊接机器人的安全规范包括《工业环境用机器人安全需求》、________________和________________。

2．焊接机器人安全防护包括电气安全防护、__________、________、________和________。

3．焊接机器人安全装置包括机器人示教器急停按钮、________、________和________。

二、问答题

1．简述焊接机器人工作站安全防护措施的基本组成。

____

____

2．举例描述主要的焊接机器人安全标识的名称和功能。

____

____

2.3 焊接机器人的基本焊接工艺和方法

任务导入

有几个名词需要先解释清楚，这对后面学习焊接机器人焊接应用知识很有帮助。

首先，什么是焊接（Welding）？焊接，通俗地讲是通过加热、加压，或者两者并用，或者不用焊材，使两焊件产生原子间相互扩散，形成冶金结合的加工工艺和连接方式。焊接应用非常广泛，既可用于金属，也可用于非金属。

其次，什么是焊接工艺（Welding Process）？焊接工艺是根据产品的生产性质、图样和技术要求，结合现有条件，运用现代焊接技术知识和先进生产经验，确定的产品加工方法和程序，是焊接过程中的一整套技术规定。它包括焊前准备、焊接材料、焊接设备、焊接方法、焊接顺序、焊接操作地最佳选择以及焊接后处理等。

最后，什么是焊接方法（Welding Method）？焊接方法是焊接工艺的核心内容，其发展过程代表了焊接工艺的进展情况。焊接方法也是焊接工艺的具体体现，如手弧焊、埋弧焊、钨极氩弧焊、熔化极气体保护焊等。焊接方法的种类非常多，据统计有超过 40 种，主要分为熔焊、压焊、钎焊三大类（在本任务的相关知识中会展开说明），只能根据具体情况选择。

确定焊接方法后，制定焊接工艺参数。焊接工艺参数的种类各不相同，如 CO_2 气保护焊主要包括焊丝型号（或牌号）、焊丝直径、电流、电压、焊接电源种类、极性接法、焊接层数、道数、检验方法等。

为学习基本焊接工艺和方法，并且理解哪些焊接工艺和方法适合焊接机器人使用，制定本任务学习内容。本任务是要求学习者通过文字描述、图片、视频、实物等展现形式，学习适合焊接机器人焊接的焊接工艺和方法。如果有焊接机器人实训室，则可以通过实训室的焊接机器人工作站讲解、演示焊接机器人工作站的不同焊接工艺和焊接方法；如果没有焊接机器人实训室，则可以通过文字描述、图片和视频等手段，讲解、演示焊接机器人工作站的不同焊接工艺和焊接方法。

本任务描述符合下列安全规范。

- 《焊接术语》（GB/T 3375—1994）。
- 《二氧化碳气体保护焊工艺规程》（ JB/T 9186—1999）。
- 《钨极惰性气体保护焊工艺方法》（JB/T 9185—1999）。

本任务完成后，学生应该能够说出或认知适合机器人的焊接工艺和方法，包括以下内容。

（1）二氧化碳气体保护焊工艺。

（2）熔化极惰性气体保护焊工艺。

（3）钨极惰性气体保护焊工艺。

（4）点焊工艺。

焊接工艺和方法分类如图 2-34 所示。

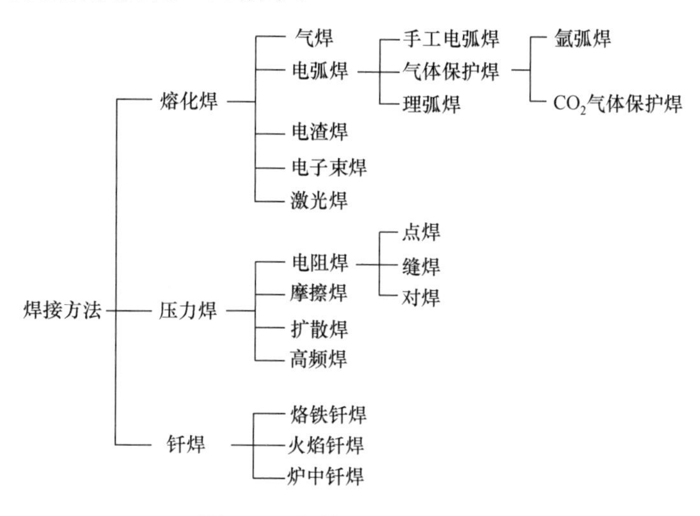

图 2-34　焊接工艺和方法分类

任务目标

（1）了解焊接机器人弧焊工艺和方法；

（2）了解焊接机器人点焊工艺和方法。

任务实施指引

在教师的安排下，各学习小组查阅相关资料和视频，了解焊接机器人的不同焊接工艺方法。

2.3.1 焊接机器人弧焊工艺和方法

各小组讨论及查阅资料，完成表 2-11 的填写。

表 2-11 焊接机器人弧焊工艺

序　号	弧焊工艺方法	功　能
1		
2		
3		
4		

1. 二氧化碳气体保护焊工艺

二氧化碳（CO_2）气体保护焊是以熔化的金属焊丝为电极，CO2 为保护气体［有时也采用 CO2+氩气（Ar）的混合保护气］的一种弧焊方法，操作简单，适合自动焊和全方位焊接。焊接时抗风能力差，适合室内作业。由于成本低，二氧化碳气体易生产，广泛应用于各大小企业。由于二氧化碳气体的热物理性能的特殊影响，使用常规焊接电源时，焊丝端头熔化金属不可能形成平衡的轴向自由过渡，通常需要采用短路和熔滴缩颈爆断，因此，与熔化极惰性气体保护焊自由过渡相比，飞溅较多。但如果采用优质焊接电源，参数选择合适，则可以得到很稳定的焊接过程，使飞溅降低到最小。由于所用保护气体价格低廉，采用短路过渡时焊缝成形良好，加上使用含脱氧剂的焊丝即可获得无内部缺陷的高质量焊接接头，所以这种焊接方法已成为黑色金属材料最重要焊接方法之一。

二氧化碳气体保护焊的分类：按机械化程度可分为自动化焊接和半自动化焊接，焊接机器人焊接就是自动化焊接的一种；按焊丝直径可分为细丝 0.8～1.2 mm、中丝 1.2～1.4 mm、粗丝 1.4～1.6 mm；按焊丝分类可分为药芯焊丝和实心焊丝两种。

二氧化碳气体保护焊需要调节的焊接工艺参数包括焊丝直径、焊接电流、焊接电压、焊丝干伸长度、焊接速度、保护气流量等。

常用的焊接工艺参数如下。

（1）焊丝直径：一般焊丝直径为 1.0 mm 和 1.2 mm。

（2）焊接电流：一般焊接电流范围为 150～350 A，常用规范焊接电流为 200～300 A。

（3）焊接电压：一般焊接电压范围为 22～40 V，常用规范焊接电压为 26～32 V。

（4）焊丝干伸长度：通常是指焊丝从导电嘴前端伸出的长度，一般为焊丝直径的 10～15 倍，如果使用的焊丝直径为 1.0 mm，那么干伸长度为 10～15 mm。

（5）焊接速度：通常是指每分钟焊接的焊缝长度，单焊道焊接速度为 300～500 mm/min，摆动焊接时，焊接速度一般为 120～200 mm/min。

（6）保护气流量：20～30 L/min。

二氧化碳气体保护焊工艺示意图如图 2-35 所示。

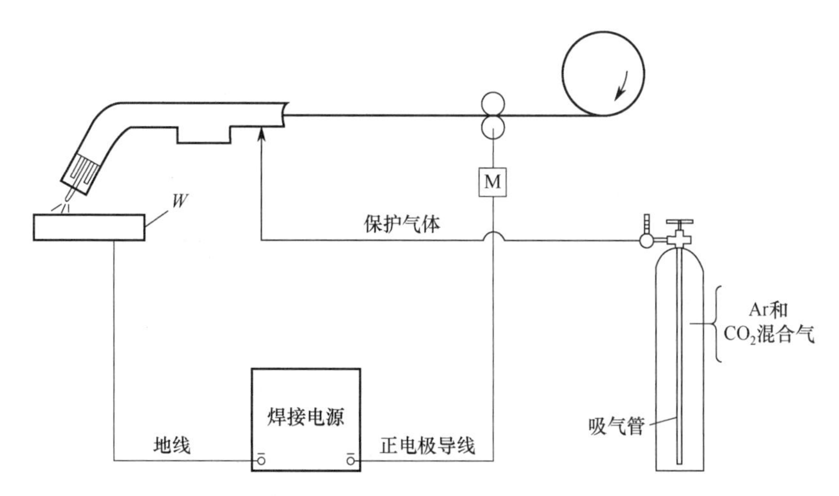

图 2-35　二氧化碳气体保护焊工艺示意图

2. 熔化极惰性气体保护焊工艺

熔化极惰性气体保护焊又称 MIG 焊，是利用氩气或富氩气作为保护介质，采用连续送进可熔化的焊丝与燃烧于焊丝焊件间的电弧作为热源的弧焊。这种方法焊接质量稳定可靠，适用于焊接铝、铜、钛及其合金等有色金属中厚板，也适用于焊接不锈钢、耐热钢和低合金钢等。焊丝的载流能力强，焊接生产率高。熔化极氩弧焊的电弧是明弧，焊接过程参数稳定，易于检测及控制。

熔化极惰性气体保护焊分类：按机械化程度，熔化极惰性气体保护焊也可分为自动化焊接和半自动化焊接，机器人焊接就是自动化焊接的一种；按焊丝类型，熔化极惰性气体保护焊可分为实心焊丝和药芯焊丝；按焊接电源，熔化极惰性气体保护焊可分为直流电源和脉冲电源。

熔化极惰性气体保护焊需要调节的焊接工艺参数包括焊丝直径、焊接电流、焊接电压、焊丝干伸长度、焊接速度、保护气流量等。

常用的焊接工艺参数如下。

（1）焊丝直径：1.0 mm、1.2 mm。

（2）焊接电流：一般范围为 150～350 A，常用规范为 200～300 A。

（3）焊接电压：一般范围为 22～40 V，常用规范为 26～32 V。

（4）焊丝干伸长度：焊丝从导电嘴前端伸出的长度，一般为焊丝直径的 10～15 倍，如果使用的焊丝直径为 1.0 mm，那么干伸长度为 10～15 mm。

（5）焊接速度：每分钟焊接的焊缝长度，单焊道焊接速度为 300～500 mm/min，摆动焊接时，焊接速度一般为 120～200 mm/min。

（6）保护气流量：20～30 L/min。

熔化极惰性气体保护焊工艺示意图如图 2-36 所示。

3. 钨极惰性气体保护焊工艺

钨极惰性气体保护焊又称 TIG 焊，是利用氩气或富氩气作为保护介质，采用连续送进不可熔化的钨电极与燃烧于钨电极焊件间的电弧作为热源的弧焊。

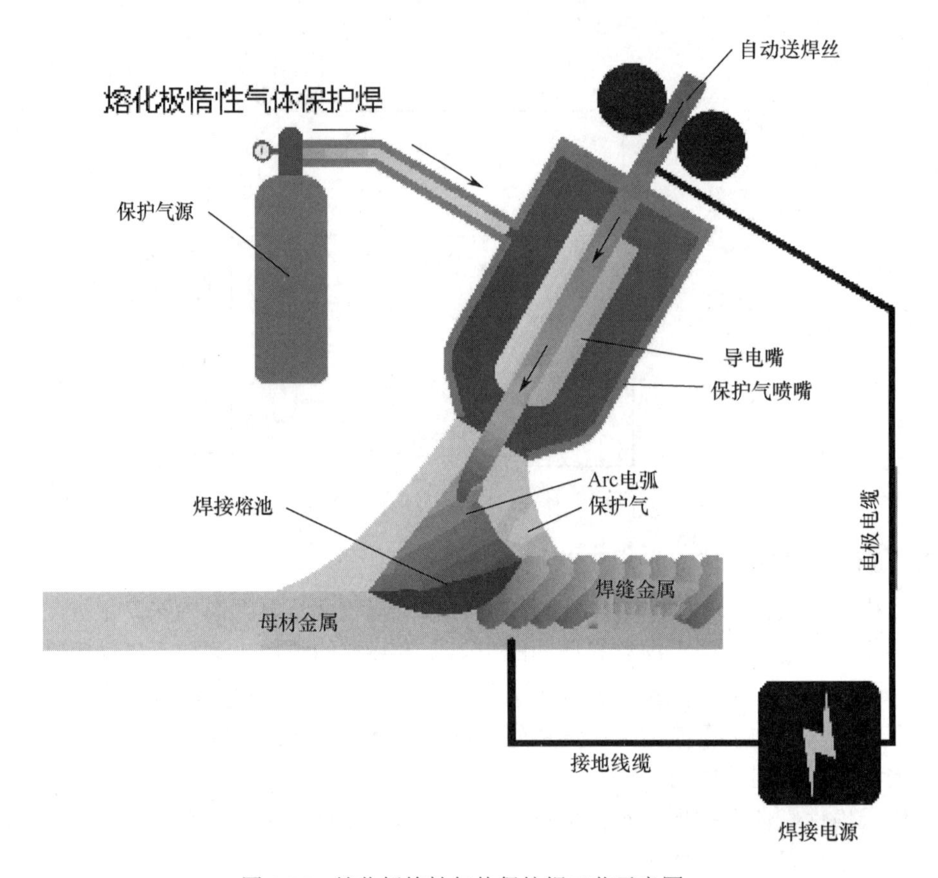

图 2-36　熔化极惰性气体保护焊工艺示意图

钨极惰性气体保护焊分为手工钨极氩弧焊、半自动钨极氩弧焊和自动钨极氩弧焊三类。采用手工钨极氩弧焊时，焊枪的运动和添加填充焊丝完全靠手工操作；采用半自动钨极氩弧焊时，焊枪运动靠手工操作，但填充焊丝则由送丝机构自动送进；采用自动钨极氩弧焊时，如果焊件固定电弧运动，则焊枪安装在焊接小车上，小车的行走和填充焊丝的送进均由机械完成。在自动钨极氩弧焊中，填充焊丝可以用冷丝或热丝的方式添加。热丝是指填充焊丝经预热后再添加到熔池中去，可大大提高熔敷速度。在上述三种焊接方法中，手工钨极氩弧焊应用最广泛，半自动钨极氩弧焊则很少应用。

钨极惰性气体保护焊可用于几乎所有金属和合金的焊接，由于成本较高，通常多用于焊接铝、镁、钛、铜等有色金属，以及不锈钢、耐热钢等。钨极惰性气体保护焊所焊接的板材厚度范围，从生产率考虑以小于 3 mm 为宜。

钨极惰性气体保护焊需要调节的焊接工艺参数包括焊接电流、焊接电压、焊接速度、保护气流量等。

常用的焊接工艺参数如下。

（1）焊接电流：一般规范为 150～400 A，常用规范为 200～400 A。

（2）焊接电压：常用规范为 8～20 V。

（3）焊接速度：每分钟焊接的焊缝长度，每分钟为 100～300 mm。

（4）保护气流量：6～20 L/min。

钨极惰性气体保护焊工艺示意图如图 2-37 所示。

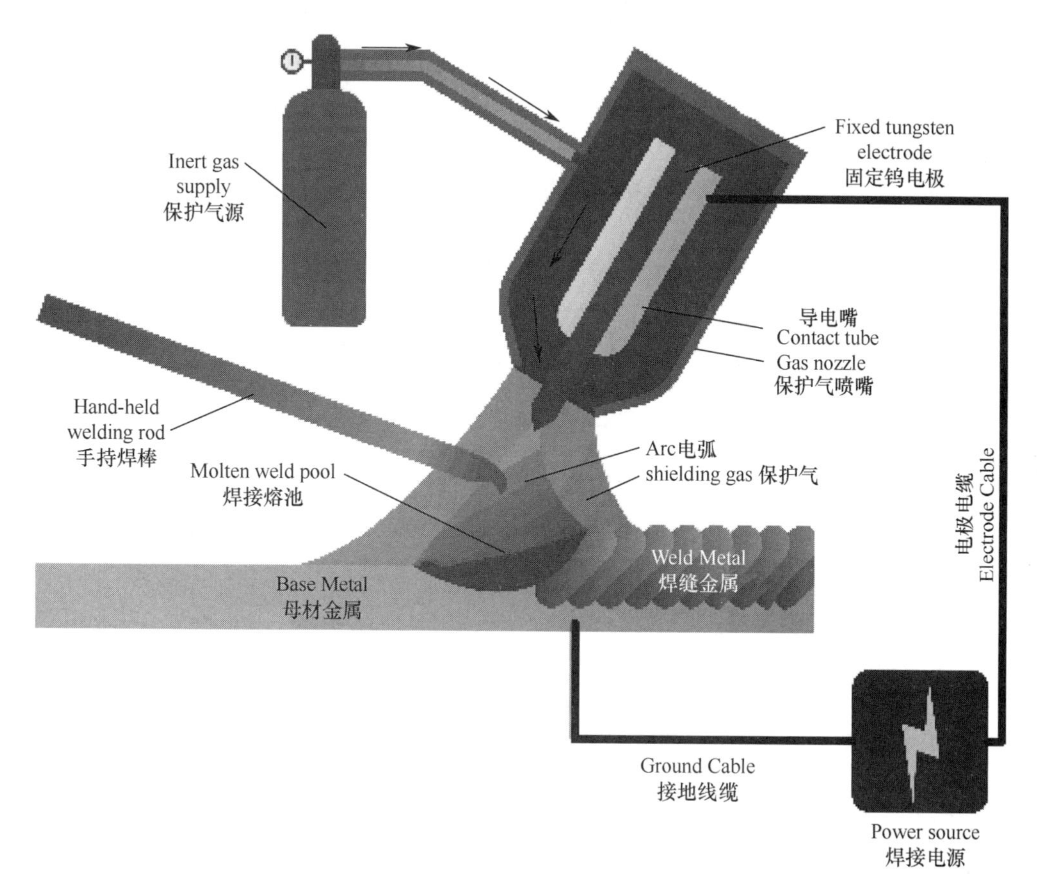

图 2-37　钨极惰性气体保护焊工艺示意图

2.3.2　焊接机器人点焊工艺和方法

各小组讨论及查阅资料，完成表 2-12 的填写。

表 2-12　焊接机器人点焊工艺

序　号	点 焊 工 艺	功　能
1		
2		
3		
4		

关联知识

点焊（Spot Welding）工艺是指焊接时利用柱状电极，在两块搭接焊件接触面之间形成焊点的焊接方法。点焊时，先加压使焊件紧密接触，随后接通电流，在电阻热的作用下焊件接触处熔化，冷却后形成焊点。点焊主要用于厚度为 4 mm 以下的薄板构件焊接，特别适合汽车车身和车厢、飞机机身的焊接，但不能焊接有密封要求的容器。点焊是电阻焊的一种。

点焊质量的主要影响因素有焊接电流和通电时间、电极压力及分流等。

1）焊接电流和通电时间

根据焊接电流大小和通电时间长短，点焊可分为硬规范和软规范两种。在较短时间内通以大电流的规范称为硬规范，它具有生产率高、电极寿命长、焊件变形小等优点，适合焊接导热性能较好的金属。在较长时间内通以较小电流的规范称为软规范，其生产率较低，适合焊接有淬硬倾向的金属。

2）电极压力

点焊时，通过电极施加在焊件上的压力称为电极压力。电极压力应选择适当，压力大时，可消除熔核凝固时可能产生的缩松、缩孔，但接触电阻和电流密度减小，导致焊件加热不足，焊点熔核直径减小，焊点强度下降。

电极压力的大小可根据下列因素选定。

（1）焊件的材质。材料的高温强度越高，所需的电极压力越大。因此焊接不锈钢和耐热钢时，应选用比焊接低碳钢大的电极压力。

（2）焊接参数。焊接规范采用大电流短时间，电极压力越大。

3）分流

点焊时，从焊接主回路以外流过的电流称为分流。分流使流经焊接区的电流减小，致使加热不足，造成焊点强度显著下降，影响焊接质量。

影响分流程度的因素主要有下列几方面。

（1）焊件厚度和焊点间距。随着焊点间距的增加，分流电阻增大，分流程度减小。当采用 30～50 mm 的常规点距时，分流电流占总电流的 25%～40%，并且随着焊件厚度的减小，分流程度也随之减小。

（2）焊件表面状况。当焊件表面存在氧化物或脏物时，两焊件间的接触电阻增大，通过焊接区的电流减小，即分流程度增大，可对焊件进行酸洗、喷砂或打磨处理。

点焊工艺示意图如图 2-38 所示。

2.3.3 知识拓展——焊接工艺和方法

焊接方法有 40 种以上，主要分为熔焊、压焊和钎焊三大类。

1. 熔焊

熔焊是在焊接过程中将焊件接口加热至熔化状态，不加压力完成焊接的方法。熔焊时，热源将待焊两焊件接口处迅速加热熔化，形成熔池。熔池随热源向前移动，冷却后形成连续焊缝而将两焊件连接成为一体。

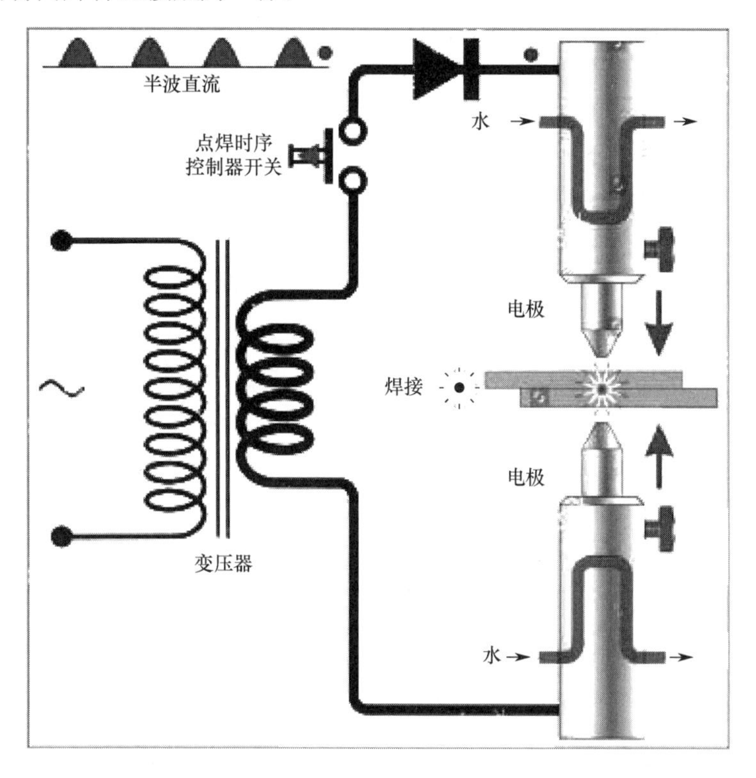

图2-38　点焊工艺示意图

在熔焊过程中，如果大气与高温的熔池直接接触，则大气中的氧气会氧化金属和各种合金元素。大气中的氮气、水蒸气等进入熔池，还会在随后冷却过程中在焊缝内形成气孔、夹渣、裂纹等缺陷，降低焊缝的质量和性能。

为了提高焊接质量，人们研究出了各种保护方法。例如，气体保护电弧焊就是用氩、二氧化碳等气体隔绝大气，以保护焊接时的电弧和熔池率；又如，钢材焊接时，在焊条药皮中加入对氧亲和力大的钛铁粉进行脱氧，就可以保护焊条中有益元素锰、硅等免于氧化而进入熔池，冷却后获得优质焊缝。

2. 压焊

压焊是在加压条件下，使两焊件在固态下实现原子间结合，又称固态焊接。常用的压焊工艺是电阻对焊，当电流通过两焊件的连接端时，该处因电阻很大而温度上升，当加热至塑性状态时，在轴向压力作用下连接成为一体。

各种压焊方法的共同特点是在焊接过程中施加压力而不加入填充材料。多数压焊方法如扩散焊、高频焊、冷压焊等都没有熔化过程，因而没有像熔焊那样的有益合金元素烧损，以及有害元素侵入焊缝的问题，从而简化了焊接过程，也改善了焊接安全卫生条件。同时由于加热温度比熔焊低、加热时间短，所以热影响区小。许多难以熔焊的材料，往往可以用压焊焊成与母材同等强度的优质接头。

3. 钎焊

钎焊是使用比焊件熔点低的金属材料作为钎料，将焊件和钎料加热到高于钎料熔点、低于焊件熔点的温度，利用液态钎料润湿焊件，填充接口间隙并与焊件实现原子间的相互扩散，从而实现焊接的方法。

焊接时形成的连接两个被连接体的接缝被称为焊缝。焊缝的两侧在焊接时会受到焊接热作用而发生组织和性能变化，这一区域被称为热影响区。焊接时因焊件材料、焊接材料、焊接电流等不同，在焊缝和热影响区可能产生过热、脆化、淬硬或软化现象，使焊件性能下降，恶化焊接性能。这就需要调整焊接条件，对焊件接口处进行焊前预热、焊时保温和焊后热处理来提高焊件的焊接质量。

项目测评

各小组在任务实施指引完成后，根据学习任务要求，检查各项知识。教师根据各小组的实际掌握情况在表 2-13 中进行评价。

表 2-13 了解焊接工艺和方法

序 号	主要内容	考核要求	评分标准	配 分	得 分
1	说明 CO_2 气体保护焊的原理和功能，应用场合，优点和缺点	正确全面的说明主要构成名称和功能	按照构成全面性和功能说明的合理性和全面性评分	25	
2	说明 MIG 惰性气体保护焊的原理和功能，应用场合，优点和缺点	正确全面的说明主要构成名称和功能	按照构成全面性和功能说明的合理性和全面性评分	30	
3	说明 TIG 惰性气体保护焊的原理和功能，应用场合，优点和缺点	正确全面的说明主要构成名称和功能	按照构成全面性和功能说明的合理性和全面性评分	25	
4	说明点焊的原理和功能，应用场合，优点和缺点	正确全面的说明主要构成名称和功能	按照构成全面性和功能说明的合理性和全面性评分	20	
合计				100	

课 后 练 习

一、填空题

1. 适合焊接机器人的焊接工艺方法包括二氧化碳气体保护焊、________和________。

2. 二氧化碳气体保护焊的保护气体是二氧化碳。熔化极惰性气体保护焊和钨极惰性气体保护焊的保护气体是________________或____________。

3. 焊接机器人点焊工艺的主要影响因素是焊接电流、__________、________和________。

二、问答题

1．简述焊接机器人二氧化碳气体保护焊的原理。

____

____

2．简述焊接机器人点焊的原理。

____

____

2.4　焊接机器人模拟焊接操作程序与实践

任务导入

通过前面三个任务的完成，学生已经熟悉和了解焊接机器人的基本构成、安全防护知识和焊接工艺方法了，有了这些知识和概念以后，可以尝试实际动手操作，用焊接机器人工作站完成一个简单的焊接工艺流程的任务。这个任务叫作操作焊接机器人完成模拟焊接程序。这里的关键词汇“模拟”需要充分理解。这个任务所说的“模拟”不是我们学过如何区分理解的用一个虚拟仿真软件做一个模拟焊接机器人的动作或程序，而是用真实的焊接机器人完成焊接工艺。但是，和真正焊接过程的区别是，焊接机器人用设置的焊接工艺参数，在真实的焊件上完成焊接，只是没有真正的“电弧”产生，或者是在焊接机器人控制柜中把焊接机器人发出的焊接电源的引弧信号置为 0，这就是“模拟”焊接。

在这个任务中，学生将学习焊接机器人的操作、焊缝轨迹的编程和焊接机器人的连续轨迹运行，并且能评估焊枪角度、焊接位置和焊接速度等工艺参数。

为学习操作焊接机器人完成模拟焊接程序，并且理解焊接工艺参数和机器人的焊缝轨迹连续运行，制定本任务学习内容。本任务是要求学习者通过文字描述、图片、视频、实物操作等形式，学习操作焊接机器人完成模拟焊接程序。焊接机器人程序示教示意图如图 2-39 所示。

图 2-39　焊接机器人程序示教示意图

本任务完成后，学生应该能够操作焊接机器人完成简单的焊接工艺程序运行，包括以下内容：

（1）焊接机器人的操作；

（2）焊缝轨迹编程；

（3）焊接机器人连续运行程序（不起电弧）；

（4）评估焊枪角度、焊接位置和焊接速度。

任务目标

（1）掌握焊接机器人的操作；

（2）了解焊缝轨迹编程；

（3）了解焊接机器人焊接程序的连续运行（不起电弧）；

（4）了解如何评估焊枪角度、焊接位置和焊接速度。

任务实施指引

在教师的安排下，各学习小组观察现场焊接机器人设备，并结合书本知识，掌握如何操作焊接机器人，并且编写焊接程序。

2.4.1　掌握焊接机器人的操作

请学生认真阅读课本内容，各小组分别讨论及查阅资料，完成表 2-14 的填写。

表 2-14　焊接机器人操作流程

序　　号	操 作 流 程	功　　能
1		
2		
3		
4		
5		
6		
7		

关联知识

焊接机器人操作流程

焊接机器人的详细操作步骤，我们将在第 3 章和第 5 章中讲解，这里需要了解通用焊接机器人工作站的操作流程。

为了了解和学习焊接机器人工作站的操作，需要把自己定位为焊接机器人工作站的操作员和焊接工艺调整工。焊接机器人工作站的操作员和焊接工艺调整工主要负责操作，包括程序控制、焊件装夹、焊丝更换、控制面板操作等，合格的操作员应当不仅会操作，还要学会针对不同的焊接结果适当地调整焊接工艺参数。焊接机器人程序操作示意图如图 2-40 所示。

图 2-40　焊接机器人程序操作示意图

一般的焊接机器人工作站操作流程如下。

（1）检查焊接机器人工作站的状态，包括焊接机器人和焊接电源开机，检查设备状态是否正常。

（2）检查焊接功能是否正常，包括用机器人示教器测试送丝功能、测试输送保护气功能、测试焊枪防碰撞功能。

（3）安装待焊接焊件到焊接工装夹具上，并且用手柄压头或汽缸压头固定位置。

（4）标记焊件焊缝位置，有几道焊缝，从哪里引弧，到哪里收弧。

（5）确定焊接工艺参数，包含焊接电流、送丝速度、焊接电压、焊接速度、保护气流量、焊枪的角度等参数。

（6）用焊接机器人示教器操作焊接机器人手臂，到焊缝引弧位置，这就是焊接机器人的示教，确定焊接位置后，在焊接机器人示教器中记录点的坐标，以便焊接机器人下次能够重复到达这个位置。以此类推，完成所有焊接位置的示教和记录。

（7）保存记录好位置的焊接机器人程序，以备后续使用。

以上这些操作需要学生在保证安全的前提下，自己动手完成，并且自己检验焊接机器人焊接位置的准确性和可达性。

2.4.2　焊缝轨迹编程

请学生认真阅读课本内容，各小组分别讨论及查阅资料，完成表 2-15 的填写。

表 2-15　焊接机器人操作焊缝轨迹编程步骤

序　　号	焊缝轨迹编程	功　　能
1		
2		
3		
4		
5		
6		

关联知识

焊接机器人焊缝轨迹编程

首先我们需要了解焊接机器人轨迹规划的概念，焊接机器人的轨迹规划是指根据作业任务的要求（作业规划），焊接机器人末端执行器在工作过程中位置和姿态变化的路径、方向以及它们变化速度和加速度的设定。

轨迹规划的主要目的就是使焊接机器人的运动速度可控，运动空间始终保持在关节运动允许的范围内、运动轨迹平滑、准确、稳定，从而可以得到最优轨迹，提高焊接机器人的工作效率，同时也为焊接机器人的编程提供理论数据依据。焊接机器人焊缝轨迹编程如图 2-41 所示。

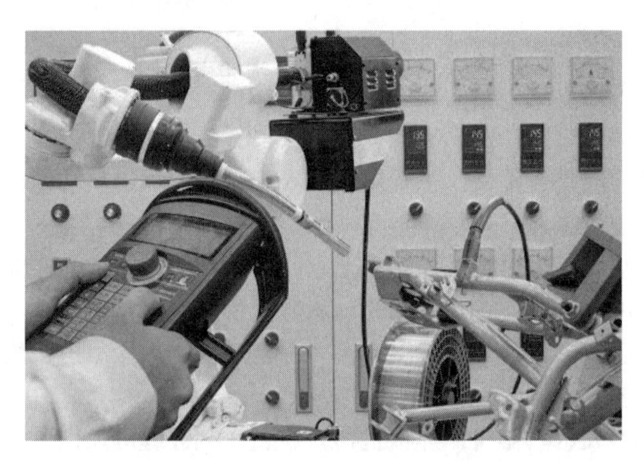

图 2-41　焊接机器人焊缝轨迹编程

焊接机器人焊缝轨迹编程，就是焊接机器人的编程，但是和一般的机器人编程相比，焊缝轨迹编程有一定的特殊性。

（1）一定要建立一个精确的工具中心点（TCP）数据，TCP 的平均误差控制在 1%左右，最小误差在 0.5%左右。

（2）要考虑焊枪的可达性，调整焊接机器人手臂的姿态和旋转角度方向，满足焊接工艺对焊枪角度的要求。

（3）精确调整引弧点和收弧点的位置，对引弧点和收弧点的运动指令中，一定要精确到位。

（4）在连续走轨迹时，一定要保证焊接机器人手臂可以连续运动，不出现错误，不出现奇异点等问题，否则会造成焊接断弧。

（5）在调试焊缝轨迹时，要注意多角度观察焊接机器人手臂及焊枪的位置和姿态，避免与工装夹具或焊件干涉。

（6）焊缝工艺参数的调整，在轨迹编程时要考虑一般采用大电流快速焊接，不要把焊接速度调得很慢。注意，这里的焊接机器人实际连续运动时的速度，不是程序指令中的运动速度，而是焊接工艺的焊接速度。

2.4.3　焊接机器人焊接程序的连续运行（不起电弧）

请学生认真阅读课本内容，各小组分别讨论及查阅资料，完成表 2-16 的填写。

表 2-16　焊接机器人运行方式

序　号	运 行 方 式	功　能
1		
2		
3		
4		

焊接机器人连续运行（不起电弧）

焊接机器人的连续运行，是相对于焊接机器人示教时的单步运行而言的，其主要目的是检验所编写的程序和所有示教的坐标点，是否能够连续运行而不出现诸如奇异点、与工装夹具或焊件等干涉的问题。

焊接机器人的运行方式，一般分为手动慢速运行、手动快速运行、自动运行和外部自动运行，见表 2-17。

表 2-17　机器人的运行方式

运 行 方 式	描　述
手动慢速运行	（1）用于测试运行、编程和示教； （2）程序执行时的最大速度为 250 mm/s； （3）手动运行时的最大速度为 250 mm/s
手动快速运行	（1）用于测试运行； （2）程序执行时的速度等于编程设定的速度
自动运行	（1）无须使用使能开关； （2）程序执行时的速度等于编程设定的速度； （3）手动运行：无法进行
外部自动运行	（1）用于带上级控制系统（PLC）的焊接机器人； （2）程序执行时的速度等于编程设定的速度； （3）手动运行：无法进行

运行方式的安全提示：

（1）手动运行：手动运行用于调试工作，调试工作是指所有为使焊接机器人系统可进入自动运行模式而必须在其上所执行的工作，包括以下两点：示教/编程、在点动运行模式下执行程序（测试/检验）。

（2）对新的或经过更改的程序必须始终先在手动慢速运行方式下进行测试。在手动慢速运行方式下，操作人员防护装置处于未激活状态，在不必要的情况下，不允许其他人员在防护装置隔离的区域内停留。如果需要有多个工作人员在防护装置隔离的区域内停留，则必须注意以下事项：所有人员必须能够不受妨碍地看到焊接机器人系统；必须保证所有人员之间都可以直接看到对方；操作人员必须选定一个合适的操作位置，使其可以看到危险区域并避开危险。

在手动快速运行方式下，操作人员防护装置处于激活状态，只有在必须以大于手动慢速运行的速度进行测试时，才允许使用此运行方式。在这种运行方式下不得进行示教。在测试前，操作人员必须确保急停装置的功能完好。操作人员的操作位置必须处于危险区域之外。不允许其他人员在防护装置隔离的区域内停留。

在自动运行方式和外部自动运行方式下，焊接操作必须配备安全、防护装置，而且它们的功能必须正常。所有人员应位于防护装置隔离的区域之外。

在这里，焊接机器人连续运行轨迹（不起电弧）的含义是，焊接机器人可以在手动状态下，先用手动慢速运行方式，再用手动快速运行方式，连续运行焊接机器人程序，但是在执行弧焊运动指令时，不给焊接电源发引弧信号，主要目的是观察焊枪的焊接位置和角度，如果需要修改调整，则重新示教焊缝的点位。

焊接机器人直线轨迹运动示意图如图 2-42 所示。

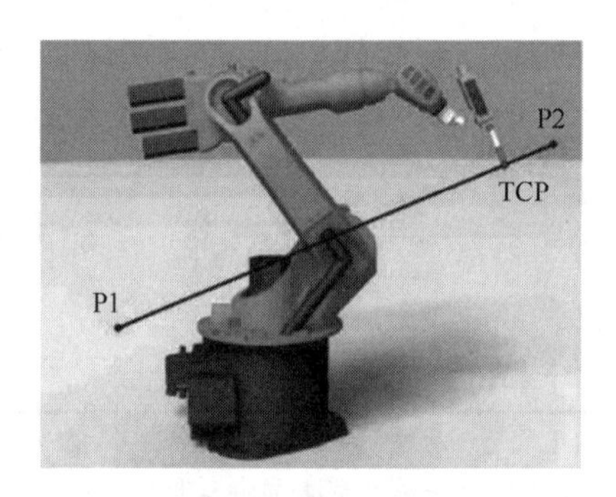

图 2-42　焊接机器人直线轨迹运动示意图

2.4.4　如何评估焊枪角度、焊接位置及焊接速度

请学生认真阅读课本内容，找出描述焊接机器人左焊法和右焊法的内容，完成表 2-18 的填写。

表 2-18　焊接机器人焊接方法

序　号	焊 接 方 法	功　能
1	左焊法	
2	右焊法	

关联知识

评估焊枪角度、焊接位置和焊接速度

通过本任务前面的学习，我们得到了一个可以连续运行的焊接机器人的焊接工艺程序，虽然没有起电弧，无法看到不同的焊接电流和焊接电压对焊缝成形等的影响，但是我们现在可以评估焊枪角度、焊接位置和焊接速度对焊接工艺的影响，学习如何调整和掌握什么才是合适的、好的焊枪角度、焊接位置和焊接速度。

焊枪焊接方向与角度对焊缝成形有哪些影响呢？首先了解两个概念：左焊法和右焊法。熔化极气体保护焊，焊接机器人由右至左焊接，焊枪喷嘴与焊接方向呈钝角（大于 90°）称为左焊法。由左至右焊接，焊枪喷嘴与焊接方向呈锐角（小于 90°）称为右焊法。左焊法和右焊法示意图如图 2-43 所示。

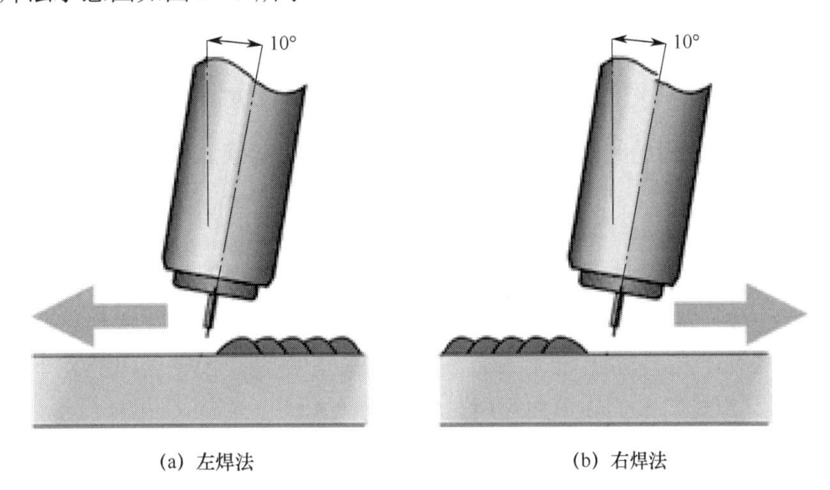

图 2-43　左焊法和右焊法示意图

焊枪轴线与焊件表面所成角为工作角。在焊枪轴线与焊接方向的平面内，焊枪轴线与垂直于焊接方向直线所成的角为行走角。行走角小时，具有熔深大、熔池保护效果好的特点；行走角大时，具有熔深小、熔池保护效果差的特点；行走角为 10°～15° 时，熔池保护效果良好。

2.4.5　知识拓展——焊接机器人作业轨迹规划

焊接机器人作业轨迹规划方法一般是在机器人初始位置和目标位置之间用“内插”或“逼近”给定的路径，并产生一系列“控制设定点”。

焊接机器人的作业可以描述成工具坐标系$\{T\}$相对于工作台坐标系$\{S\}$的一系列运动，是一种通用的作业描述方法。可以把如图 2-44 所示的机器人从初始状态运动到终止状态的作业看作是工具坐标系从初始位置$\{T_0\}$变化到终止位置$\{T_r\}$的坐标变换。

不仅要规定机器人的起始点和终止点，而且要给出介于起始点和终止点之间的中间点，也称路径点。运动轨迹除了位姿约束外，还存在各路径点之间的时间分配问题。例如，在规定路径的同时，必须给出两个路径点之间的运动时间，要求所选择的运动轨迹描述函数必须连续。

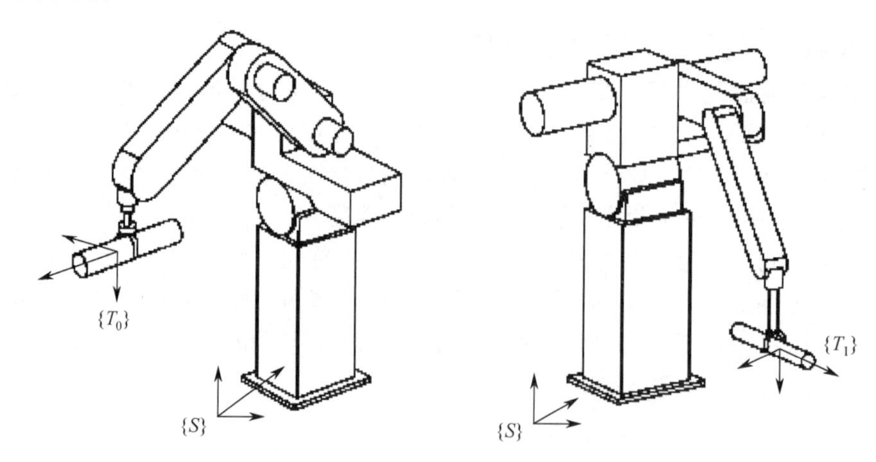

图 2-44　焊接机器人坐标系示意图

对于任意两点之间的路径和姿态都有严格变化规律要求的作业，如连续的弧焊作业在直角坐标空间进行轨迹规划。直线插补和圆弧插补是直角坐标系下的两种基本插补算法。对于非直线和非圆弧轨迹，可以采用直线和圆弧逼近。

直角坐标空间轨迹规划主要用于工具中心点（TCP）作业，机器人的位置和姿态都是时间的函数，对轨迹的空间现状可以提出一定要求。焊接机器人直角坐标空间轨迹规划指令：MOVL 和 MOVC 分别用于实现直线和圆弧轨迹规划。由于给出的是手部运动的绝对速度，所以要计算每时刻的关节角速度，计算量很大。

项目测评

各小组在任务实施指引完成后，根据学习任务要求，检查各项知识。教师根据各小组的实际掌握情况在表 2-19 中进行评价。

表 2-19　焊接机器人焊接操作与实践

序　号	主要内容	考核要求	评分标准	配　分	得　分
1	用焊接机器人示教器操作焊接机器人手臂运动	正确操作焊接机器人手臂	可以在不同的方向和速度运动焊接机器人手臂	25	
2	用焊接机器人示教器给焊接机器人编程	正确编写焊接机器人程序	焊接机器人程序没有错误	30	
3	连续运行焊接机器人程序，不引弧	正确连续运行焊接机器人程序，没有电弧	连续运行焊接机器人程序没有错误，焊缝位置运行速度是焊接速度的参数	25	
4	说明焊枪角度、焊接方向和焊接速度对焊接工艺的影响	正确说明焊枪角度、焊接方向和焊接速度对焊接工艺的影响	按照构成全面性和功能说明的合理性和全面性评分	20	
合计				100	

课 后 练 习

一、填空题

1．焊接机器人模拟焊接前需要完成焊接位置示教、________和__________。

2．焊接机器人模拟焊接可以学习焊接工艺参数、_________和 _________。

二、问答题

1．简述焊接机器人模拟焊接的操作步骤。

____

____

2．简述焊接机器人模拟焊接时焊枪角度对焊接工艺的影响。

____

____

第3章

焊接机器人功能设置与测试

项目描述

焊接机器人的主要功能分为两种：一种是具备机器人属性的功能；另一种是具备焊接属性的功能。具备机器人属性的基本功能如下。

（1）存储功能：存储作业顺序、运动途径、运动方法、运动速度及与生产工艺有关的信息。

（2）示教功能：离线编程、在线示教、直接示教。

（3）与外围设备通信功能：输入和输出接口、通信和网络接口、同步接口。

（4）坐标设置功能：关节坐标系、绝对坐标系、工具坐标系和用户自定义坐标系四种坐标系。

（5）人机交互接口：示教器、操作面板、显示屏。

（6）传感器接口：视觉、触觉、力觉等。

（7）方位伺服功能：焊接机器人多轴联动、运动操控、速度和加速度操控、动态补偿等。

（8）故障确诊安全维护功能：运行时体系状况监视、故障状况下的安全维护和故障自诊断。

本项目主要讨论和学习具备焊接属性的功能，包括送丝功能、送保护气功能、引弧功能和电弧成功建立检测功能。

焊接机器人送丝功能是在一定的参数控制下，送丝机构按照给定的速度，连续不断稳定地送出焊丝的过程。

焊接机器人送保护气功能，是根据焊接工艺的保护气流量，调节保护气的流量表，通过保护气电磁阀的开关，输送或关闭保护气，并且在焊接过程中，通过传感器，持续不断地监测保护气是否输送正常。

引弧功能是通过焊接电源实现的，其原理是在很短的时间内，在焊丝正极和焊件负极之间施加一个直流电压，瞬间击穿空气，使空气变为等离子状态，形成稳定的电弧。这个功能需要焊接机器人和焊接电源通过 I/O 信号配合，焊接机器人输出一个引弧信号给焊接电源（这个信号一般是一个+24 V 直流电压的数字信号），而且这信号在整个焊接过程中要一直保持，不能中断。

电弧成功建立检测功能，是焊接电源反馈给机器人的一个+24 V 直流电压数字信号，告知焊接机器人电弧已经引燃成功并稳定燃烧，焊接机器人收到这个信号后，会控制机械臂按照编好的焊缝轨迹运动，直到焊接过程结束。

焊接机器人具备焊接属性的功能设置见表 3-1，也称作“三出一进”，就是用三个数字输出信号分别对应送丝功能、送保护气功能和引弧功能，用一个数字输入信号对应电弧成功建立检测功能。这几个信号功能在搭建焊接机器人系统时，必须完成物理接线和软件设置，这是作为焊接机器人最基本的功能，必须设置。

表 3-1　焊接机器人具备焊接属性的功能设置

序　号	功 能 名 称	功 能 描 述	机器人信号类型
1	送丝功能	按照给定的速度，连续不断稳定地送出焊丝的过程	数字输出信号
2	送保护气功能	通过保护气电磁阀的开关，输送或关闭保护气	数字输出信号
3	引弧功能	在焊丝正极和焊件负极之间施加一个直流电压，瞬间击穿空气，使空气变为等离子状态，形成稳定的电弧	数字输出信号
4	电弧成功建立	机器人电弧已经引燃成功并且稳定燃烧	数字输入信号

本项目的任务是通过文字、图片、视频、实物等展示焊接机器人具备焊接属性的功能，包括送丝功能、送保护气功能、引弧功能和电弧成功建立检测功能，并通过自己动手动脑，完成设置并检查，直观感受焊接机器人焊接属性功能的工作过程，对焊接机器人的焊接属性功能有一个完整的感性认知。

3.1　焊接机器人送丝功能设置与测试

任务导入

焊接机器人焊丝的输送是由自动送丝机构完成的。自动送丝机构是在微电脑控制下，控制小型步进电机旋转，根据设定的参数连续稳定地送出焊丝的自动化送丝机构。焊接机器人自动送丝机构示意图如图 3-1 所示。

图 3-1　焊接机器人自动送丝机构示意图

送丝是焊接过程中非常重要的一个操作环节。手工氩弧焊焊接的送丝过程多采用焊工手指捻动焊丝来完成，焊工操作送丝时非常不方便，因此，手工送丝准确性差、一致性差、送丝不稳定，从而导致焊接生产效率低下，焊接成形一致性差。另外，焊工手持焊丝长度有限，长时间焊接时需要频繁拿取焊丝，焊接效率较低，且每段焊丝焊接完成时都会留存一小段焊丝无法使用，造成浪费。自动送丝机构（以下简称送丝机构）是一种自动驱动的机械化送丝装置，主要应用于手工焊接自动送丝、机器人气保护焊自动送丝、等离子焊自动送丝和激光焊自动送丝。系统采用微电脑控制，步进减速电机传动，送丝精度高，可重复性好。

本任务是根据设定的焊接工艺参数，主要是焊接电流（送丝速度的快慢会影响焊接电流的大小，这里有一个线性匹配关系，需要查找不同品牌送丝机构的产品手册），调节并优化送丝速度。

需要设置和调节的送丝机构参数主要包括：

（1）送丝轮沟槽选择（根据焊丝类型、形状和直径选择）；

（2）前后焊丝压紧轮调节压紧力；

（3）焊丝校直调节；

（4）调节送丝导管长度和位置；

（5）送丝速度调节，通过调节机器人送丝速度参数；

（6）机器人信号焊丝前进和回抽功能测试（焊丝回抽功能是可选项，有些送丝机构不包含此功能）；

（7）手动点动送丝功能测试。

注意，送丝机构与送丝机构支架之间务必使用绝缘垫、绝缘套进行绝缘，要保证固定螺栓不与任何导电物体接触。

任务目标

（1）认识焊接机器人送丝机构的组成；

（2）了解送丝信号及其功能。

任务实施指引

在教师的安排下，各学习小组观察现场焊接机器人设备，认识焊接机器人送丝机构的组成，了解送丝信号及其功能。

3.1.1 送丝机构的组成

通过观察教室中焊接机器人的送丝机构，认识送丝机构组成，掌握图 3-2 所示设备标注序号的名称和功能，并填写到表 3-2 中。

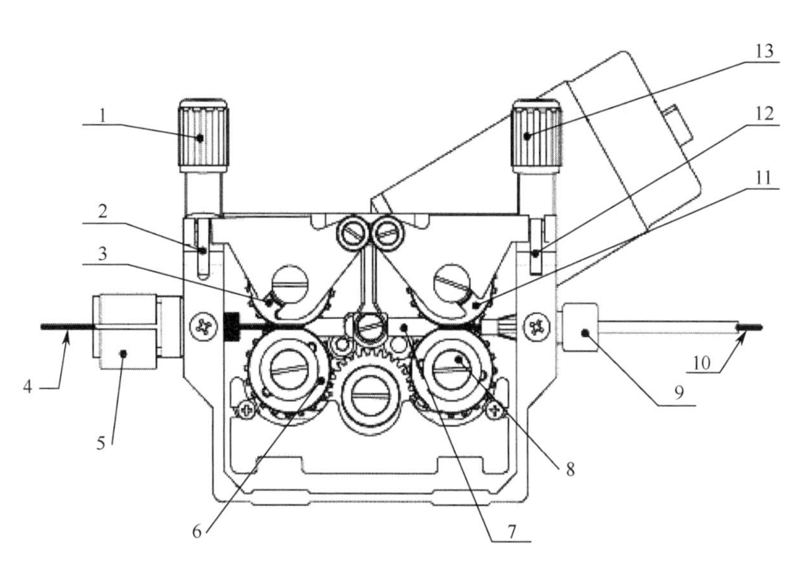

图 3-2　送丝机构的组成

表 3-2　送丝机构的名称及功能

序　　号	名　　称	功　　能
1		
2		
3		
4		
5		
6		
7		
8		
9		
10		
11		
12		
13		

关联知识

某款焊接机器人送丝机构的组成

本任务以一款国产焊接机器人送丝机构为载体，讲解送丝机构的组成和主要技术参数，不同品牌的产品会有一些差异，但主要构成和技术参数是通用的。

本送丝机构是以直流电机为驱动单元的单电机四轮驱动自动送丝机构。送丝电机的控制电路安装在送丝机构内部，与电源之间由多芯控制电缆和焊接电缆相连。送丝机构内部结构示意图如图 3-3 所示。

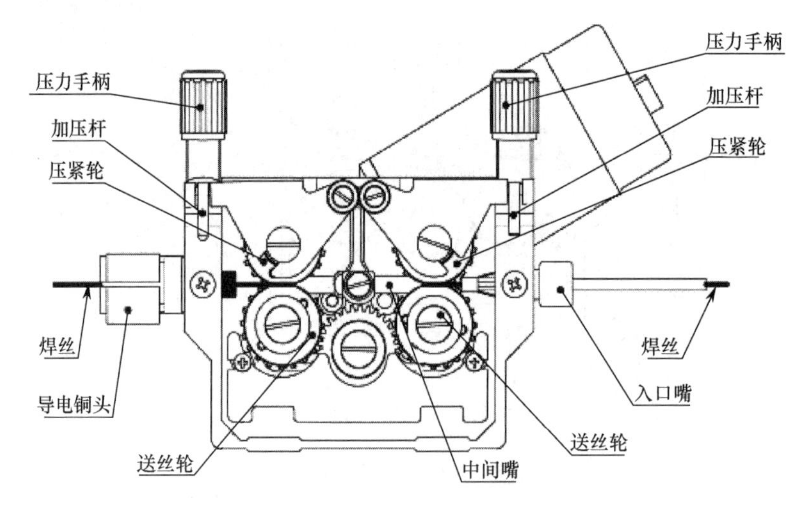

图 3-3　送丝机构内部结构示意图

送丝机构具有以下几个技术特点。

（1）适用于欧式接口焊枪。

（2）面板设计有焊接电压、送丝速度调节旋钮。

（3）焊丝盘支撑转轴采用高强度注塑件，坚固耐用，转轴内部具有阻尼调节机构，可方便调节支撑转轴转动时的阻尼。

（4）焊丝盘罩封闭设计，可有效保护焊丝，开合方便，便于焊丝盘安装。

（5）允许焊接电流范围为 30～630 A。

（6）电机的额定工作电压为 24 V DC。

送丝机构主要技术参数如下。

（1）送丝速度范围：2～22 m/min。

（2）适用焊丝盘：轴径为 50 mm，外径≤300 mm，宽度≤105 mm。

（3）焊接电缆：YH 70 mm^2 电缆线，基本配置长度为 1.5 m。

（4）质量：11 kg（不含电缆）。

（5）外形尺寸：670 mm×240 mm×405 mm（长×宽×高）。

送丝机构产品设计、制造、验收符合：JB/T9533《焊接电源送丝装置 技术条件》；GB/T 15579.5—2005《弧焊设备安全要求 第五部分：送丝装置》。

焊接机器人送丝机构控制电路如图 3-4 所示。

送丝轮规格及安装：送丝压力刻度位于压力手柄上，对于不同材质及直径的焊丝有不同的压力关系，如表 3-3 和图 3-5 所示。表格中的数值仅供参考，实际的压力调节规范必须根据焊枪电缆长度、焊枪类型、送丝条件和焊丝类型进行相应的调整。送丝轮类型 1 适合硬质焊丝，如实心碳钢、不锈钢焊丝、铜焊丝。送丝轮类型 2 适合软质焊丝，如铝及其合金。

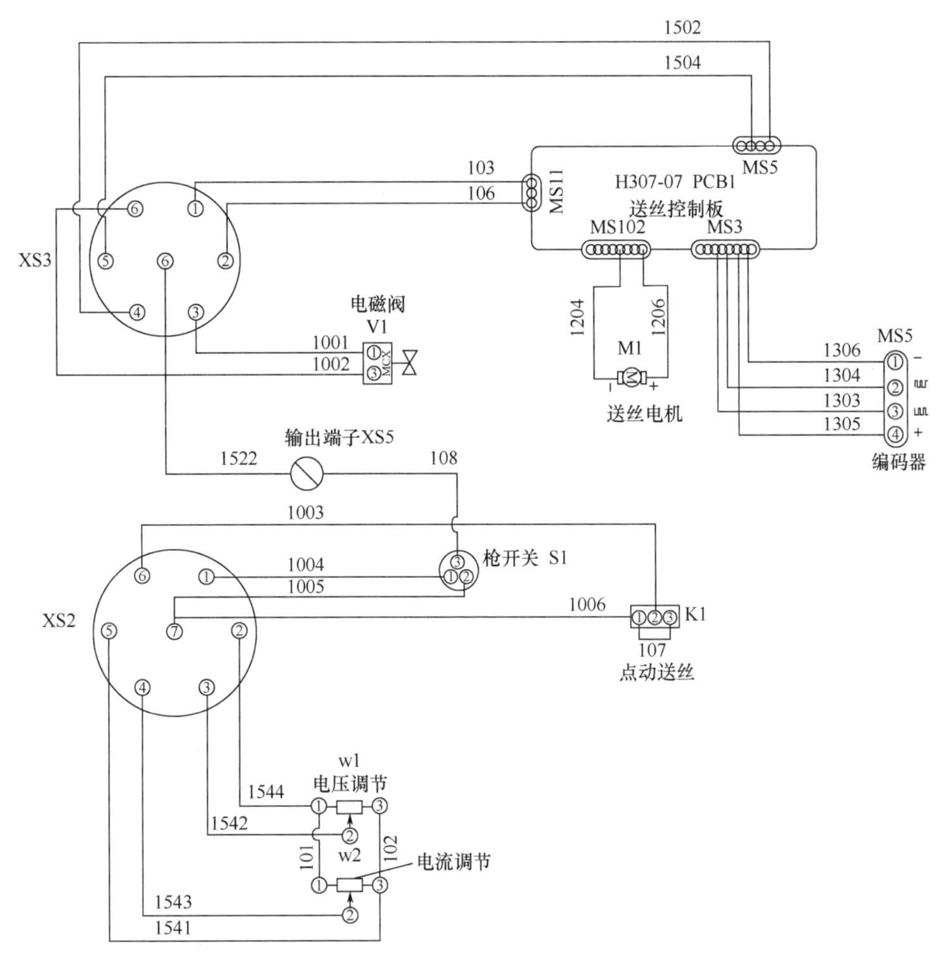

图 3-4　焊接机器人送丝机构控制电路

表 3-3　送丝轮与焊丝直径关系

项　　目		焊 丝 直 径			
		Φ0.8 mm	Φ1.0 mm	Φ1.2 mm	Φ1.6 mm
压力刻度	送丝轮类型 1	1.5～2.5			
	送丝轮类型 2	0.5～1.5			

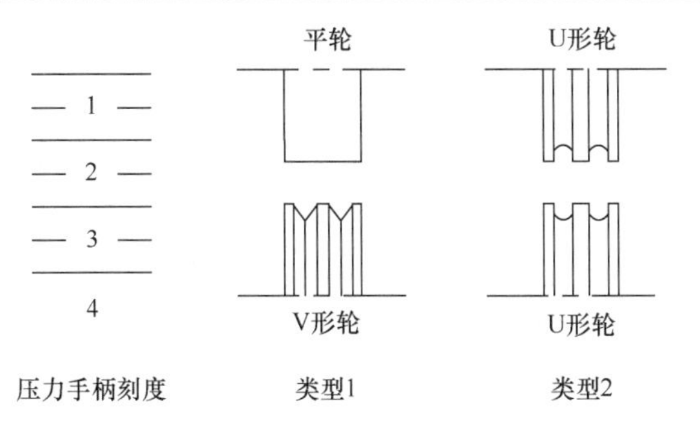

图 3-5　焊接机器人送丝机构压紧轮示意图

3.1.2 送丝信号及其功能

请学生认真阅读课本内容，各小组分别讨论及查阅资料，完成表 3-4 的填写。

表 3-4 焊接机器人送丝功能测试

序　号	功能名称	操作按键	功能描述
1	送丝		
2	退丝		

焊接机器人在执行焊接过程中，通过程序与焊接电源之间发送或接收不同的 I/O 信号，通过 I/O 信号的变化控制焊接过程，并且不断检验整个焊接过程是否正常。焊接机器人执行的焊接过程是一个连续不断的时序过程，通过设置焊接工艺参数，严格控制每个阶段的时间。

焊接过程控制时序图如图 3-6 所示，这张图在后续的章节描述中还会使用，在本任务中，我们主要讲解和送丝有关的信号和过程。

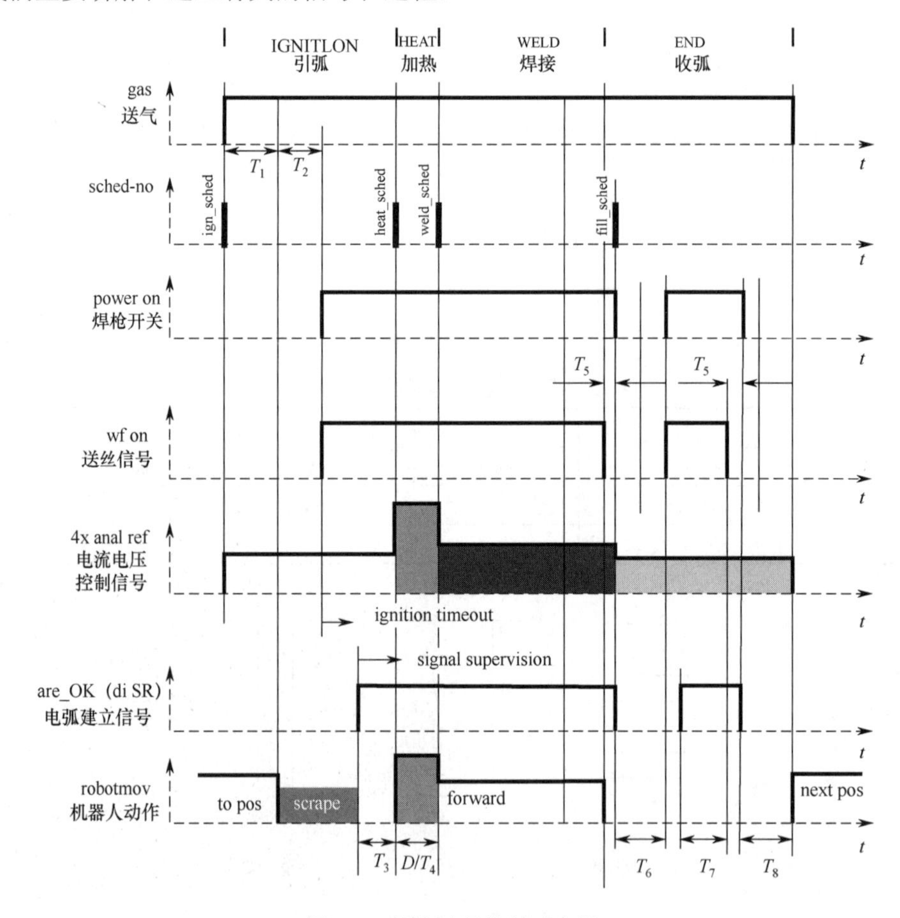

图 3-6 焊接过程控制时序图

在图 3-6 中，各时间段参数含义如下：T_1 是指保护气吹气时间（排除气管中的空气）；T_2 是指保护气预吹气时间；T_3 是指引弧后机器人动作延迟时间；D/T_4 是指加热距离/时间；T_5 是指回烧时间；T_6 是指冷却时间；T_7 是指填弧坑时间；T_8 是指保护气后吹气时间。

在图 3-6 中，wf on（wirefeed on）就是送丝信号，该信号是由焊接机器人控制柜发出的+24V DC 的数字输出信号，并且由送丝机构控制板接收，同时启动送丝电机转动，带动送丝机构导丝轮转动，这样就可以连续不断地稳定送丝了。

这里要特别注意送丝信号发出的时间、延续的时间段和信号复位的时间：送丝信号要晚于保护气信号发出（T_1+T_2），但是与焊枪开关信号同时发出；送丝信号要早于焊枪开关信号复位，提早时间是焊丝回烧时间（T_5）。另外，我们可以看到，在 T_6 时间以后，送丝信号和焊枪开关信号又同时发出，并且送丝信号又早于焊枪开关信号复位，提早时间是焊丝回烧时间（T_5）。

1）送丝信号的设置和功能测试

送丝信号的设置包括通信线的连接，一般是送丝机构通信线连接到焊接电源，焊接电源再与焊接机器人控制柜连接，所以焊接电源与焊接机器人控制柜的通信线已经包含控制送丝功能的信号。焊接机器人控制柜需要做信号的软件参数设置（包括物理地址分配、名称和功能定义）。

一般通信线的连接可以参照送丝机构产品的说明书操作。信号功能定义会有一张表，找出哪些信号需要在焊接机器人系统参数中定义，确认好信号名称和功能，以及这个信号在焊接机器人控制柜通信板上的物理地址即可。

本任务使用的是时代集团的 TFN 6000FN 系列送丝机构，焊接信号已经在焊接机器人系统中做了默认设置，不需要用户设置或更改；用户可以通过示教器的按键测试送丝功能，并且观察焊丝状态，其功能操作和示意图如表 3-5 和图 3-7 所示。

表 3-5　示教器功能操作

序号	功能名称	功 能 操 作	功 能 描 述
1	送丝	【联锁】键+【3】键	按下时开始送丝，抬起时停止送丝（焊接机器人具有相关 I/O 配置）
2	退丝	【联锁】键+【4】键	按下时开始退丝，抬起时停止退丝（焊接机器人具有相关 I/O 配置）

2）送丝功能的优化调整

我们为什么要对焊接机器人的送丝功能进行优化和调整呢？目的只有一个，就是保证在弧焊过程中用设置好的送丝速度连续不断稳定地送丝；即满足焊接速度的稳定性、送丝连续性和送丝均匀性的要求。

送丝速度稳定时，电弧稳定；送丝速度不稳定时，电弧就不稳定；当送丝速度过慢时，导致焊接熔化过程不连续，进一步会造成焊缝产生不规则的成形，从而使焊接过程不稳定性概率大大增加；而当送丝速度过快时，会造成焊缝的余高超过预期值，更有可能因为焊丝来不及熔化而直接损害焊接过程。这些都说明了焊缝的成形效果与焊丝的输送速度跟焊接速度的匹配程度息息相关。

影响送丝的因素有很多，主要集中在焊接设备方面，包括送丝机构、焊枪、导丝管、送丝盘等部件。因此，这

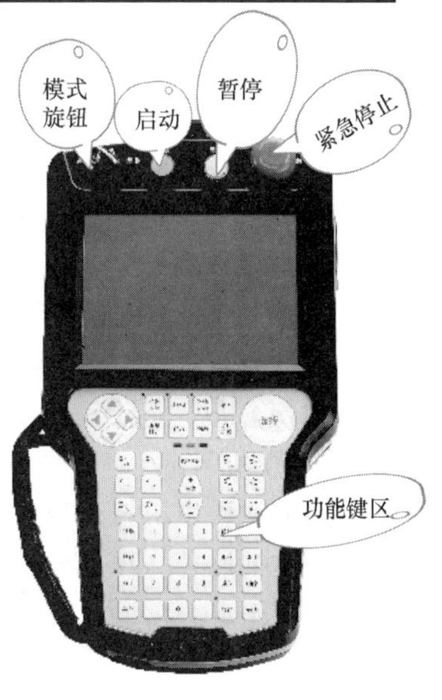

图 3-7　时代机器人示教器示意图

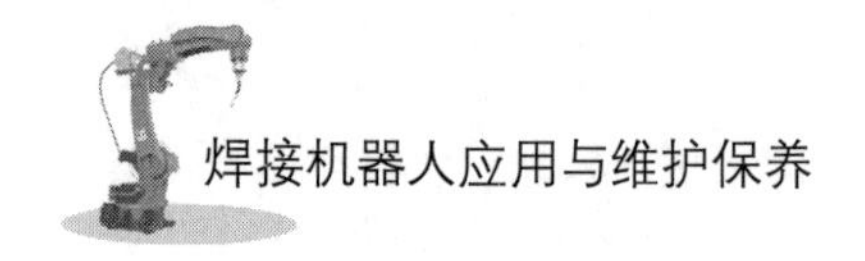

里提到的送丝功能的优化和调整，除包括开始的调试测试外，还包括在后续使用过程中的维护保养流程。

送丝功能的优化调整主要包括以下几个方面。

（1）焊枪电缆导丝管的安装和长度：焊枪电缆导丝管按照需要安装的长度截取，一般会比焊枪电缆长度短 1～2 mm；插入焊枪电缆后，导丝管可以正常伸展，不能有扭曲现象，否则将影响送丝的稳定性，焊接机器人焊枪电缆和导丝管示意图如图 3-8 所示。

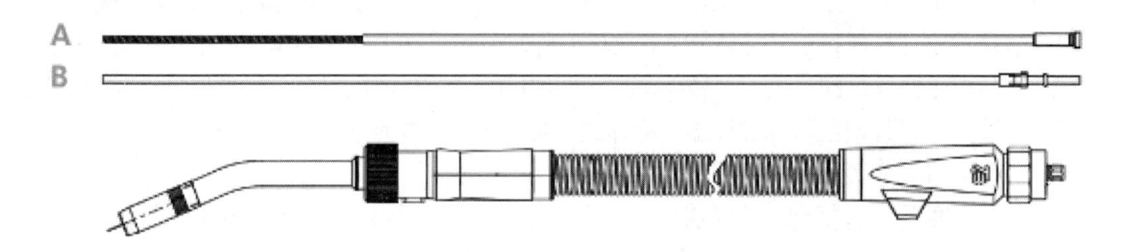

图 3-8　焊接机器人焊枪电缆和导丝管示意图

（2）焊枪导电嘴的直径：焊枪导电嘴要求有高精度螺纹，优良的导电性能，光洁内孔，送丝顺畅，变形小，寿命长，选用高精度铬锆铜材料；焊枪导电嘴的直径一般选用与焊丝直径相匹配的，并且需要手动送丝测试送丝性能，是否能顺利地从导电嘴中送出，焊接机器人焊枪导电嘴示意图如图 3-9 所示。

图 3-9　焊接机器人焊枪导电嘴示意图

（3）送丝机构压丝轮和校直轮的调节：通过焊丝压力手柄，根据焊丝直径调节压力手柄的位置，并且根据送丝状态，调节到不同刻度。注意，压紧力太大，将影响焊丝顺利送丝，压紧力太小，送丝时可能会出现焊丝打滑现象。焊丝校直调节杆可调节焊丝的挺直度，避免在输送过程中弯曲，焊接机器人送丝机构压丝轮和校直轮示意图如图 3-10 所示。

（4）送丝电机转速反馈传感器（可选项）：通过实际焊接电流的变化，精确反馈送丝电机的控制信号，并且实时调整送丝电机的转速，以保障送丝的可靠性和稳定性，保证焊接电流的稳定。

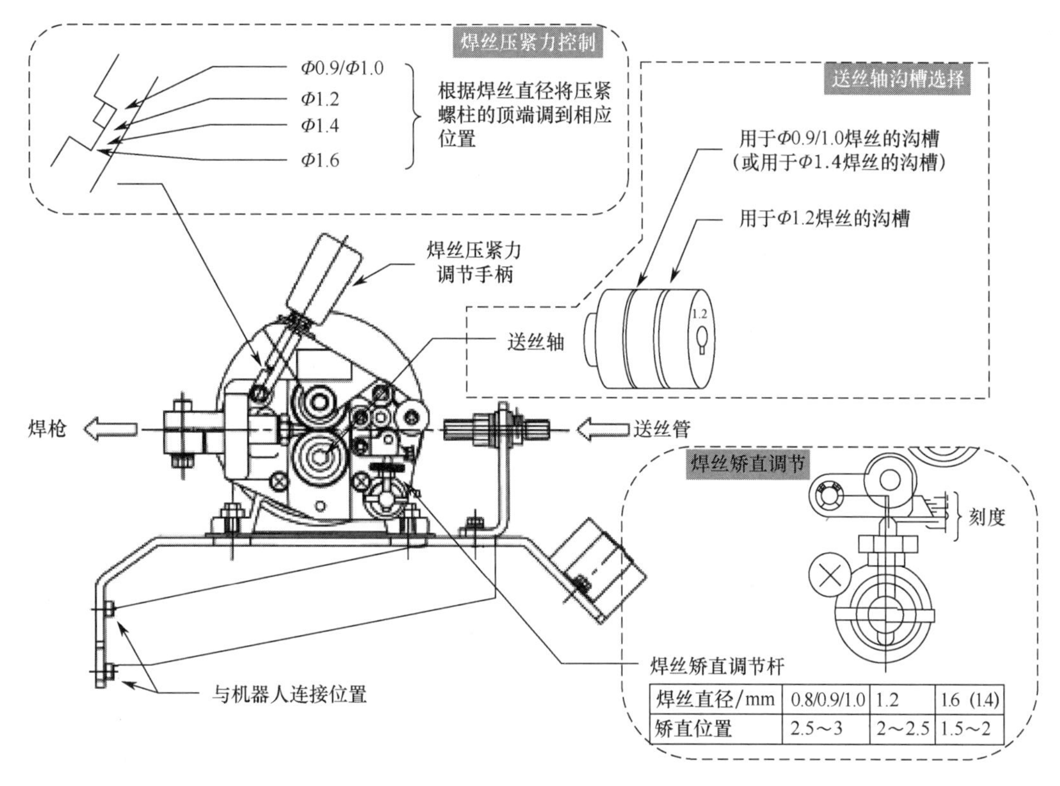

图 3-10　焊接机器人送丝机构压丝轮和校直轮示意图

3.1.3　知识拓展——影响焊接质量的因素

1. 弧焊电源控制系统的关键技术

（1）工艺时序控制技术：各种焊接方法都要按照一定的程序操作焊接过程，图 3-11 和图 3-12 所示为带高频引弧器的钨极惰性气体保护焊逆变器工艺时序与二氧化碳气体保护焊工艺时序。焊枪开关接通后，弧焊电源的控制电路开始工作，Ar 保护气电磁阀开通；延时后，高频引弧器开通引燃电弧，引弧成功后高频引弧器关断。电流在电弧引燃时经过短暂的峰值后回到维弧电流，经过一段预热延时后缓升到正常值。在焊接结束前，电流要缓降到维弧电流，经过一段延时后再降为零。送气阀经过延时后再关闭。

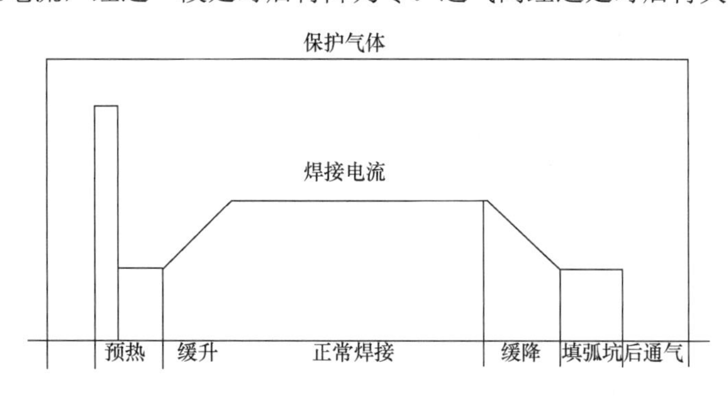

图 3-11　带高频引弧器的钨极惰性气体保护焊逆变器工艺时序

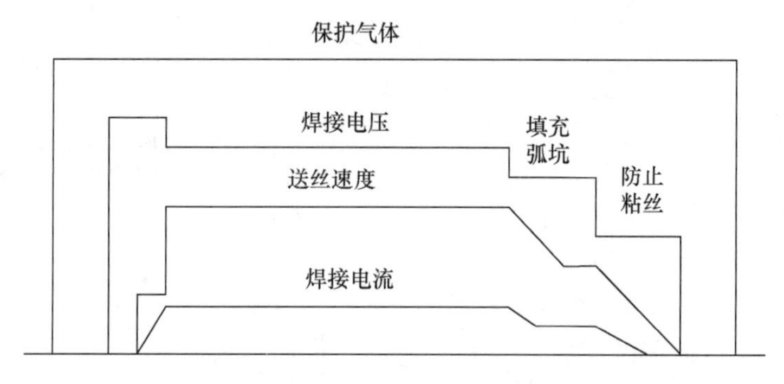

图 3-12 带高频引弧器的二氧化碳气体保护焊工艺时序

（2）引弧和收弧控制技术：对于熔化极惰性气体保护焊，在引弧过程中焊丝和焊件的接触不可避免地存在抖动，电压产生剧烈振荡，电流上升缓慢，引燃电弧较为困难。在引弧过程中，空载电压上维持有一段时间，电流上升迅速，引弧时间短，引弧顺畅，电弧声音柔和。在收弧过程中，焊接电流波形比较稳定，纹波抖动也较小，电流平缓降低，收弧过程效果较好。若收弧过程中电流冲击比较严重，焊接电流和电弧电压的抖动都比较剧烈，收弧过程不稳定，则焊接后会有较大的弧坑出现。

（3）一元化调节技术：在焊接规范的调节中，焊接电流和焊接电压需要有很好的配合，不同的焊接方法其焊接电流和焊接电压之间的关系也不同。在某一焊接电流值下，有一个对应的最佳焊接电压值，只有焊接电流和焊接电压合理搭配才能使焊丝的熔滴过渡最稳定。焊接电流与焊接电压之间的搭配关系可以从大量焊接工艺试验中得到，并可绘制出一条一元化曲线。在焊接过程中，通常采用的是焊接电压优先的一元化参数调节。根据焊接材料和焊丝直径的不同，将电源电压给定电压信号依据一定的比例变换后，作为送丝电机的控制电压，使送丝速度随着弧焊电源输出电压的增大而增大，从而使输出焊接电流随之增大。

（4）弧焊电源的波形控制技术：在熔化极惰性气体保护焊中，熔滴的形成、尺寸、过渡模式和熔滴行为等是影响焊接工艺性能、焊缝成形和焊接质量的重要因素，熔滴过渡及行为一直是焊接工作者研究的热点。在熔化极惰性气体保护焊中，典型的熔滴过渡模式有 CO_2 短路过渡和熔化极惰性气体保护焊脉冲电流的射滴过渡，研究熔滴过渡模式及行为的目的之一是要对熔滴过渡过程加以控制。

（5）典型的 CO_2 短路过渡的波形控制技术包括恒压特性控制法、复合外特性控制法、波形控制法、脉动送丝控制法等。熔化极惰性气体保护焊脉冲电流的射滴过渡的波形控制技术主要包括 Synergic 控制法、脉冲门限控制系统、QH-ARC 控制法、闭环控制法、综合控制法、中值波形控制法等。

2. 送丝速度与焊接电流的关系

影响气体保护焊的焊接质量的焊接参数为焊接电流、极性、电弧电压（弧长）、焊接速度、焊丝干伸长、焊丝倾角、焊接接头位置、焊丝直径和保护气体成分与流量。

对这些焊接参数控制的目的是为了获得质量良好的焊缝。这些焊接参数并不是完全独立的，改变某一个焊接参数就要求同时改变另一个或另一些焊接参数，以便获得所要求的结果。选择最佳的焊接参数需要较高的技能和丰富的经验。最佳焊接参数受下列因素影响：母材成分、焊丝成分、焊接位置、质量要求。因此，对于每一种情况，为获得最佳结果，焊接参数的搭配可能有几种方案，而不是唯一的。

焊接电流是影响焊接工艺和焊缝质量的主要工艺参数，当所有其他参数保持恒定时，焊接电流与送丝速度或熔化速度以非线性关系变化。当送丝速度增加时，焊接电流也随之增大。碳钢焊丝的焊接电流与送丝速度的关系曲线如图 3-13 所示。对每一种直径的焊丝，低电流时的曲线接近于线性。可是在高电流时，特别是细焊丝，曲线变为非线性。随着焊接电流的增大，熔化速度以更高的速度增加，非线性关系将继续增大。这是由于焊丝干伸长的电阻热引起的。

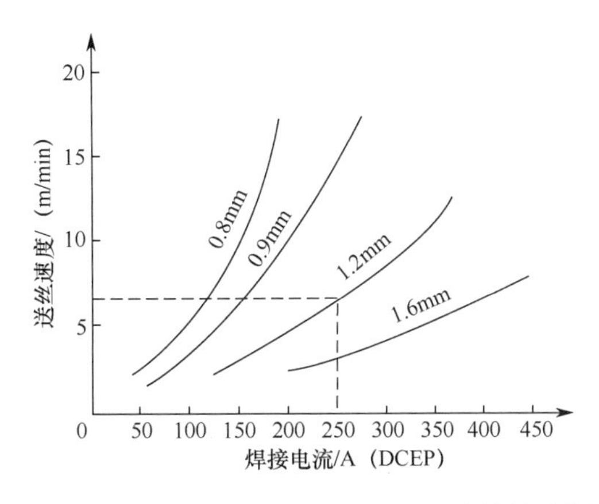

图 3-13　碳钢焊丝的焊接电流与送丝速度的关系曲线

从图 3-13 中可知，当焊丝直径增加时（保持相同的送丝速度），要求更高的焊接电流。当所有其他参数保持恒定时，焊接电流（送丝速度）的增加将引起如下变化：增加焊缝的熔深和熔宽、提高熔覆率、增大焊道的尺寸。

项目测评

各小组在任务实施指引完成后，根据学习任务要求，检查各项知识。教师根据各小组的实际掌握情况在表 3-6 中进行评价。

表 3-6　了解送丝机构及其信号功能

序　　号	主 要 内 容	考 核 要 求	评 分 标 准	配　　分	得　　分
1	焊接机器人送丝机构的组成	说明焊接机器人送丝机构的组成	准确说出焊接机器人送丝机构的组成	25	
2	送丝信号的设置	说明送丝信号包含哪些内容	准确描述送丝信号的设置过程	30	

（续表）

序　号	主要内容	考核要求	评分标准	配　分	得　分
3	送丝功能测试	说明送丝功能测试的方法	描述送丝功能测试的过程	25	
4	送丝功能的优化调整	说明送丝功能的优化调整方法	说出至少两个送丝功能的优化调整方法	20	
合计				100	

课后练习

一、填空题

1．焊接机器人送丝机构参数调节包括送丝轮沟槽选择、________、________、________、________。

2．送丝机构的主要部件有________、________、________、________、________、________、________、________。

3．如果压丝轮压力太小，则焊丝会________，如果压力太大，则焊丝会________。

二、问答题

1．焊接机器人送丝信号的发出和结束时序是什么？简述这个过程。

____

2．怎样测试和验证焊接机器人送丝功能？

____

3.2　焊接机器人保护气功能设置与测试

任务导入

焊接机器人的保护气功能：焊接机器人的保护气输送是由送气电磁阀控制的。送气电磁阀的开关由焊接机器人信号控制，可以根据设定的气流量连续送出保护气。

本任务需要焊接机器人自动控制送保护气电磁阀，根据设定的保护气流量，调节并优化送保护气，焊接机器人送保护气示意图如图 3-14 所示。

需要设置和调节的送保护气参数主要包括：

（1）电磁阀控制；

（2）保护气流量计调节；

（3）保护气流量监测反馈信号（可选项）。

任务目标

（1）了解送保护器装置的组成；

（2）了解送保护气信号及其功能。

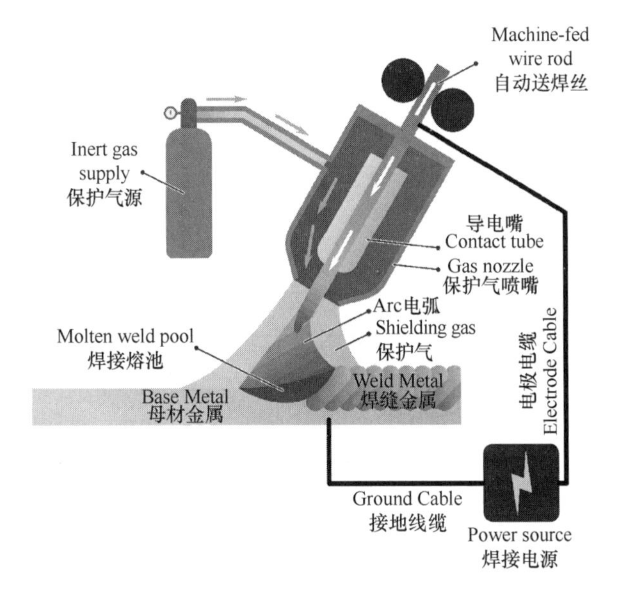

图 3-14　焊接机器人送保护气示意图

任务实施指引

在教师的安排下，各学习小组观察现场焊接机器人设备，了解送保护器装置的组成，以及送保护气信号及其功能。

3.2.1　送保护气装置的组成

通过观察焊接设备，了解送保护气装置的组成，说出图 3-15 所示送保护气装置的名称及作用，并填写到表 3-7 中。

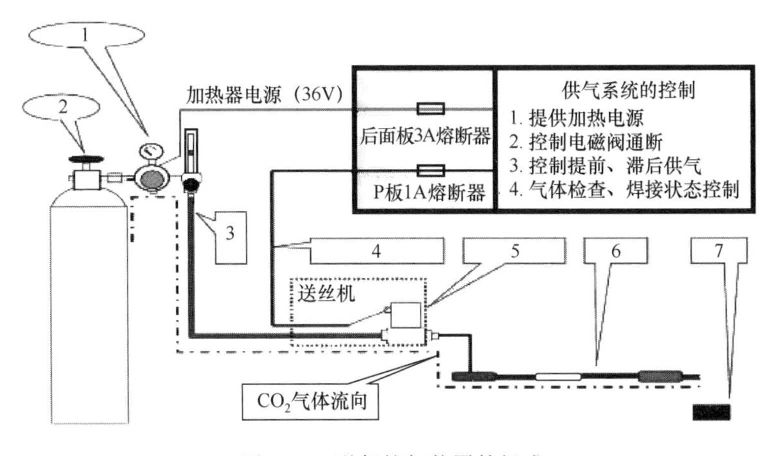

图 3-15　送保护气装置的组成

表 3-7　送保护气装置的名称及功能

序　号	名　称	功　能
1		
2		
3		
4		
5		
6		
7		

关联知识

焊接机器人送保护气装置以电磁阀为控制部分，以保护气流量检测传感器为监测部分，以保护气瓶和保护气流量调节器为供气部分。电磁阀和反馈传感器一般在焊接机器人送丝机构内部，与焊接电源之间由多芯控制电缆和焊接电缆相连，焊接机器人送保护气装置示意图如图 3-16 所示。

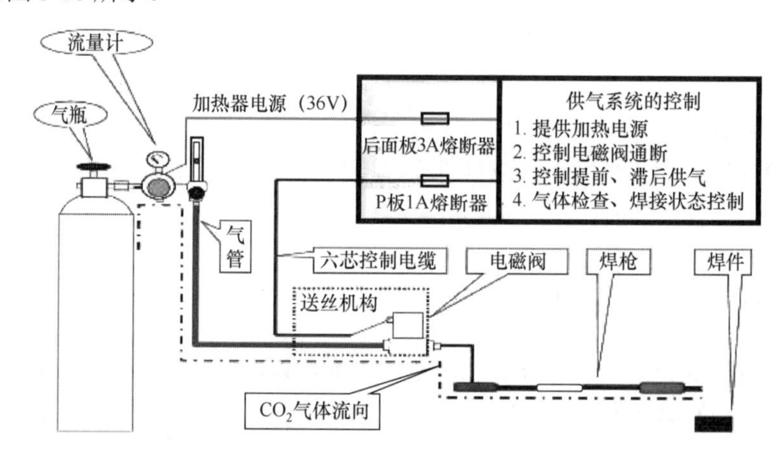

图 3-16　送保护气装置示意图

3.2.2　送保护气信号及其功能

请学生认真阅读课本内容，完成表 3-8 的填写。

表 3-8　焊接机器人送保护气在不同时序的作用

序　号	时　序	功　能
1	T_1	
2	T_2	
3	T_3 至 T_7	
4	T_8	

关联知识

1. 焊接机器人送保护气信号和功能

焊接机器人在执行焊接过程中，通过程序与焊接电源之间发送或接收送保护气的 I/O 信号，通过 I/O 信号的变化控制焊接过程，并且不断检验整个焊接过程送保护气是否正常。焊接机器人执行的焊接过程是一个连续不断的时序过程，通过设置焊接工艺参数，严格控制每个阶段的时间。焊接机器人焊接过程控制时序图如图 3-17 所示。

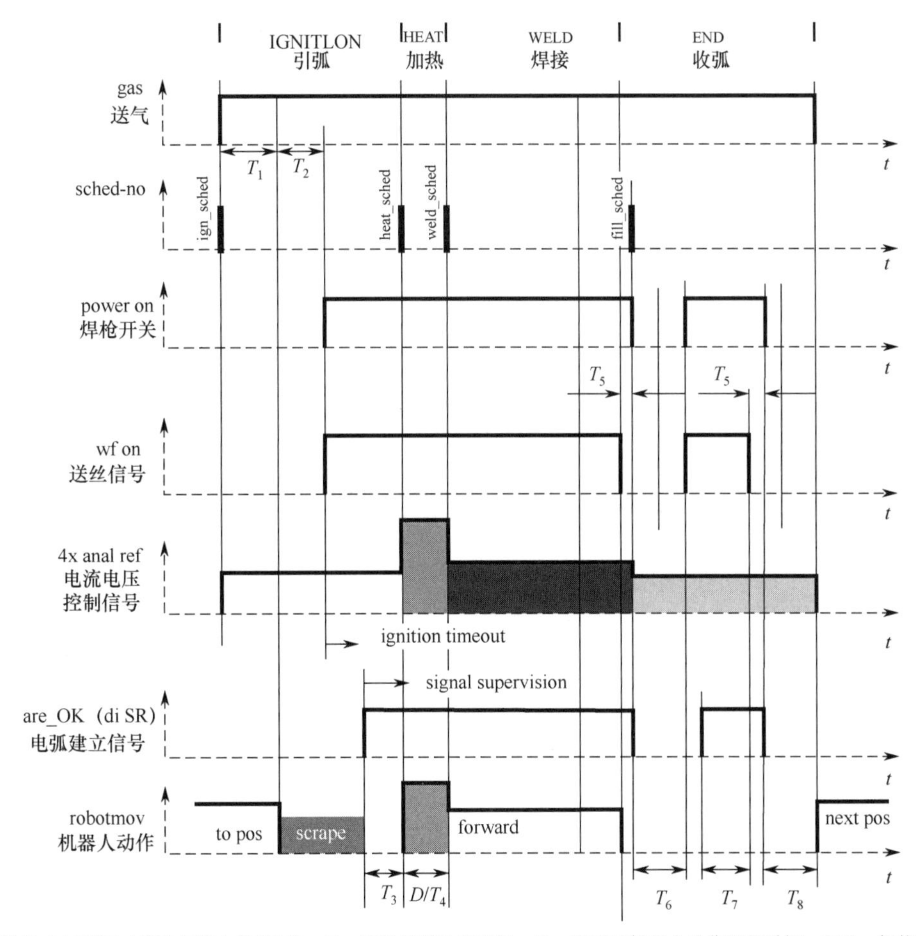

T_1：保护气吹气时间（排除气管中的空气）；T_2：保护气预吹气时间；T_3：引弧后机器人动作延迟时间；D/T_4：加热距离/时间；T_5：回烧时间；T_6：冷却时间；T_7：填弧坑时间；T_8：保护气后吹气时间

图 3-17　焊接机器人焊接过程控制时序图

在图 3-17 中，gas 就是送保护气信号。gas 是由机器人控制柜发出的+24V DC 的数字输出信号，并且由送丝机构控制板接收，同时启动送保护气的电磁阀，电磁阀导通，这样就可以连续不断稳定地送保护气了。

这里要特别注意送保护气信号（gas）发出的时间、延续的时间段和信号复位的时间：送保护气信号是最早发出的焊接工艺信号，和焊接程序信号同步发出，比送丝信号

（wf on）早发出（T_1+T_2）的时间段，这意味着在正式引弧和送丝信号发出前，已经提前给焊接位置送保护气，并排除了空气，起到保护焊缝的作用，避免产生焊接气孔等缺陷；送保护气信号在全部焊接过程中一直保持，直到焊接结束，送丝停止，焊缝冷却后，送保护气信号才复位。所以送保护气信号的总时长是 $T_1+T_2+T_3+T_4+T_5+T_6+T_7+T_8$。

2. 送保护气信号的设置和功能测试

送保护气信号的设置包括通信线的连接，一般是利用送丝机构通信线连接到焊接电源，焊接电源再与机器人控制柜连接，所以焊接电源与机器人控制柜的通信线已经包含控制送保护气功能的信号；机器人控制柜需要进行信号的软件参数设置（包括物理地址分配、名称和功能定义）。

一般通信线的连接可以参照送丝机构（包括送保护气的电磁阀）产品的说明书操作；在信号功能定义表中，找出哪些信号需要在机器人系统参数中定义，确认好信号名称和功能，以及这个信号在机器人控制柜通信板上的物理地址。

本任务使用的是时代集团的 TFN 6000FN 系列送丝机构（包括送保护气的电磁阀），焊接信号已经在机器人系统中做了默认设置，不需要用户更改或设置；用户可以通过示教器的按键测试送保护气功能，并且观察送保护气状态，具体操作见表 3-9。

表 3-9 送保护气按键操作

序 号	功能名称	功能操作	功能描述
1	检气	【联锁】键+【6】键	按下时开始检气，抬起时停止检气（焊接机器人具有相关 I/O 配置）

3. 送保护气功能的优化调整

我们为什么要对焊接机器人的送保护气功能进行优化和调整呢？目的只有一个，就是保证在弧焊过程中，用设置好的送保护气流量连续不断稳定地送保护气。也就是说，需要保证焊接速度的稳定性、送保护气连续性和送保护气均匀性的要求。

送保护气流量稳定时, 焊缝质量稳定；送保护气流量不稳定时，焊缝质量就不稳定；当送保护气流量过小时，容易导致焊缝出现气孔，进一步会造成焊接缺陷；而当送保护气流量过大时，容易造成紊流，把空气杂质吹进焊缝中，也会造成气体的浪费等问题。

影响送保护气的因素有很多，主要集中在送气设备方面，包括保护气瓶、气体调节器、电磁阀、焊枪和气管等部件。因此，这里提到的送保护气功能的优化和调整，除包括开始的调试测试外，还包括在后续使用过程中的维护保养流程。

送保护气功能的优化调整主要包括以下几个方面。

（1）送保护气调节器：在焊接之前，需要确定好送保护气的流量（见图 3-18）。用流量控制旋钮调节流量，同时观察浮动球在流量刻度管的位置（注意，需要焊接机器人发信号，打开电磁阀才能调节），一般气保护焊的送保护气的流量控制在 15～20 L/min，并观察浮动球是否平稳，是否有大的波动。

（2）焊枪喷嘴和导电嘴的形状和清洁：焊枪喷嘴和导电嘴有送保护气的气孔，观察这些气孔是否被堵塞并清洁，而且可以把焊枪拿到手掌心或脸颊附近，感受吹气的状态（要注意安全，不要被焊枪烫伤），如果吹气强度感觉明显且较大，则是正常的；如果吹气强度感觉比较小，则需要检查焊枪喷嘴状态。焊枪机器人焊枪喷嘴和导电嘴示例如图 3-19 所示。

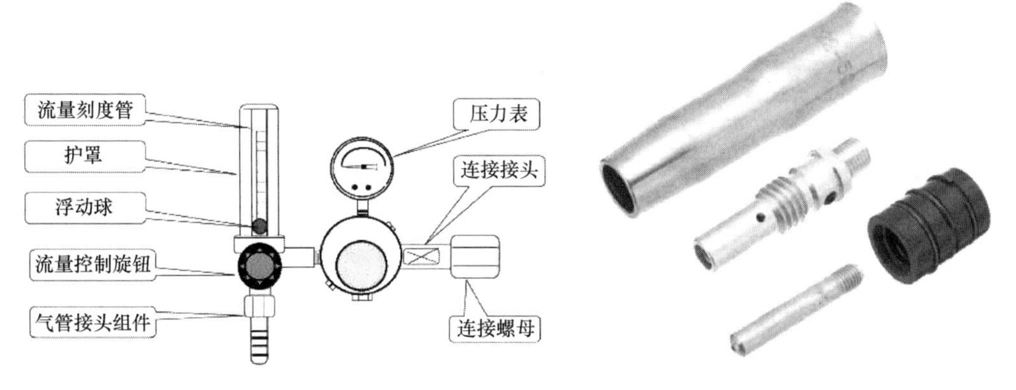

图 3-18　送保护气调节器示意图　　　　图 3-19　焊接机器人焊枪喷嘴和导电嘴示例

3.2.3　知识拓展——不同的焊接保护气的焊接特性

焊接机器人的气体保护焊所用的保护性气体（保护气）是指焊接过程中用于保护金属熔滴、熔池及焊缝区的气体，它使高温金属免受外界气体的侵害。保护气一般都是化学特性非常稳定，在高温高压等的化学反应过程中也不参与反应。不仅如此，它还能够起到隔离大气中活跃性气体如氧气等参与反应，从而起到保护反应的纯粹性。保护气包括二氧化碳（CO_2）、氩气（Ar）、氦气（He）、氧气（O_2）、可燃气体、混合气体等，一般较为常见的是惰性气体，有时考虑到成本因素，氮气也可以作为部分反应的保护气。

国际焊接学会指出，保护气统一按氧化电势进行分类，并且确定分类指标的简单计算公式为：分类指标=$X_{O_2}\%+Y_{CO_2}\%$。在此公式的基础上，根据保护气的氧化电势可将保护气分为五类。Ⅰ类为惰性气体或还原性气体，M_1 类为弱氧化性气体，M_2 类为中等氧化性气体，M_3 和 C 类为强氧化性气体，焊接机器人气体保护焊时保护气的分类见表 3-10。

表 3-10　焊接机器人气体保护焊时保护气的分类

分　类	气体种类数目	混合比（以体积百分比表示）/ %					类　型
		氧　化　性		惰　　性		还　原　性	
		CO_2	O_2	Ar	He	H_2	
Ⅰ	1	—	—	100	—	—	惰性
	1	—	—	—	100	—	
	2	—	—	27～75	余	—	
	2	—	—	85～95	—	余	还原性
	1	—	—	—	—	100	
M_1	2	2～4	—	余	—	—	弱氧化性
	2	—	1～3	余	—	—	
M_2	2	15～30	—	余	—	—	中氧化性
	3	5～15	1～4	余	—	—	
	2	—	4～8	余	—	—	

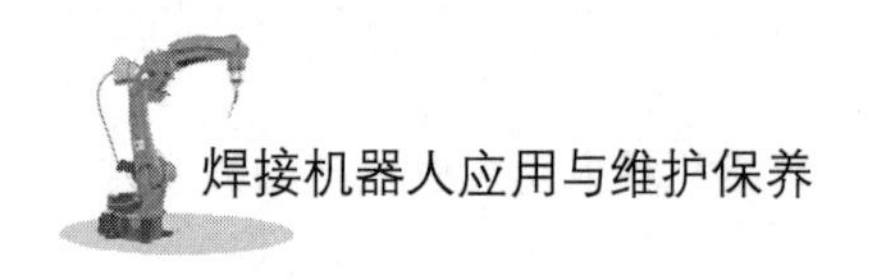

（续表）

分类	气体种类数目	混合比（以体积百分比表示）/%					类型
		氧化性		惰性		还原性	
		CO_2	O_2	Ar	He	H_2	
M_3	2	30～40	—	余	—	—	强氧化性
	2	—	9～12	余	—	—	
	3	5～20	4～6	余	—	—	
C	1	100	—	—	—	—	
	2	余	<20	—	—	—	

注：表中的“余”=100–其他气体所占的体积百分比。

（1）100% CO_2 保护气焊接特性：二氧化碳气体（CO_2）在电弧电压升高时，电弧的吹力增大，易使熔滴颗粒变大，从而产生较大的飞溅。但是提高热输入量可得到宽、深的焊缝。

（2）100% 氩气保护气焊接特性：氩气（Ar）由于电离的潜能小，又易电离，可以保证引弧并维持其稳定性。并且，非活性气体可避免氧化物的产生，可以得到优良机械性能的焊缝。但是在高电流密度下，电弧易集中，得到窄、深的焊缝。

（3）氦气保护气焊接特性：氦气（He）作为添加气体使用。电离的潜能、热传导性都比较大，可以取得高的热输入量，并改善熔合效果，可实现高速度焊接。另外，与氩气相比，其电弧较宽，可得到平整的焊缝。

（4）氧气保护气焊接特性：氧气（O_2）少量添加可提高电弧的稳定性。电磁收缩的作用使得焊丝前端的熔滴呈小颗粒过渡。同时降低熔池金属的表面张力，改善熔池的润湿性，从而得到比较美观的焊缝。

（5）氢气保护气焊接特性：氢气（H_2）的热传导性好，少量加入可提高热输入量，改善熔合效果，提高焊接速度。

（6）混合气保护气焊接特性：在单一气体的基础上加入一定的某些气体形成混合气，在焊接及切割过程中具有一系列的优点，可以改变电弧形态，提高电弧能量，改善焊缝成形及力学性能，提高焊接生产率，混合气保护气焊接特性对比见表 3-11。

表 3-11　混合气保护气焊接特性对比

气体组合	气体成分	弧柱点位梯度	电弧稳定性	金属过渡特性	化学性能	焊缝熔深形状
Ar+He	He：≤75%	中等	好	好	—	扁平状，熔深较大
Ar+H_2	H_2：5%～15%	中等	好	—	还原性 H_2>5% 会产生气孔	熔深较大
Ar+CO_2	CO_2：5%	低至中等	好	好	弱氧化性	扁平状，熔深较大（改善焊缝成形）
	CO_2：20%				中等氧化性	
Ar+O_2	O_2：1%～5%	低	好	好	弱氧化性	蘑菇状，熔深较大（改善焊缝成形）

（续表）

气体组合	气体成分	弧柱点位梯度	电弧稳定性	金属过渡特性	化学性能	焊缝熔深形状
$Ar+CO_2+O_2$	CO_2：20% O_2：5%	中等	好	好	中等氧化性	扁平状，熔深较大（改善焊缝成形）
CO_2+O_2	O_2：≤20%	高	稍差	满意	弱氧化性	扁平状，熔深大

项目测评

各小组在任务实施指引完成后，根据学习任务要求，检查各项知识。教师根据各小组的实际掌握情况在表 3-12 中进行评价。

表 3-12　送保护气功能设置与测试

序号	主要内容	考核要求	评分标准	配分	得分
1	焊接机器人送保护气装置的组成	说明焊接机器人送保护气装置的组成	准确说出焊接机器人送保护气装置的组成	25	
2	送保护气信号的设置	说明送保护气信号包含哪些内容	准确描述送保护气信号的设置过程	30	
3	送保护气功能测试	说明送保护气功能测试的方法	描述送保护气功能测试的过程	25	
4	送保护气功能的优化调整	说明送保护气功能的优化调整方法	准确说出送保护气功能的优化调整方法	20	
合计				100	

课后练习

一、填空题

1．焊接机器人送保护气参数调节包括________、_________。

2．送保护气主要部件有电磁阀、________、__________、__________。

3．如果送保护气流量太小，焊缝会________，如果流量太大，焊缝会_______。

二、问答题

1．焊接机器人送保护气信号的发出和结束时序是什么？简述这个过程。

____

____

2．怎样测试和验证焊接机器人送保护气功能？

____

____

3.3　焊接机器人起（引）弧功能设置与测试

任务导入

焊接机器人的起（引）弧功能：焊接机器人的起弧功能，或者称引弧功能，是由焊接机器人控制系统、焊接电源、焊枪（正极）和焊件（负极）共同完成的。通过焊接机器人控制系统发出焊接引弧信号到焊接电源，焊接电源将在焊枪正极（如焊丝和钨电极）和焊件负极之间加载一个直流高电压，这个高电压可以在焊接正负极之间放电，并击穿空气，把空气变成等离子体，形成焊接电弧，实现将电能转化为机械能、热能和光能。

本任务需要了解引弧的原理和设备的构成，并通过引弧信号的设置，形成焊接电弧，观察电弧并优化引弧参数。注意，观察电弧一定要用焊接面罩，防止电弧弧光伤害眼睛。

需要引燃焊接电弧并维持电弧稳定燃烧的可调节的参数主要包括：

（1）焊接机器人控制信号；

（2）焊接电源设置的引弧电压；

（3）建立稳定燃烧的条件是焊接正负极的导电性、连续稳定送焊丝；

（4）焊接焊件和焊丝的表面处理。

任务目标

（1）了解引弧原理和构成；

（2）了解引弧信号和功能。

任务实施指引

在教师的安排下，学习查阅相关资料，了解引弧原理和构成，了解引弧信号和功能。

3.3.1　引弧原理和构成

请学生认真阅读课本内容，完成表 3-13 的填写。

表 3-13　焊接机器人 MIG 焊和 TIG 焊的引弧方法

序　号	焊接工艺	引弧方法
1	MIG 焊	
2	TIG 焊	

焊接机器人引弧原理和构成

熔化极惰性气体保护焊（MIG 焊）都是利用短路引弧法进行引弧的，钨极惰性气体保护焊（TIG 焊）大多数采用非接触引弧法，但也有采用短路引弧法的。下面以 MIG 焊为例说明短路引弧法的原理。

MIG 焊时，首先送进焊丝，并逐渐接近焊件母材，一旦焊丝与母材接触，电源将提供较大的短路电流，利用在母材附近的焊丝爆断进行引弧。如果在焊枪喷嘴部位焊丝爆断，则引弧失败。所以在母材附近焊丝爆断是引弧成功的必要条件。

TIG 焊时，主要采用高频高压引弧法或脉冲引弧法。这两种方法都将钨极接近焊件，但不接触，它们之间留有 2～5 mm 的间隙。这两种方法的电压都很高，达到 2000～3000 V。引弧时利用高压击穿电极与焊件的空间，形成火花放电，在高压作用下，电弧空间形成很强的电场，加强了阴极发射电子及电弧空间的电离作用，使电弧空间由火花放电或辉光放电很快转变到电弧放电。电弧放电时产生的高温，可以在低电压情况下维持电弧放电，这样就完成了引弧过程。引弧时需要高电压击穿电弧空间，为了安全而采用高频或脉冲电压。

电弧引燃成功后，利用正负电极的电压差，维持电弧稳定燃烧；图 3-20 所示是 MIG 焊电弧原理和构成示意图。

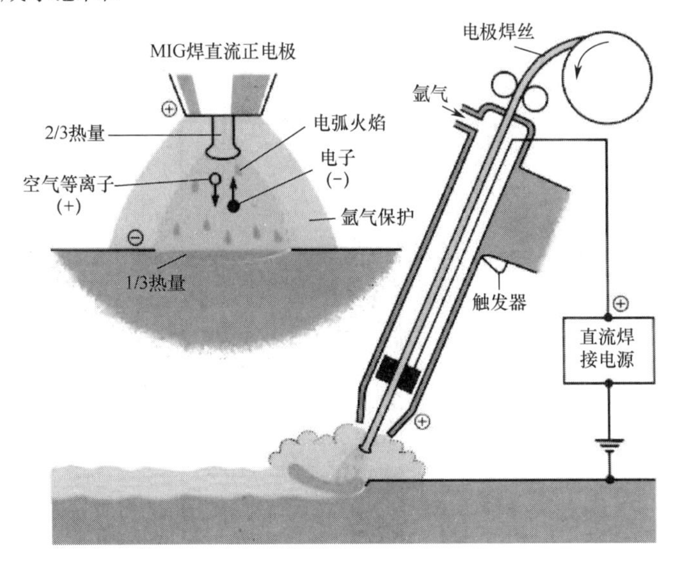

图 3-20　MIG 焊电弧原理和构成示意图

3.3.2　引弧信号和功能

请学生认真阅读课本内容，各小组分别讨论及查阅资料，并填写表 3-14。

表 3-14　引弧功能的优化调整方法及原理

序　号	优化调整方法	原　理
1		
2		
3		
4		
5		

1. 引弧信号和功能介绍

图 3-21 所示是焊接过程控制时序图，在这个任务中，我们主要讲解时序图中和引弧有关的信号和过程。

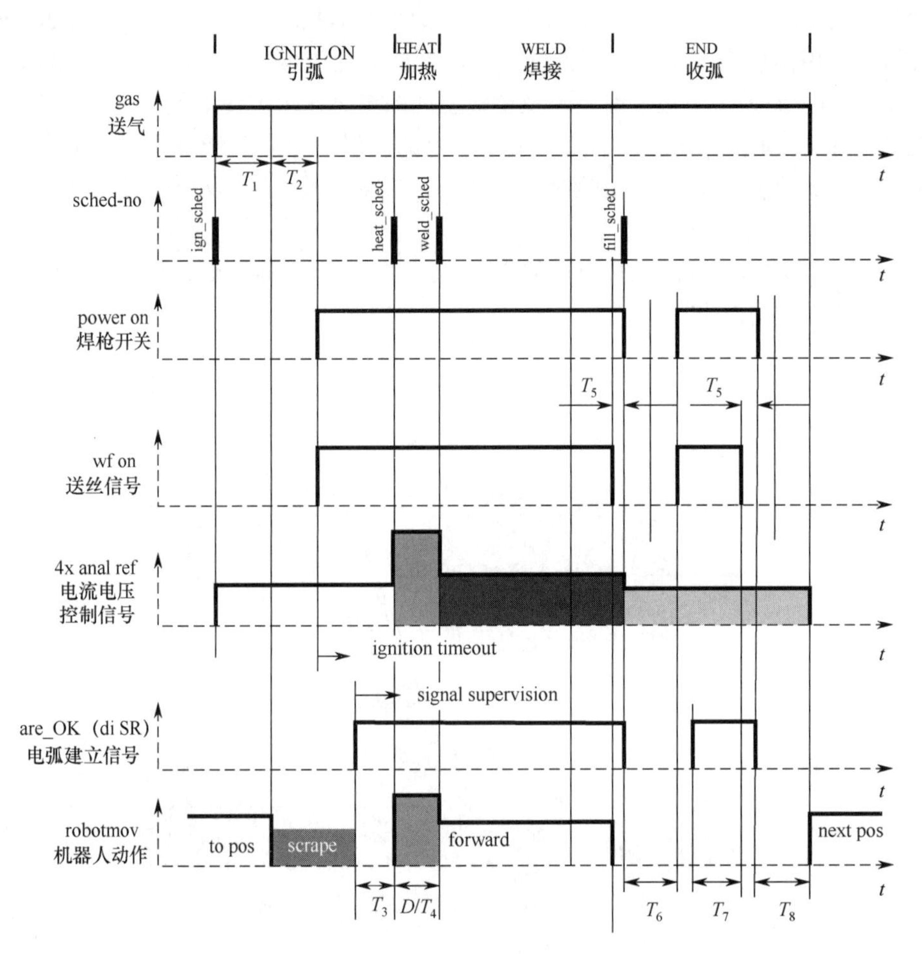

T_1：保护气吹气时间（排除气管中的空气） T_2：保护气预吹气时间 T_3：引弧后机器人动作延迟时间 D/T_4：加热距离/时间

T_5：回烧时间 T_6：冷却时间 T_7：填弧坑时间 T_8：保护气后吹气时间

图 3-21 焊接过程控制时序图

在图 3-21 中，power on 就是引弧信号，这个信号是由机器人控制柜发出的+24 V DC 的数字输出信号，并且由焊接电源数据交换器接收，同时启动焊接电源引弧功能，在焊丝和焊件母材两端加载引弧电压，击穿空气，形成电弧。

这里要特别注意引弧信号（power on）发出的时间、延续的时间段和信号复位的时间：引弧信号是在送保护气信号（gas）发出之后，等待（T_1+T_2）的时间，再发出，而且是与送丝信号（wf on）同时发出的，这意味着在正式引弧和送丝信号发出前，已经提前给焊接位置送保护气，并排除空气，起到保护焊缝的作用，避免产生焊接气孔等缺陷，同时发出送丝信号，以保证在引弧成功后，能够保持稳定的电弧燃烧，不会出现断弧问题；引弧信号在全部焊接过程中一直保持，但引弧信号会在送丝信号之前复位，送丝信号在引弧信号复位后，仍然保持 T_5 时间，这段时间叫焊丝回烧；在 T_6 时间后，引弧信号又发出一次，持续 T_7 时间，还会在送丝信号之前复位，送丝信号在引弧信号复位后，仍然保持 T_5 时间。

2. 引弧信号的设置和功能测试

引弧信号的设置包括通信线的连接，一般焊接电源与机器人控制柜连接，所以焊接电源与机器人控制柜的通信线已经包含控制引弧功能的信号；机器人控制柜需要做信号的软件参数设置（包括物理地址分配、名称和功能定义）。

一般通信线的连接可以参照焊接电源产品的说明书操作；在信号功能定义表中，找出哪些信号需要在机器人系统参数中定义，确认好信号名称和功能，以及这个信号在机器人控制柜通信板上的物理地址。

本任务使用的是时代集团的 TDN3500 全数字控制焊接电源，焊接信号已经在机器人系统中做了默认设置，不需要用户设置或更改；用户可以通过示教器的按键测试引弧和收弧（也称熄弧）功能，并且观察电弧状态，具体操作见表 3-15。

表 3-15　引弧功能操作

序　号	功能名称	功能操作	功能描述
1	引弧	【联锁】键+【1】键	机器人焊接引弧（焊接机器人具有相关 I/O 配置）
2	收弧	【联锁】键+【2】键	机器人焊接收弧（焊接机器人具有相关 I/O 配置）

3. 引弧功能的优化调整

我们为什么要对焊接机器人的引弧功能进行优化和调整呢？目的只有一个，就是保证在弧焊过程中，用设置好的引弧工艺参数顺利地在焊丝和焊件正负极之间引燃电弧并保证连续不断稳定的电弧燃烧，即保证引弧成功率和电弧稳定性。

影响引弧成功率和电弧稳定性的因素有很多，主要包括焊接电源的静特性和动特性、焊丝和焊件母材的导电性、焊丝和焊件母材表面氧化及污染物清洁等。因此，这里提到的引弧功能的优化和调整，除包括开始的调试外，还包括在后续使用过程中的维护保养流程。

引弧功能的优化调整主要包括以下几个方面。

（1）焊接电源引弧功能调整：提高短路电流增长速度，主要是改善电源的工作状态。在引弧时常常利用旁路电路将直流电感短接，而引弧成功后再将该电感接入。当逆变焊接电源出现后，充分利用电抗器调节电源动特性，选用很小的直流电感，可以得到可靠的引弧过程。

（2）引弧时令焊丝送进速度慢一些，以便减小焊丝与母材的压力增长速度，送丝速度太慢也不好，通常选用 1.5～3 m/min。引弧成功后，应立刻转换为正常的送丝速度。

（3）利用剪断效应引弧。一般情况下，焊接时都利用钳子剪断焊丝端头残留的金属熔滴小球，以利于引弧。但这样做很麻烦，所以现在许多气体保护焊设备增加了去金属熔滴小球功能，也就是剪断效应。在焊接结束时，适当降低电弧电压和送丝速度，从而实现自动去金属熔滴小球功能。

（4）导电嘴磨耗较大时，将增大接触电阻，不利于引弧，为此应及时更换导电嘴。

（5）焊丝和焊件母材表面清洁，及时除油除污，清除氧化层，提高引弧成功率。

项目测评

各小组在任务实施指引完成后，根据学习任务要求，检查各项知识。教师根据各小组的实际掌握情况在表 3-16 中进行评价。

表 3-16　焊接机器人引弧功能

序　号	主要内容	考核要求	评分标准	配　分	得　分
1	MIG 焊和 TIG 焊引弧原理	说明 MIG 焊和 TIG 焊的引弧原理	准确描述 MIG 焊和 TIG 焊的引弧原理	25	
2	引弧信号的设置	说明引弧信号包含哪些内容	准确描述引弧信号的设置过程	30	
3	引弧功能测试	说明引弧功能测试的方法	描述引弧功能测试的过程	25	
4	引弧功能的优化调整	说明引弧功能的优化调整方法	说出引弧功能的优化调整方法及原理	20	
合计				100	

课　后　练　习

一、填空题

1．需要引燃焊接电弧并维持电弧稳定燃烧的可调节的参数包括：____________、________________、____________________、____________________。

2．引弧功能主要部件有焊枪、________、__________、__________。

二、问答题

1．焊接机器人引弧信号的发出和结束时序是什么？简述这个过程。

____

____

2．怎样测试和验证焊接机器人引弧功能？

____

____

3.4　焊接机器人电弧建立功能的设置与测试

任务导入

焊接机器人电弧建立功能：焊接机器人的电弧建立，也就是我们常说的引弧成功，是指在焊枪正电极和焊件母材负电极之间建立了一个可以稳定燃烧的焊接电弧，这个稳定燃烧的焊接电弧可以通过焊接电源的电弧监测继电器发出一个数字输出信号到机器人控制柜，或者在焊接主回路上（如焊接的正极电缆线）上连接一个电磁感应线圈传感器，可以感应电弧建立，控制传感器金属弹簧片闭合，从而给机器人控制柜发出信号，焊接机器人收到这个信号后，即在焊接机器人焊接程序指令中控制机械臂运动，开始焊接。

本任务是需要了解电弧建立的原理和设备的构成，并且通过电弧建立信号的设置，了解电弧建立信号对焊接机器人行为的影响。

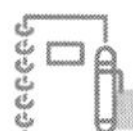

任务目标

（1）了解焊接机器人电弧建立原理和构成；

（2）了解焊接机器人电弧建立信号和功能。

任务实施指引

在教师的安排下，查阅各种资料并讨论，了解焊接机器人电弧建立的原理和构成，了解电弧建立信号的功能。

3.4.1　焊接机器人电弧建立原理和构成

请学生认真阅读课本内容，完成表 3-17 的填写。

表 3-17　霍尔效应公式各参数含义

序　号	参　数	含　义
1	K	
2	I_C	
3	B	
4	V_H	

关联知识

焊接机器人引弧成功后，形成稳定的焊接电弧，焊接电源（或机器人控制柜）会等待电流传感器反馈的引弧成功信号，如果在设定的时间内没有收到这个反馈信号，则焊接电源（或机器人控制柜）产生报警信号，并停止焊接机器人和焊接电源的下一步动作。

这里的电流传感器（Current Transducers）为什么会在引弧成功后可以监测焊接电流的状态呢？电流传感器可以检测焊接电流的原理就是“霍尔效应”。

霍尔效应是电磁效应的一种，这一现象是美国物理学家霍尔（E.H.Hall，1855—1938）于 1879 年在研究金属的导电机制时发现的。当电流垂直于外磁场通过半导体时，载流子发生偏转，垂直于电流和磁场的方向会产生一个附加电场，从而在半导体的两端产生电势差，这一现象就是霍尔效应，这个电势差也被称为霍尔电势差。霍尔效应使用左手定则判断。

霍尔电流传感器（Hall Current Transducer）基于磁平衡式霍尔原理，根据霍尔效应原理，从霍尔元件的控制电流端通入控制电流 I_C，并在霍尔元件平面的法线方向上施加磁感应强度为 B 的磁场，那么在垂直于电流和磁场方向（即霍尔输出端之间），将产生一个电势 V_H，称之为霍尔电势，其大小与控制电流 I_C 和磁感应强度 B 的乘积成正比。

$$V_H = K \cdot I_C \cdot B$$

式中，K 为霍尔系数，由霍尔元件的材料决定；I_C 为控制电流；B 为磁感应强度；V_H 为霍尔电势。

在本任务使用的时代 TDN3500 焊接电源中，对引弧成功的信号监测使用的是基于霍尔效应的 LEM HAS400-S 电流传感器。LEM HAS400-S 电流传感器示意图如图 3-22 所示。

图 3-22　LEM HAS400-S 电流传感器示意图

3.4.2　焊接机器人电弧建立信号和功能

请学生认真阅读课本内容，把表 3-18 补充完整。

表 3-18　故障设备代码

序　　号	故 障 设 备	故 障 代 码	故障提示信息	原因与对策
1	时代 TIME R6-1400 机器人	2304	焊接电源引弧失败	
2	时代 TDN3500 焊接电源	010	引弧异常	
3	时代 TDN3500 焊接电源	011	电流反馈异常	

1. 焊接机器人电弧建立信号的功能

焊接过程控制时序图如图 3-23 所示，在这个任务中，我们主要讲解和电弧建立有关的信号和过程。

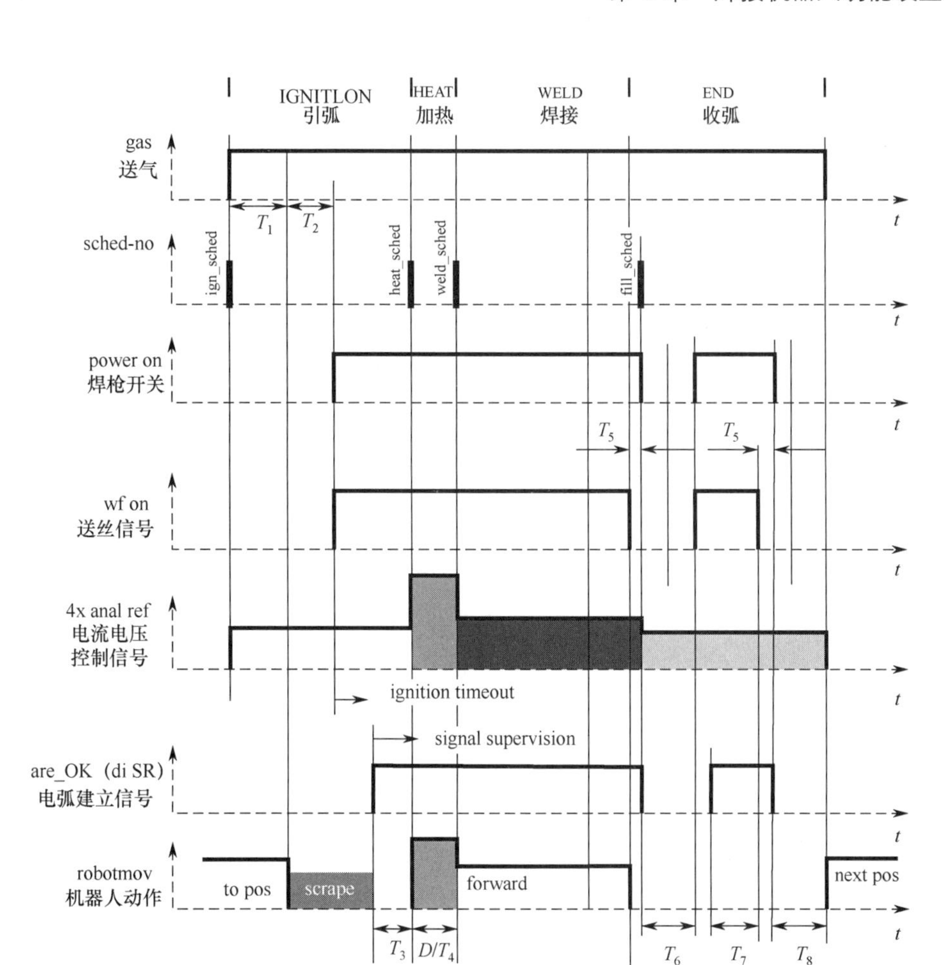

T_1：保护气吹气时间（排除气管中的空气）；T_2：保护气预吹气时间；T_3：引弧后机器人动作延迟时间；D/T_4：加热距离/时间；T_5：回烧时间；T_6：冷却时间；T_7：填弧坑时间；T_8：保护气后吹气时间

图 3-23 焊接过程控制时序图

在图 3-23 中，arc_OK 就是电弧建立信号，这个信号是由焊接电源电流传感器发出的+24 V DC 的数字输出信号，并且由机器人控制柜接收，机器人控制柜在引弧信号发出后的预定时间内（这个时间是引弧延迟时间）收到电弧建立信号，命令机械臂开始运动，执行焊接程序。

这里要特别注意电弧建立信号是在引弧信号和送丝信号发出、电弧稳定燃烧后，由电流传感器发出的信号，并且持续到引弧信号复位，电弧熄灭，电弧建立信号也同时消失。在 T_6 时间后，引弧信号又发出一次，持续 T_7+T_5 时间，电弧建立信号也同时输出 T_7+T_5 时间。

2. 电弧建立信号的设置和功能测试

电弧建立信号的设置包括通信线的连接，一般焊接电源与机器人控制柜连接，所以焊接电源与机器人控制柜的通信线已经包含电弧建立功能的信号；机器人控制柜需要进行信号的软件参数设置（包括物理地址分配、名称和功能定义）。

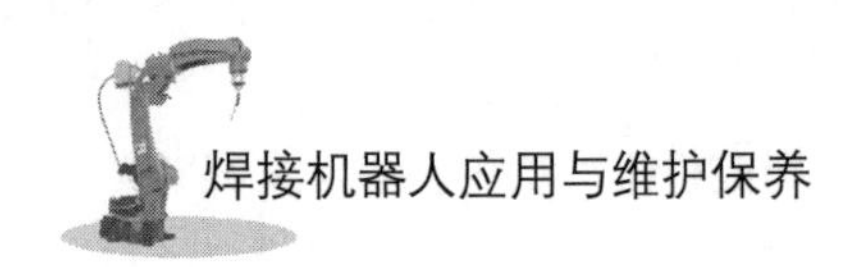

一般通信线的连接可以参照焊接电源产品的说明书操作；在信号功能表中，找出哪些信号需要在机器人系统参数中定义，确认好信号名称和功能，以及这个信号在机器人控制柜通信板上的物理地址。

本任务使用的是时代集团的 TDN3500 全数字控制焊接电源，焊接信号已经在机器人系统中做了默认设置，不需要用户设置或更改；用户可以通过示教器测试焊接过程，如果焊接失败，则焊接机器人会出现相关的报警信息，见表 3-19。

表 3-19 焊接机器人相关报警信息

序号	故障设备	故障代码	故障提示信息	原因与对策
1	时代 TIME R6-1400 机器人	2304	焊接电源引弧失败	收到引弧指令后检测到引弧状态为失败：检查焊接电源状态，确认都已准备就绪
2	时代 TDN3500 焊接电源	010	引弧异常	引弧电流输出超时没有引弧成功信号：检查电流传感器工作是否正常；检查输出电流反馈信号是否正常；检查主控板（MS01-01）工作是否正常
3	时代 TDN3500 焊接电源	011	电流反馈异常	接通输入电源时检测到输出电流反馈信号：检查电流传感器工作是否正常；检查输出电流反馈信号是否正常；检查主控板（MS01-01）工作是否正常

3.4.3 知识拓展——霍尔效应

霍尔效应在 1879 年被物理学家霍尔发现，它定义了磁场和感应电压之间的关系，这种效应和传统的电磁感应完全不同。当电流通过一个位于磁场中的导体时，磁场会对导体中的电子产生一个垂直于电子运动方向上的作用力，从而在垂直于导体与磁感线的两个方向上产生电势差。

在半导体上外加与电流方向垂直的磁场，会使半导体中的电子与空穴受到不同方向的洛伦兹力而在不同方向上聚集，在聚集起来的电子与空穴之间会产生电场，电场力与洛伦兹力产生平衡后，不再聚集。此时，电场会使后来的电子和空穴受到电场力的作用而平衡掉磁场对其产生的洛伦兹力，从而后来的电子和空穴能顺利通过不会偏移，这个现象称为霍尔效应，而产生的内建电压称为霍尔电压。霍尔效应原理图如图 3-24 所示。

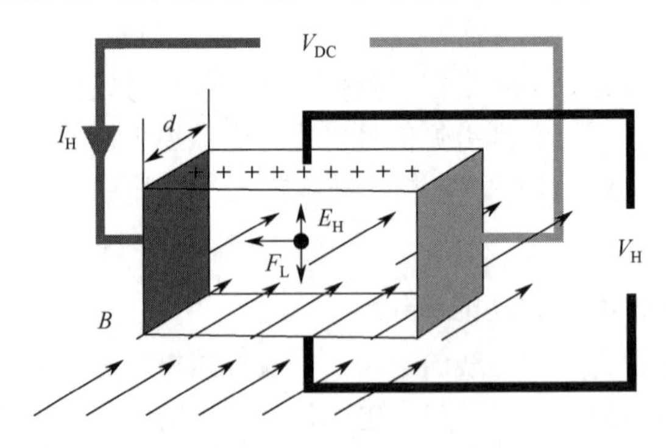

图 3-24 霍尔效应原理图

项目测评

各小组在任务实施指引完成后，根据学习任务要求，检查各项知识。教师根据各小组的实际掌握情况在表 3-20 中进行评价。

表 3-20　焊接机器人电弧建立功能和测试

序号	主 要 内 容	考 核 要 求	评 分 标 准	配分	得分
1	焊接机器人电弧建立原理及构成	说明焊接机器人电弧建立原理及构成	准确说出焊接机器人电弧建立原理及构成	30	
2	电弧建立信号的设置	说明电弧建立信号包含哪些内容	准确描述电弧建立信号的设置过程	40	
3	电弧建立功能测试	说明电弧建立功能测试的方法	描述电弧建立功能测试的过程	30	
合计				100	

课 后 练 习

问答题

焊接机器人电弧建立信号的发出和结束时序是什么？简述这个过程。

____

____

第 4 章

焊接工艺

项目描述

作为工业机器人最早和最广泛的应用场景，焊接机器人最重要的应用就是满足各种焊接工艺的焊接应用；焊接应用的质量保证需要有相匹配的、合适的焊接工艺参数。焊接工艺通常是指焊接过程中的一整套技术规定，包括焊接方法、焊前准备、焊接材料、焊接设备、焊接顺序、焊接操作、工艺参数及焊后热处理等。因此，不同的方法也就有不同的焊接工艺，这里也就带来了焊接工艺参数的概念，我们称保证焊接质量而选定的诸多物理量为焊接工艺参数（Welding Process Parameter），也叫焊接规范。典型的焊接工艺参数有焊接电流、焊接电压、焊接速度、电源种类、极性、坡口形式等。气保护焊焊接工艺参数示意图如图 4-1 所示。

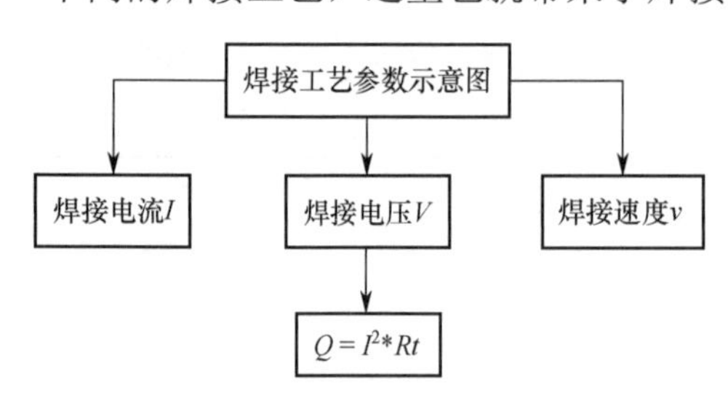

图 4-1　气保护焊焊接工艺参数示意图

所以，我们现在需要结合某一种焊接工艺要求，熟悉各种焊接工艺参数的作用和影响，掌握各种焊接工艺参数的配置方法和修改方法，实际体会不同焊接工艺参数的匹配对焊接质量的影响，认识焊接工艺参数在焊接应用过程中的重要性。

4.1　焊接工艺软件包配置

任务导入

机器人软件系统是所有控制程序的统称，焊接机器人执行何种操作、操作控制的方便性及具有的功能则由机器人软件系统决定。焊接工艺软件包是机器人软件系统的插件，是焊接机器人能够从事焊接作业的基本保证。因为焊接工艺的特殊性，需要在机器人软件系统中增加控制焊接工艺参数的软件功能，这些软件功能要与机器人软件系统无缝衔接，利用机器人软件系统的编程指令、数据类型和通信设置等功能，通过机器人的编程和数据来调整优化焊接工艺参数，完成质量可靠的焊接功能。图 4-2 所示是焊接机器人软件组成和焊接工艺软件包的结构示意图。

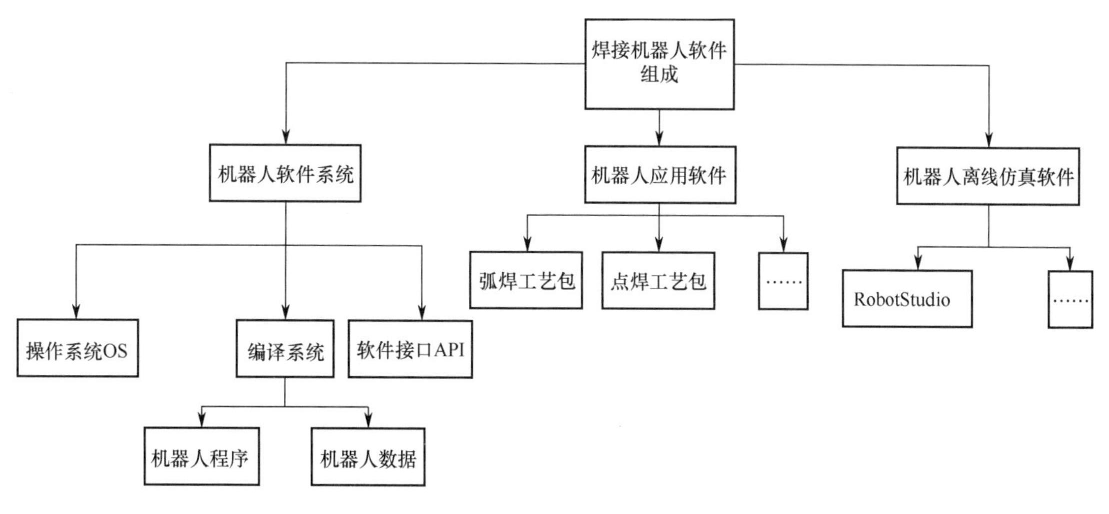

图 4-2　焊接机器人软件组成和焊接工艺软件包的结构示意图

任务目标

（1）了解焊接工艺软件包的功能；
（2）了解焊接工艺软件包的系统配置。

任务实施指引

在教师的讲解和演示安排下，各学习小组检查并了解现场机器人软件系统，调用焊接工艺软件包；结合教材内容掌握焊接工艺软件包的功能，在机器人软件系统中配置焊接工艺软件包。通过启发式教学法激发学生的学习兴趣与学习主动性。

4.1.1　焊接工艺软件包的功能

通过教师讲解焊接机器人软件组成，了解焊接工艺软件包组成部分，掌握时代机器人焊接工艺软件包功能，并填写到表 4-1 中。图 4-3 所示为不同品牌焊接机器人焊接工艺软件包的界面，供学生学习和参考。

表 4-1　时代机器人焊接工艺软件包功能

序　　号	功　　能
1	
2	
3	
4	
5	

关联知识

焊接工艺软件包为机器人程序员和焊接工提供了一系列便捷易用的软件工具，帮助用

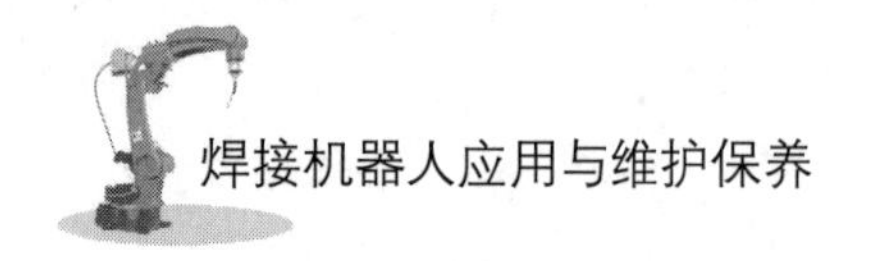

户改进焊接工艺、优化生产过程、提高生产效率、降低投资风险，最大限度扩大机器人系统的投资回报。焊接工艺软件包含有大量专用弧焊功能，使用简单、功能强大，一个指令即可处理机器人定位与工艺监控。可根据具体系统要求，轻松配置 I/O 信号、定时程序及焊接出错处理。它主要包含下列功能：灵活适用各种设备、先进工艺监控、焊接出错后自动再引弧、摆动焊、焊丝回烧、回绕、程序执行中可微调、焊缝寻找、跟踪。

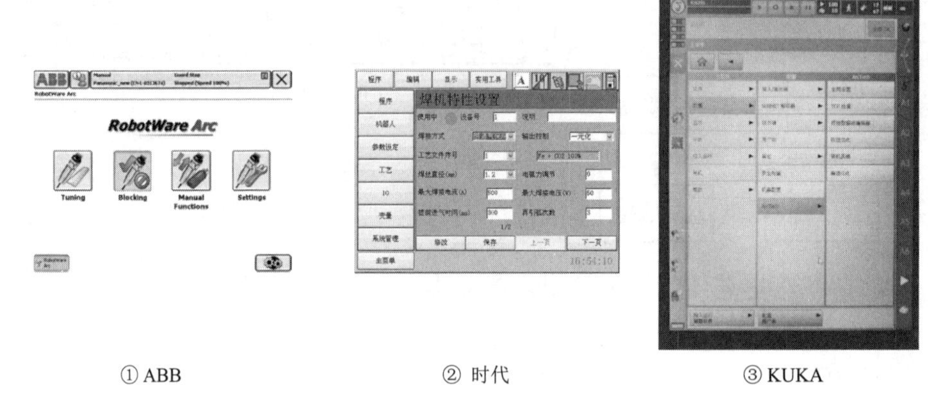

图 4-3　不同品牌焊接机器人焊接工艺软件包的界面

（1）焊机特性设置：设置弧焊工作参数，包括焊丝材料、焊丝直径、保护气体、操作方式、输出控制、最大焊接电压、最大焊接电流等。

（2）引弧设置：设置引弧相关参数，包括初期电流、初期时间、初期弧长调节、焊接速度等。

（3）熄弧设置：设置收弧参数，包括收弧电流、收弧时间、滞后送气时间、回烧电压调节和回烧时间调节等。

（4）其他设置：设置再启动功能参数，包括返回速度、返回长度、重焊电流、重焊电压、退丝时间、报警处理、再启动次数。

(5) 摆焊设置：设置摆焊相关参数，包括摆弧类型、摆动形态、行进角、摆动频率和停止时间等。

4.1.2　焊接工艺软件包的系统配置

根据图 4-4，使用实训室的焊接机器人实训设备（时代机器人），配置焊接工艺软件包，了解配置的步骤和内容，并填写到表 4-2 中。

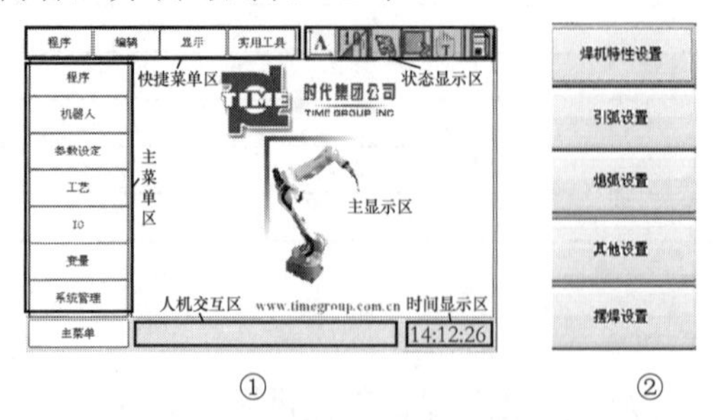

图 4-4　时代机器人焊接工艺软件包界面

表 4-2　时代机器人焊接工艺软件包各设置界面所含参数

序　　号	设置界面名称	可设置参数（至少写出三个）
1	焊机特性设置	
2	引弧设置	
3	熄弧设置	
4	其他设置	
5	摆焊设置	

关联知识

时代机器人焊接工艺软件包系统配置及功能描述见表 4-3。

表 4-3　时代机器人焊接工艺软件包系统配置及功能描述

内　　容	操　　作	说　　明
进入焊接界面	触摸屏单击【工艺】栏→【弧焊】栏；或按示教器【菜单】键→【上/下】键使光标置于【工艺】栏→【右】键→【上/下】键使光标置于【弧焊】栏→【选择】键。对所需使用的参数逐个设置	焊机特性设置 引弧设置 熄弧设置 其他设置 摆焊设置
界面介绍	焊机特性设置	设置弧焊工作参数，包括焊丝材料、焊丝直径、保护气体、操作方式、输出控制、最大焊接电压、最大焊接电流等
	引弧设置	设置引弧相关参数，包括初期电流、初期时间、初期弧长调节、焊接速度等
	熄弧设置	设置收弧参数，包括收弧电流、收弧时间、滞后送气时间、回烧电压调节和回烧时间调节等
	其他设置	设置再启动功能参数，包括返回速度、返回长度、重焊电流、重焊电压、退丝时间、报警处理、再启动次数
	摆焊设置	设置摆焊相关参数，包括摆弧类型、摆动形态、行进角、摆动频率和停止时间等

4.1.3　知识拓展——常用的焊接工艺参数

下面介绍几种常用的焊接工艺参数的概念和功能。

1. 焊枪目标角和行进角

焊枪姿态一般用焊枪目标角与行进角来描述，其示意图如图 4-5 和图 4-6 所示。

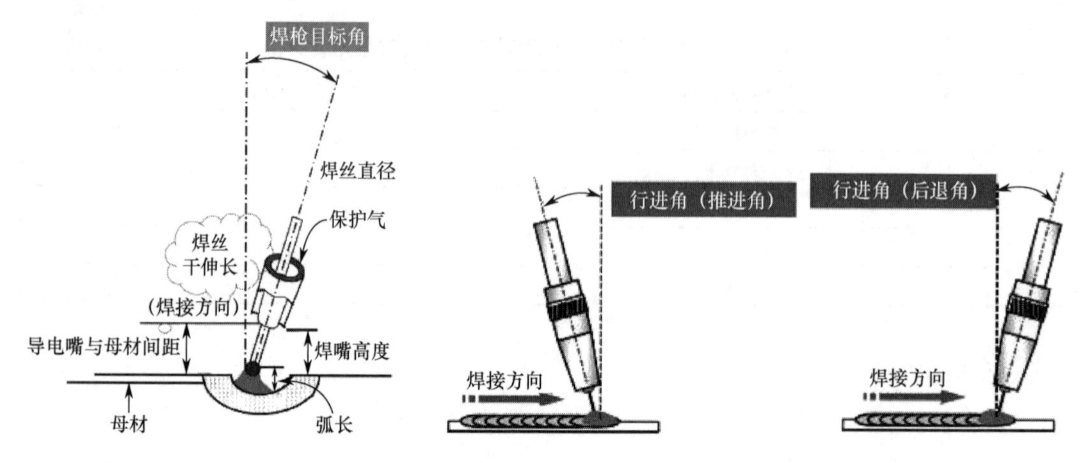

图 4-5　焊枪目标角示意图

图 4-6　焊枪行进角示意图

通常，当使用前进法焊接，行进角度较大时，熔融金属被吹向电弧的前方，熔深较浅，飞溅较大。当使用后退法焊接时，熔融金属被吹向电弧的后方，直接与母材产生电弧，熔融较深，易形成焊缝余高。在开坡口、易产生熔融金属被吹向前方的场合采用后退法焊接。

2. 焊丝的牌号与直径

焊接时所选择的焊丝及其直径是决定焊接质量的关键因素。通常，焊丝的选择是与所要焊接母材的成分和力学性能决定的，所以用户一定要向焊丝生产厂家咨询焊丝的成分及焊丝的适用对象，以免造成焊接接头的性能不能达到要求。焊丝直径在熔化极惰性气体保护焊中通常与所使用的焊接电流的大小相关，也与焊缝的形状相关。

焊接电流对焊丝的送丝速度有较大的影响。焊接电源的最大送丝速度通常为 15 m/min，细径焊丝可使用的最大电流有上限要求。如果坚持使用大电流，则熔池中金属不足，焊缝外观比较难看，由于熔融较深，所以会导致焊接裂纹发生，焊丝种类与直径的关系见表 4-4。

表 4-4　焊丝种类与直径的关系

焊 丝 种 类	焊丝直径 / mm	适用的电流范围 / A
实心焊丝	0.6	40～90
	0.8	50～120
	0.9	60～150
	1.0	70～180
	1.2	80～350
	1.6	300～500
药芯焊丝	1.2	80～350
	1.6	200～450

3. 焊接电流与焊接电压

焊接电流与焊接电压是焊接规范的两个主要参数，它们之间的匹配直接影响电弧的稳定性，从而影响焊接质量。电弧热能不仅熔化母材，而且熔化焊丝，还有部分热能损耗。电弧热能计算公式为：

$$Q=I^2Rt$$

式中，Q 是电弧热能，单位为 J；I 是焊接电流，单位为 A；R 是电弧的电阻，单位为 Ω；t 是焊接持续的时间，单位为 s。

对焊接控制的过程其实就是对热量控制的过程，对热量的控制就是对焊接电流的控制。焊接电压与电弧长度相对应，电弧长度的恒定确保了电弧的稳定性。电弧的长度决定电弧的电阻。不难看出，焊接电压越高，电弧热量越高。在焊接电流一定的情况下，电压越高，填充的金属就越多，焊缝就显得比较饱满；但同时也可能会带来过热。所以，不难得出以下的结论：焊接电流越高、焊接电压越高、焊接速度越慢（焊接持续时间越长），焊接过程的热输入量就越高，如何使用这些参数，就必须首先了解所要焊接的对象。

4. 焊丝干伸长

焊丝干伸长是指从焊枪导电嘴的前端到焊丝尖端的长度，如图 4-7 所示，适用的焊丝干伸长因焊丝直径而异，具体情况见表 4-5。

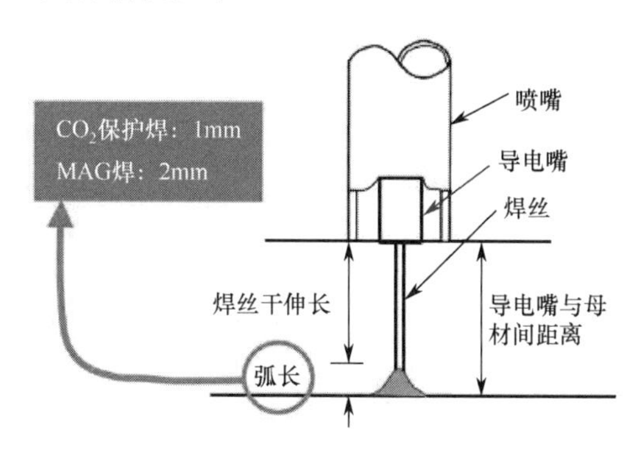

图 4-7 焊丝干伸长示意图

表 4-5 焊丝干伸长与直径对照表

焊丝直径 / mm	焊丝干伸长 / mm	备 注
0.9	10	一般为焊丝直径的 10～15 倍
1.0	13	
1.2	15	
1.6	20	

5. 焊接保护气

焊接保护气的特性如下。

二氧化碳气体（CO_2）：在电弧电压升高时，电弧的吹力增大，易使熔滴颗粒变大，从而产生较大的飞溅。但是可以提高热输入量，从而得到宽、深的焊缝。

氩气（Ar）：由于电离的潜能小，又易电离，可以保证引弧并维持其稳定性。并且，非活性气体可避免氧化物的产生，可以得到优良机械性能的焊缝。但是在高电流密度下，电弧易集中，得到窄、深的焊缝。

氦气（He）：作为添加气体使用。电离的潜能、热传导性都比较大，可以取得高的热输入量，并改善熔合效果，可实现高速度焊接。另外，与氩气相比，电弧较宽，可得到平整的焊缝。

氧气（O_2）：少量添加可提高电弧的稳定性。电磁收缩的作用使得焊丝前端的熔滴呈小颗粒过渡。同时降低熔池金属的表面张力，改善熔池的润湿性，从而得到比较美观的焊缝。

氢气（H_2）：热传导性好，少量加入可提高热输入量，改善熔合效果，提高焊接速度。

项目测评

各小组在任务实施指引完成后，根据学习任务要求，检查各项知识。教师根据各小组的实际掌握情况在表 4-6 中进行评价。

表 4-6　焊接机器人工艺软件包配置

序　号	主要内容	考核要求	评分标准	配　分	得　分
1	焊接机器人工艺软件包的主要功能	正确全面地说明焊接机器人工艺软件包功能	每正确说出一个功能，得 6 分，最高 30 分	30	
2	焊接机器人工艺软件包的参数设置	掌握工艺软件包包含哪些参数的设置	每正确说出一个参数，得 5 分，最高 50 分	50	
3	课堂纪律	遵守课堂纪律	按照课堂纪律细则评分	10	
4	工位 7S 管理	正确管理工位 7S	按照工位 7S 管理要求评分	10	
合计				100	

课 后 练 习

一、填空题

1. 焊接工艺参数主要包括焊接电流、________和__________。

2. 焊接热输入的公式是______________________________。

3. 焊接机器人软件组成包括机器人软件系统、_________________和____________三大部分。

4. 焊机特性设置主要包括焊丝材料、焊丝直径、保护气体、___________、___________、__________、______________和_____________。

5. 摆焊设置包括摆弧类型、摆动形态、___________、__________和_____________。

6. 时代机器人焊接工艺软件包系统配置包括：焊机特性设置、___________、__________、__________和摆焊设置。

二、问答题

列举几种常用的焊接机器人软件系统中的应用软件包，简述其功能。

____

____

4.2　焊接引弧、收弧工艺

任务导入

在焊接工艺中，引弧和收弧与正常的焊接阶段是不同的焊接过程，通常在焊接工艺参数设置时是分开的，所以在焊接机器人的焊接工艺软件包中，把引弧、收弧的工艺参数单独设置，以区别焊接阶段的其他参数。

MIG 焊和 TIG 焊的引弧方法如下。

（1）高频或脉冲引弧法。其操作要点是：首先提前送气 2～4 s，并使焊丝（或钨极）和焊件之间的距离保持 5～8 mm，然后接通控制开关，再在高频高压或高压电脉冲的作用下，使氩气电离而引燃电弧。这种引弧方法的优点是能在焊接位置直接引弧，能保证钨极端部完好，钨极损耗小，焊缝质量高。它是一种常用的引弧方法，特别是在焊接有色金属时被广泛地采用。

（2）接触引弧法。当使用无引弧器的简易氩弧焊接电源时，可采用焊丝（或钨极）直接与引弧板接触进行引弧的方法。由于接触的瞬间会产生很大的短路电流，焊丝（或钨极）端部很容易被烧损，因此一般不宜采用这种方法。

MIG 焊和 TIG 焊的收弧方法如下。

（1）增加焊速法。当焊接快要结束时，焊枪前移速度逐渐加快，同时逐渐减少焊丝送进量，直至焊件不熔化为止。此法简单易行，效果良好。

（2）焊缝增高法。与增加焊速法相反，焊接快要结束时，焊枪前移速度减慢，焊枪向后倾角加大，焊丝送进量增加，当弧坑填满后再收弧。

（3）电流衰减法。新型的氩弧焊接电源大部分具有电流自动衰减装置，焊接结束时，只要闭合控制开关，焊接电流就会逐渐减小，从而使得熔池逐渐缩小，达到增加焊速法的效果。

（4）应用收弧板法。将收弧熔池引到与焊件相连的收弧板上去，焊完后再将收弧板割掉。此法适用于平板的焊接。为使氩气有效地保护焊接区，收弧后需继续送气 3～5 s，以防止焊缝表面氧化。

任务目标

（1）了解焊接引弧工艺；

（2）了解焊接收弧工艺。

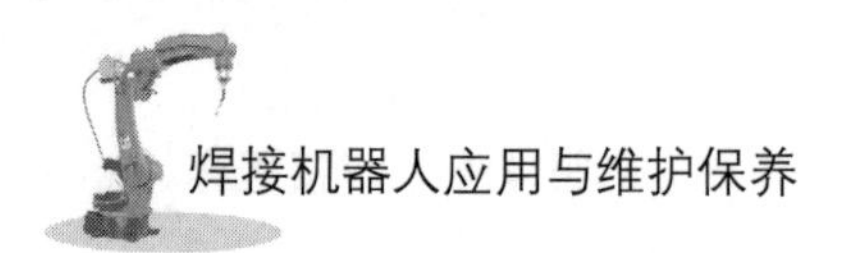

任务实施指引

在教师的讲解和演示安排下，各学习小组检查并了解现场焊接机器人软件系统，调用焊接工艺软件包；结合教材内容掌握焊接工艺软件包引弧和收弧阶段的功能，在焊接机器人软件系统的焊接工艺软件包中配置引弧和收弧工艺参数。

4.2.1 焊接引弧工艺

通过教师讲解焊接工艺软件包组成部分，掌握焊接引弧工艺，并完成表 4-7 的填写。图 4-8 所示为不同品牌焊接机器人引弧工艺界面，可供学生学习和参考。

表 4-7 焊接引弧工艺步骤

序 号	工 艺 步 骤
1	
2	
3	
4	
5	

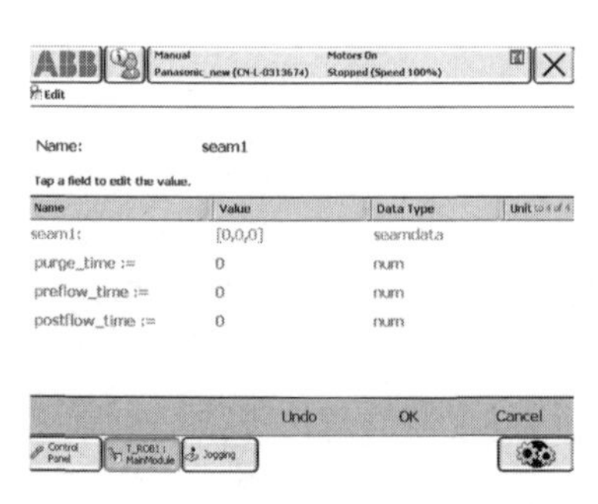

① ABB

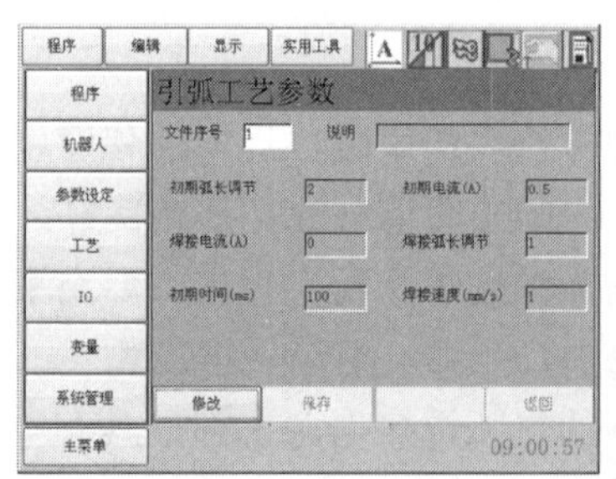

② 时代

③ KUKA

图 4-8 不同品牌焊接机器人引弧工艺界面

关联知识

气保护焊的焊接时序过程如图 4-9 所示，虚线框内为引弧阶段。

焊接引弧工艺的步骤如下。

（1）引弧之前应该在焊丝端头与焊件表面之间保持一定的距离再按焊枪按钮。

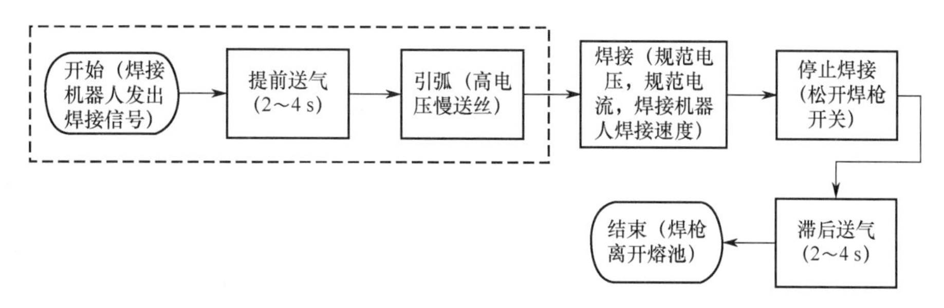

图 4-9　气保护焊的焊接时序过程（引弧）

（2）引弧之前剪断焊丝端头的熔滴，为下次引弧创造良好的条件。

（3）引弧方式采用“划擦法”，引弧后必须调整焊枪对准位置、焊枪角度和导电嘴与母材之间的距离。

（4）焊接接头处通常采用后退法，使焊道充分熔合，达到完全消除前一道弧坑的目的。

（5）对于环焊缝焊接时，引弧后快速移动，得到较窄的焊道，为随后焊道接头创造条件。

电弧引燃方法示意图如图 4-10 所示。

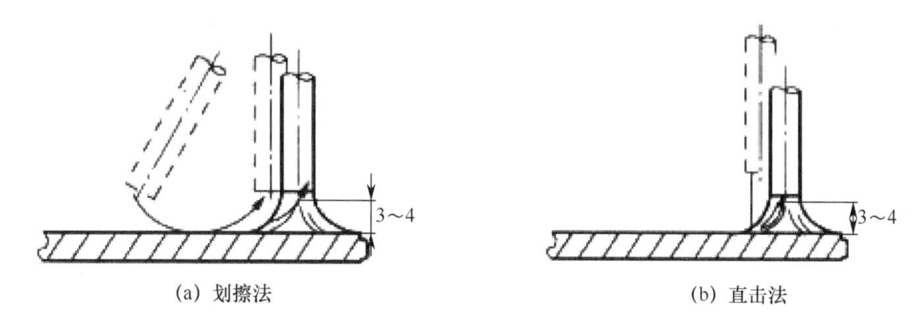

图 4-10　电弧引燃方法示意图

4.2.2　焊接收弧工艺

通过教师讲解焊接工艺软件包组成部分，掌握焊接收弧工艺，并填写到表 4-8 中。图 4-11 所示是不同品牌焊接机器人收弧工艺界面，可供学生学习和参考。

表 4-8　焊接收弧工艺步骤

序　号	工 艺 步 骤
1	
2	
3	
4	

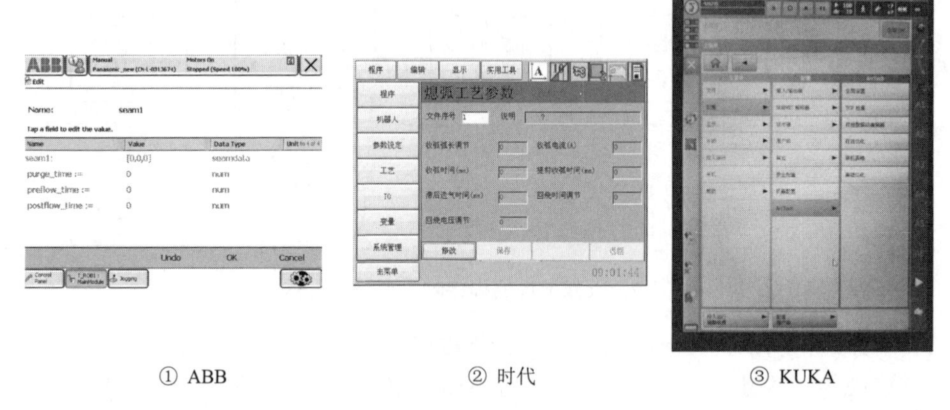

① ABB　　② 时代　　③ KUKA

图 4-11　不同品牌焊接机器人收弧工艺界面

关联知识

气保护焊的焊接时序过程如图 4-12 所示，虚线框内为收弧阶段。

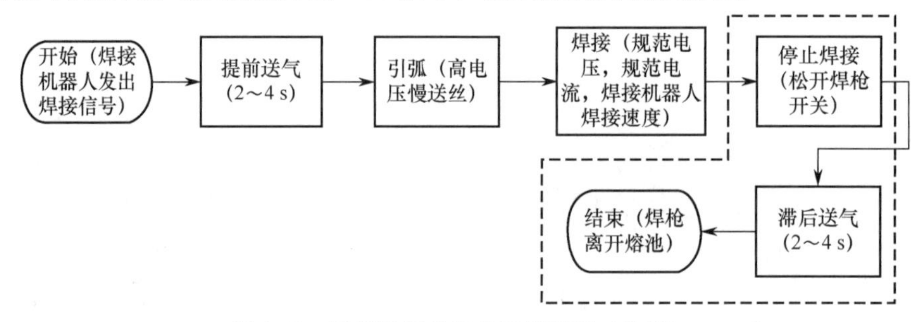

图 4-12　气保护焊的焊接时序过程（收弧）

一般气保护焊的焊接电源设有弧坑控制电路，焊枪在收弧处停止前进的同时接通此电路，按照焊接机器人的收弧工艺参数设置，焊接电流与电弧电压自动变小，待熔池填满时断电。如果焊接电源没有弧坑控制电路，或者因焊接电流小没有使用弧坑控制电路时，在收弧处焊枪停止前进，并在熔池未凝固时反复断弧、引弧几次，直至弧坑填满为止。操作时动作要快，如果熔池已凝固才引弧，则可能产生未熔合及气孔等缺陷。弧焊填弧坑示意图如图 4-13 所示。

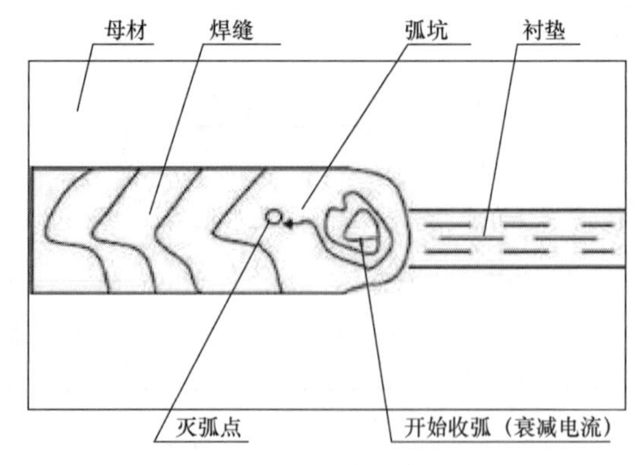

图 4-13　弧焊填弧坑示意图

收弧时应在弧坑处稍做停留，然后慢慢抬起焊枪，这样可以使熔滴金属填满弧坑，并使熔池金属在未凝固前仍受到气体的保护。若收弧过快，则容易在弧坑处产生裂纹和气孔。

4.2.3　知识拓展——冷金属过渡工艺

2005 年，奥地利伏能士焊接技术国际有限公司（Fronius International GmbH）发布了冷金属过渡（Cold Metal Transfer，CMT）工艺，这个新的 MIG/MAG 焊接工艺使原来认为完全不可能的钢铁和铝材的温控连接成为可能，达到了完美的焊接效果，可焊接薄至 0.3 mm 的超轻板材。

1. 传统引弧问题

1）飞溅

在开始焊接时，电弧的引弧往往不具有可重复性，同时还会产生焊接飞溅。在理想情况下，焊丝的下端在接触后会直接开始熔化，这时电弧就会被点燃。对于这种接触式的电弧引弧方式，电流增大的速度以及焊接电流都必须很大，但由此所导致的电弧压力也很大，因此，通常情况下会产生焊接飞溅。

2）引弧失败

如果在焊丝接触时接触电阻过小且电流增大速度过低，那么电弧引弧就不会发生，而会发生引弧终止，引弧失败。由于受引弧电流的影响，焊丝干伸长部分承受最大的热负荷，而进一步的送丝动作会导致焊丝弯曲变形，并最终导致在中间部位发生熔化，电弧力会把多余部分甩掉。

2. SFI 无飞溅引弧

如果能够实现送丝动作和电弧引弧同步，那么在焊丝接触焊件（短路）时，可以停止送丝，然后就可以执行回抽动作了。

在减小电流强度的情况下，会在焊丝回抽动作过程中点燃电弧，该电弧会预热焊件，并且使得焊丝开始熔化。在电弧持续一段时间后，将会再次反转送丝方向，并且开始熔滴过渡过程。由于不再需要大的短路电流来点燃电弧，所以焊接过程开始阶段几乎不会出现任何飞溅。这种引弧方式称为“SFI 无飞溅引弧”。

3. CMT 引弧

CMT 引弧（将 CMT 工艺和 SFI 无飞溅引弧相结合）的一大优点在于：焊接过程的启动速度得到了显著提高。通过 CMT 工艺的动态驱动技术，可以借助一套算法，清除焊丝尖端不导电的氧化物或多焊道焊接过程中形成的焊渣，而清除这些氧化物是十分重要的，否则就不能点燃电弧。

4. CMT 收弧与传统收弧对比

1）传统收弧

收弧结球的大小取决于焊接过程结束后熔化的焊丝端部的大小。在传统工艺（焊丝没有回抽动作）中，焊丝干伸长是通过熔化最后一滴熔滴来调节的。这就意味着，在焊接过程的最后，焊丝末端会因电弧燃烧而形成一个球体（结球）。

2）CMT 收弧

在 CMT 工艺中，焊接过程结束时，会在没有电流的情况下，将焊丝从熔池中抽出。这样一来，就不再会有焊丝熔化，继而也就可以避免结球的形成了。为了避免在熔池凝固的情况下焊丝被粘住，这一过程的速度必须很快，然而这也只有在使用 CMT 工艺的情况下才是可行的。

项目测评

各小组在任务实施指引完成后，根据学习任务要求，检查各项知识。教师根据各小组的实际掌握情况在表 4-9 中进行评价。

表 4-9　焊接机器人引弧、收弧工艺参数配置

序　号	主 要 内 容	考 核 要 求	评 分 标 准	配 分	得　分
1	焊接机器人引弧工艺	掌握焊接机器人引弧工艺步骤	正确描述引弧工艺步骤	40	
2	焊接机器人收弧工艺	掌握焊接机器人收弧工艺步骤	正确描述收弧工艺步骤	40	
3	课堂纪律	遵守课堂纪律	按照课堂纪律细则评分	10	
4	工位 7S 管理	正确管理工位 7S	按照工位 7S 管理要求评分	10	
合计				100	

课 后 练 习

一、填空题

1．焊接机器人引弧方法有：高频或脉冲引弧法和__________。

2．焊接机器人收弧方法有：增加焊速法、焊缝增高法、__________和__________。

二、问答题

1．焊接机器人引弧工艺步骤是什么？

____

____

2．焊接机器人收弧工艺步骤是什么？

____

____

4.3　焊接阶段的工艺参数

任务导入

在焊接工艺中，焊接阶段的工艺参数选择是保证焊接质量的前提，通常在焊接工艺软

件包中单独设置焊接阶段的工艺参数。焊接阶段的工艺参数可以根据焊接工艺规范的要求和焊接电源特性来设置。

一般焊接阶段的工艺参数设置方法有两种：一种是根据经验和焊接工艺卡，在焊接机器人或焊接电源中设置相匹配的工艺参数；另一种是利用焊接电源自带的焊接专家库系统，只设置一个主要参数（如焊接电流），其他参数焊接专家库系统会自动匹配，当然，根据对焊接过程和结果的观察，也可以在焊接专家库系统上再优化调整。

本任务就是引导学生在机器人焊接软件包和焊接电源中设置相匹配的焊接工艺参数，并进行焊接测试，然后根据焊接结果，优化其中的工艺参数，直到得到满意的焊接效果。

任务目标

（1）了解焊接电流对焊接质量的影响；

（2）了解焊接电压与电弧电压对焊接质量的影响；

（3）了解焊接速度对焊接质量的影响。

任务实施指引

在教师的讲解和演示安排下，各学习小组检查并了解现场焊接机器人的软件系统，调用焊接工艺软件包；结合教材内容掌握焊接工艺软件包焊接阶段的参数配置方法，在焊接工艺软件包中配置焊接工艺参数。

4.3.1 焊接电流对焊接质量的影响

仔细阅读本节内容，掌握焊接电流对焊接质量的影响，并完成表 4-10 的填写。

表 4-10 焊接电流对焊接质量的影响

序　号	情　形	产生的影响
1	焊接电流过大时	
2	焊接电流过小时	

关联知识

焊接电流是重要的焊接参数之一，应根据焊件厚度、材质、焊丝直径、施焊位置及要求的熔滴过渡形式来选择焊接电流的大小。每种直径的焊丝都有一个合适的焊接电流范围，只有在这个范围内焊接过程才能稳定进行。通常直径为 0.8～1.6 mm 的焊丝，短路过渡的焊接电流为 40～230 A。

当电源外特性不变时，改变送丝速度，此时电弧电压几乎不变，焊接电流则发生变化。送丝速度越快，焊接电流越大。在相同的送丝速度下，随着焊丝直径的增加，焊接电流也增加。焊接电流的变化对熔池深度有决定性的影响，随着焊接电流的增大，熔深显著增加，熔宽略有增加。

焊接电流过大时，容易引起烧穿、焊漏和产生裂纹等缺陷，并且焊件的变形大，焊接过程中飞溅很大；而焊接电流过小时，容易产生未焊透、未熔合和夹渣等缺陷，以及焊缝成形不良。通常在保证焊透、成形良好的条件下，尽可能地采用大的焊接电流，以提高生产效率。

4.3.2　焊接电压与电弧电压对焊接质量的影响

仔细阅读本节内容，掌握电弧电压对焊接质量的影响，并完成表 4-11 的填写。图 4-14 所示为不同品牌焊接机器人焊接电压参数设置的界面，可供学习和参考。

表 4-11　电弧电压对焊接质量的影响

序　　号	情　　形	产生的影响
1	电弧电压过大时	
2	电弧电压过小时	

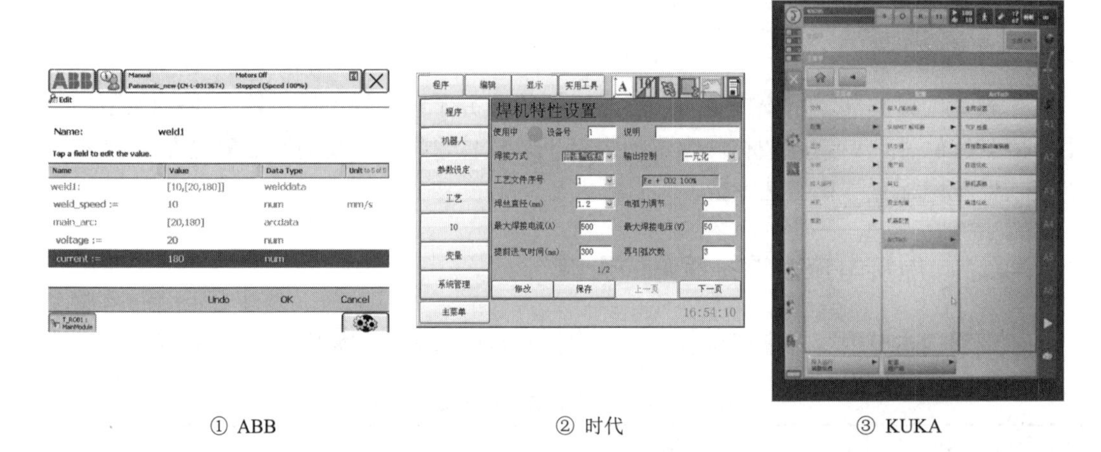

① ABB　　② 时代　　③ KUKA

图 4-14　不同品牌焊接机器人焊接电压参数设置的界面

关联知识

焊接电压与电弧电压是两个不同的概念，不能混淆。

电弧电压是在导电嘴与焊件间测得的电压。焊接电压是焊接电源上电压表所显示的电压，它是电弧电压与焊接电源和焊件间连接的电缆线上的电压降之和。显然焊接电压比电弧电压高，但对于同一个焊接电源来说，当电缆长度和截面不变时，它们之间的差值是很容易计算出来的，特别是当电缆较短、截面较粗时，由于电缆上的压降很小，可用焊接电压代替电弧电压；当电缆很长、截面又小时，电缆上的电压降不能忽略，在这种情况下，若用焊接电源电压表上读出的焊接电压代替电弧电压将产生很大的误差。严格地说，焊接电源电压表上读出的电压都是焊接电压，不是电弧电压。所以能直接影响焊接质量的是电弧电压。

为保证焊缝成形良好，电弧电压必须与焊接电流配合适当。通常焊接电流小时，电弧电压较低；焊接电流大时，电弧电压较高。在焊接打底层焊缝或空间位置焊缝时，常采用短路过渡方式；在立焊和仰焊时，电弧电压应略低于平焊位置的电弧电压，以保证短路过渡过程稳定。在短路过渡时，熔滴在短路状态下一滴一滴过渡，熔池较黏，短路频率为 5～100 Hz，通常电弧电压为 17～24 V。随着焊接电流的增大，合适的电弧电压也增大。电弧电压过高或过低对焊缝成形、飞溅、气孔及电弧的稳定性都有不利影响。

高质量的焊接依赖于适当的电弧长度，而电弧长度是由电弧电压决定的。当电弧电压调整到适当的数值时，在焊接部位将连续发出轻微的“嘶嘶”声。电弧电压过高时，电弧的长度增大，焊接熔深减小，焊缝呈扁平状；电弧电压过低时，电弧的长度减小，焊接熔深增加，焊缝呈狭窄的圆拱状。电弧的长度由电压的高低决定，电压过高将产生过长的电弧，从而使焊接溅出物增多。噼啪作响或没有电弧都表示电压过低。

4.3.3　焊接速度对焊接质量的影响

仔细阅读本节内容，掌握焊接速度对焊接质量的影响，并填写到表 4-12 中。

表 4-12　焊接速度对焊接质量的影响

序　　号	情　　形	产生的影响
1	焊接速度过快时	
2	焊接速度过慢时	

焊接速度是重要的焊接参数之一。焊接时电弧将熔化金属吹开，在电弧下形成一个凹坑，随后将熔化的焊丝金属填进去，如果焊接速度过快，则这个凹坑不能完全被填满，将产生咬边、下陷等缺陷；相反，若焊接速度过慢，则熔敷金属堆积在电弧下方，使熔深减小，将产生焊道不匀、未熔合和未焊透等缺陷。

焊接速度对焊缝成形的影响如图 4-15 所示，图中 c 表示熔宽，h 表示余高，s 表示熔深。

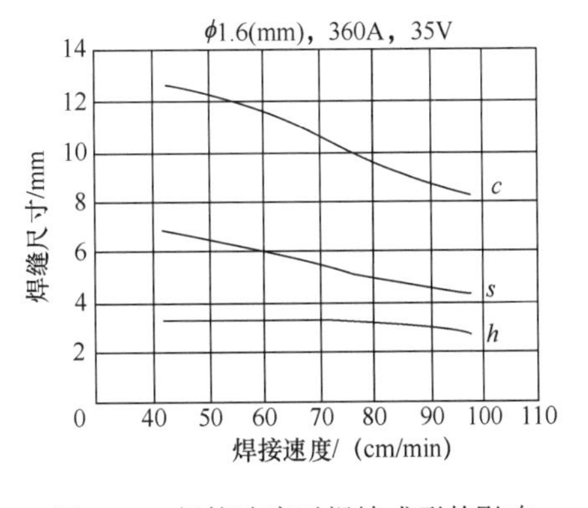

图 4-15　焊接速度对焊缝成形的影响

在焊丝直径、焊接电流、电弧电压不变的条件下，焊接速度增加时，熔宽与熔深都减小。如果焊接速度过快，除产生咬边、未熔合等缺陷外，由于保护效果变坏，还可能会出现气孔；若焊接速度过慢，则除降低生产率外，焊接变形将会增大，一般半自动焊时，焊接速度可以控制为 5～60 m/h。

4.3.4 知识拓展——二氧化碳气体保护焊的焊接缺陷

在现实焊接工作中，由于各种原因造成焊接中出现焊接缺陷，而焊接缺陷的出现会令焊件的质量、安全性等大打折扣，所以我们需要对焊接缺陷产生的原因进行深入研究分析，找出解决办法，从而令我们的焊接工作能够高质、高效地进行下去，降低焊接缺陷的发生率。

焊缝缺陷的产生会影响人们对焊缝的外部观感，同时对焊接后的连接强度产生很大的影响，并且焊接产生的应力分布不均匀，从而使焊件结构的安全性明显下降。焊缝缺陷产生的原因有以下几个方面：焊接时参数选择不正确、焊件坡口角度不合乎规范、拼装时焊件的间隙不均匀，或者焊接时电流忽大忽小、焊枪喷焰距离焊件高度过高、焊件摆放位置不当、焊接速度忽快忽慢等。

焊接外观缺陷的主要类型有：蛇形焊道、弧坑、烧穿、咬边、焊瘤、严重飞溅等。

焊缝内部造成的缺陷主要有未熔合、未焊透、焊接裂纹、气孔、夹渣等，如果焊接不合格从而在焊缝内部产生了缺陷，则会造成极大的安全隐患，尤其当内部缺陷是焊接裂纹时（含冷裂纹及热裂纹）尤为严重。

1. 蛇形焊道

蛇形焊道产生的主要原因：焊丝干伸长过长，焊丝的校正机构调整不正确；导电嘴磨损严重。防止措施：将焊丝干伸长调整到位，更换新的导电嘴。

2. 弧坑

通俗地讲，弧坑就是焊接后表面留有凹坑，而在弧坑处容易产生裂纹或缩孔。弧坑产生的主要原因是由于在焊接快完成时没有把握好焊枪抬起的时机，造成过快或过早抬起焊枪，导致焊液未能全部将焊缝填满从而造成弧坑，或者是由于焊接人员对收弧电流与电压不熟悉，控制不到位等原因造成的。防止措施：收弧时要注意时机，等待填满弧坑后再收弧从而防止弧坑，在焊缝还剩余 10～20 mm 时，应将收弧电流、电压调到 I=150 A、U=19～21 V 进行焊接。

3. 烧穿

烧穿是由于焊接时电流或电压过大造成局部温度过高、焊接速度慢，导致焊接时热量堆积及焊缝根部的间隙过大、焊接无法填满焊缝容易烧穿等原因造成的。防止措施：严格控制焊缝根部的间隙，根据焊件的厚度，按照标准选择适当的焊接电流与焊接电压。

4. 咬边

咬边主要是由于焊接速度过快、电流过大、电弧电压过高、停留时间不足或焊枪角度不正确等原因导致的。由于焊枪角度不正确、焊件位置安放不当等造成的咬边，咬边较轻微或咬边较浅的可用锉修边，使其过渡平滑；如果咬边严重则应进行补焊。防止措施：根据焊件的厚度、焊缝的间隙、焊接位置等适当减慢焊接的速度、选择合适的焊接电流和焊接电压，角缝焊接时要掌握好焊枪角度，焊件摆放要正确，同时要注意使用焊接时产生的电弧力来推动金属流动。

5. 焊瘤

焊瘤产生的原因是焊接时焊接工艺选用不当、技术不熟练、焊件位置摆放不当等。一旦出现焊瘤，可用铲、锉、磨等手工方式或机械去除焊瘤。防止措施：选择正确的焊接工艺、对焊缝间隙较大的应采用较小电流、施加工艺垫板、焊件摆放正确、焊丝对准焊缝等。

6. 飞溅

当采用二氧化碳气体保护焊时，如果飞溅达到 40%左右，则认为焊接产生了焊接缺陷，飞溅极大地降低了焊丝的利用率，会造成焊接耗时的增加。产生飞溅过大的原因可归纳为：电弧电压不稳定、送丝不均匀、导电嘴磨损过度等。防止措施：根据电流仔细调节电压使之相匹配，送丝要均匀，采用能够使用的导电嘴。

7. 未熔合、未焊透

未熔合、未焊透产生的主要原因：焊缝区表面生锈或含有氧化膜，接头的设计不合理，热输入不足，坡口加工不合适以及焊接技术不过关等。未熔合、未焊透在焊缝中是绝对不允许的，因为未熔合、未焊透会造成焊缝处的承载横截面积减小，当焊件承载后，极易产生裂纹。防止措施：当接头设计不合理造成未熔合时，应将坡口角度增大，使电弧直接加热在底部，选择正确坡口形式使熔合直接发生在底部；当焊缝区表面生锈或含有氧化膜时，应在焊接前对焊缝区和坡口进行处理，去除表面氧化层或锈皮。严格按照焊接工艺的规范进行操作，接头处应注意热量分布均衡，防止受热不均；焊接时应注意调整焊枪的角度，多层焊时应注意各层间温度控制；一旦发生焊缝未熔合，则只能铲除未熔合处的焊缝金属后，再进行补焊。而对于未焊透的处理方法如下：如果是敞开性好的结构单面未焊透，则可直接在焊缝背面补焊；而对于不能直接补焊的重要焊件，应铲去未焊透处的焊缝金属，重新进行焊接。

8. 气孔

气孔是由于在焊接中保护气覆盖不足、焊接时速度过快或喷嘴与焊件距离过大、焊件表面不干净等原因造成的。防止措施：采用清洁而干燥的焊丝、做好二氧化碳气体的保护、正确选择焊接工艺、对焊件进行清洁去除焊件上的油污与杂质等、焊丝干伸长要适中。

9. 夹渣

在使用二氧化碳气体保护焊进行焊接时，不同于普通的焊条电弧焊，其焊渣相对较少，所以产生夹渣的可能性也小。夹渣产生的主要原因：采用多道焊短路电弧；过高的行走速度。防止措施：在焊接后续焊道之前，要清除焊缝边上的渣滓，降低行走速度，采用含脱氧剂较高的焊丝提高电弧电压。

10. 焊接裂纹

焊接裂纹通常分为热裂纹和冷裂纹，焊接裂纹是最为严重的焊接缺陷之一，造成焊接裂纹的原因非常多。热裂纹产生的主要原因是焊件的材料抗裂性能差、焊接工艺参数选择不当或焊接内应力过大等；而冷裂纹产生的主要原因是焊接的结构设计不合理、焊缝布置不当或焊接工艺不合理等。产生焊接裂纹后的补救办法通常是在裂纹两端钻出止裂孔或铲除裂纹处的焊缝金属，进行补焊。防止措施：检测焊件和焊丝的化学成分，焊缝中硫、碳含量要低，锰含量要高；增大电弧电压或减小焊接电流，以加宽焊道而减小熔深；减慢行走速度以加大焊道的横截面；采用衰减控制以减小冷却速度；适当填充弧坑，在焊缝的顶部采用分段退焊技术，一直到焊接结束。

焊接缺陷的产生是一个复杂的、动态的过程，上述缺陷虽然是分开阐述的，但在实际焊接中，焊接缺陷的产生往往是多种原因的复合。例如，焊接中的冷裂纹和热裂纹可能同时发生；气孔和裂纹也有可能同时产生等。以上讲述的防止措施基本上是单一的，但在实际操作时由于产生缺陷的原因大多是两种或多种的复合，因此应根据实际情况制定相应的防止措施，唯有如此，才能最大限度地保证焊缝质量。只有对焊接缺陷有一个系统的认识，从焊接缺陷产生的原因及机理进行分析，再结合实际生产过程中遇到的焊接缺陷，认真地总结、分析，找出规律，我们才能制造出符合设计要求的、合格的、满足用户需求的焊接产品。

项目测评

各小组在任务实施指引完成后，根据学习任务要求，检查各项知识。教师根据各小组的实际掌握情况在表4-13中进行评价。

表4-13　焊接工艺

序　号	主要内容	考核要求	评分标准	配　分	得　分
1	焊接电流对焊接质量的影响	掌握焊接电流对焊接质量的影响	详细阐述焊接电流对焊接质量的影响	25	
2	焊接电压与电弧电压对焊接质量的影响	掌握焊接电压与电弧电压对焊接质量的影响	详细阐述焊接电压与电弧电压对焊接质量的影响	30	
3	焊接速度对焊接质量的影响	掌握焊接速度对焊接质量的影响	详细阐述焊接速度对焊接质量的影响	25	
4	课堂纪律	遵守课堂纪律	按照课堂纪律细则评分	10	
5	工位7S管理	正确管理工位7S	按照工位7S管理要求评分	10	
合计				100	

课 后 练 习

填空题

1．焊接阶段的焊接工艺参数配置包括焊接电流、________和__________。

2．焊接阶段的焊接工艺参数配置一般有两种方法：一种是根据焊接工艺卡配置；另一种是______________。

3．焊接电流配置过大会造成___________，过小会造成___________。

4．焊接电压配置过大会造成___________，过小会造成___________。

5．焊接速度配置过快会造成___________，过慢会造成___________。

4.4　焊接机器人通信信号配置

任务导入

焊接机器人通过与焊接电源通信控制焊接电源的输出电流与输出电压，焊接电源将实际的焊接电流、焊接电压以及焊接状态反馈给焊接机器人。目前，国际上很多厂商生产的焊接机器人都采用 DeviceNet 通信协议与外围设备进行通信。

DeviceNet 是一种基于控制器局域网（Controller Area Network，CAN）技术的开放型、符合全球工业标准的低成本、高性能的通信网络。在焊接过程中，焊接电源工作时的电流较大，是一个强烈的干扰源，同时焊接车间的行车及其他用电设备也存在强烈的干扰，传统的非隔离的 DeviceNet 通信，容易出现通信数据错误或通信数据丢失等现象。而新型机器人和焊接电源一般都采用抗干扰防护和通信隔离等方法，实现稳定的、连续的通信要求。

图 4-16 所示是焊接机器人的通信配置示意图，从图中可以看出，机器人控制柜通过 DeviceNet 总线，把机器人通信板卡和外部焊接设备，包括焊接电源、清枪机构、夹具等连接起来，满足焊接机器人通信的需求。

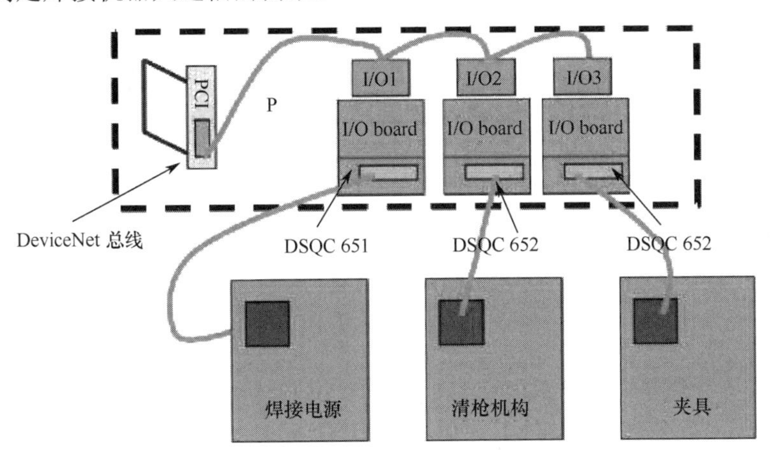

图 4-16　焊接机器人的通信配置示意图

任务目标

（1）了解焊接工艺软件包数字 I/O 信号通信配置；

（2）了解焊接工艺软件包模拟量信号通信配置；

（3）了解焊接工艺软件包总线通信配置。

任务实施指引

在教师的讲解和演示安排下，各学习小组检查并了解现场焊接机器人软件系统，调用焊接工艺软件包，在焊接工艺软件包中配置焊接通信信号。

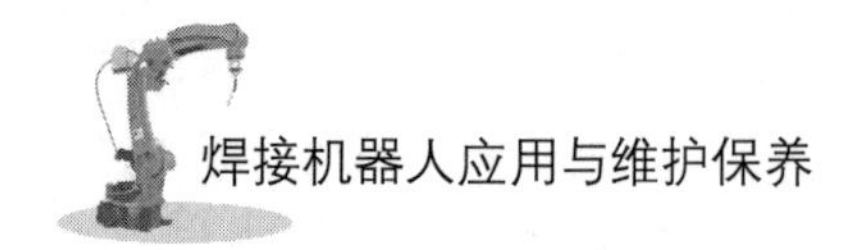

4.4.1 焊接工艺软件包数字 I/O 信号通信配置

仔细阅读本节内容，并完成表 4-14 的填写。图 4-17 所示为不同品牌焊接机器人焊接工艺软件包的焊接通信配置界面。

表 4-14 焊接机器人数字 I/O 信号通信配置

序　号	配置类型	通信配置
1	焊接电源控制	
2	焊接电源状态反馈	
3	焊接电源参数设置	

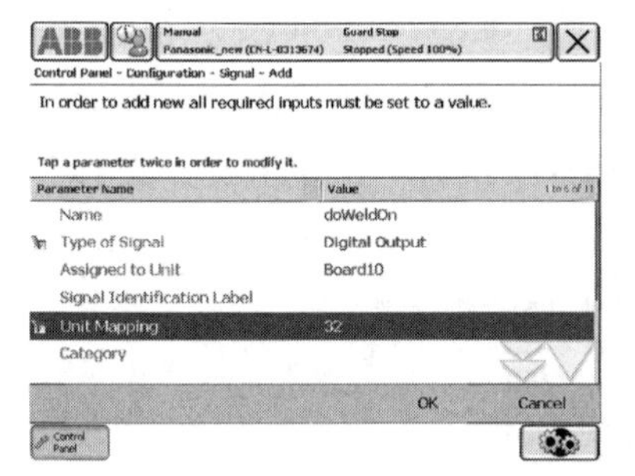

① ABB

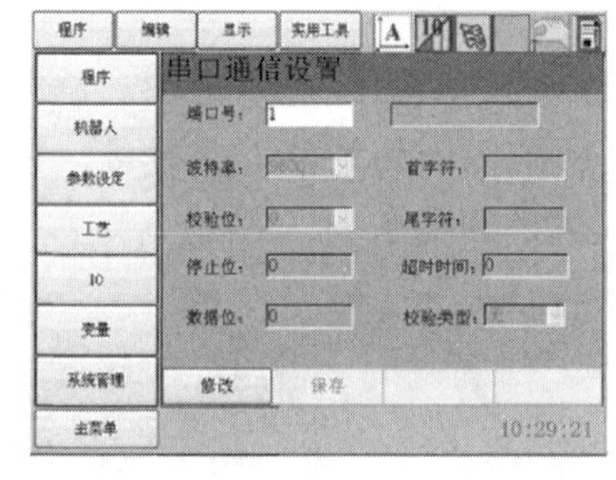

② 时代

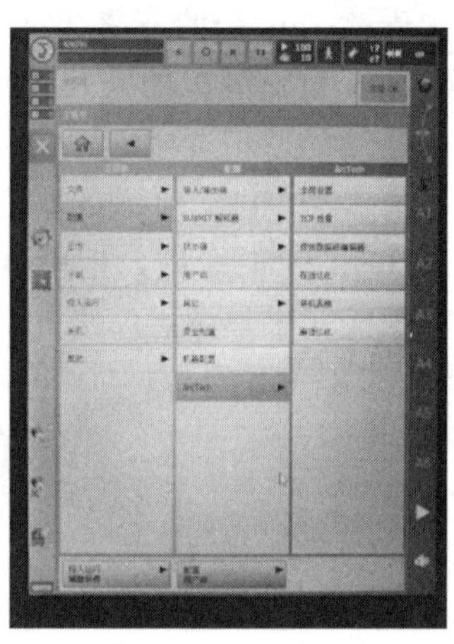

③ KUKA

图 4-17 不同品牌焊接机器人焊接工艺软件包的焊接通信配置界面

关联知识

焊接机器人数字 I/O 信号通信配置如下。

（1）焊接电源控制：启动停止控制、检气控制、急停控制。

（2）焊接电源状态反馈：引弧成功反馈、焊接电源故障反馈、焊接电流反馈、焊接电压反馈。

（3）焊接电源参数设置：焊接电流设置。

时代机器人和焊接电源的通信采用 TFW600 数据交换控制器。数据交换控制器是时代焊接电源与自动化焊接系统连接的桥梁，是时代 TD 系列焊接电源专用的外置接口设备。自动化焊接设备可通过数据交换控制器实时控制时代 TD 系列焊接电源，并获得焊接电源的运行状态数据，进而实现反馈控制。而且数据交换控制器具有基本的 I/O 接口和多种现场总线接口，方便连接不同接口的自动化焊接设备。数据交换控制器数字 I/O 配置和总线接口见表 4-15 和表 4-16。

表 4-15 数据交换控制器数字 I/O 配置

控制方式	接口	配置方法
简单 I/O 控制方式	XS1、XS3	（1）设置只使用数字 I/O 接口，配置开关 S4 设置为 01xx； （2）接好线路，参见接线图及接口信号定义； （3）焊接参数通过焊接电源控制面板设置； （4）通过数字 I/O 接口控制焊接电源

表 4-16 数据交换控制器总线接口

拨码开关	功能	作用（N 到 1）	备注
S4	I/O 接口设置 容量设置	I/O 接口设置： 00xx：禁止 I/O 接口 01xx：数字 I/O 接口 10xx：模拟 I/O 输出 11xx：模拟 I/O 接口 容量设置： xx00：400A xx01：500A xx10：630A xx11：保留	注 1： 1 表示开（ON）； 0 表示关（OFF）。 注 2：RS485 默认使能，不能禁止；模拟 I/O 使能时，数字 I/O 默认使能。 注 3：容量决定电流设定的上限值

时代数字交换控制器接线图和 XS3 数字 I/O 接口如图 4-18 和表 4-17 所示。

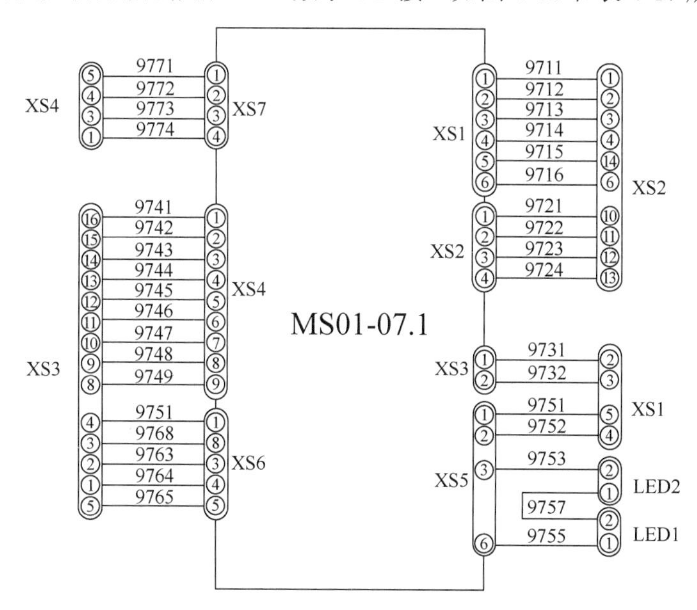

图 4-18 时代数字交换控制器接线图

表 4-17 XS3 数字 I/O 接口

引脚	名称	类型	方向	功能	备注
3	故障信号	信号	输出	闭合–故障，断开–正常	无源接点，电流小于 1 A
4	引弧成功	信号	输出	闭合–成功，断开–未成功	

（续表）

引　脚	名　称	类　型	方　向	功　能	备　注
5	DOCOM	公共端	—	输出公共端	无源接点
8	DICOM	信号地	—	输出公共地，共阴极	
9	急停 1	信号	输入	24 V—急停，0 V—正常	共阴极输入： 电压高：12～36 V； 电压低：小于 1 V； 电流低于 15 mA
10	急停 2	信号	输入	24 V—急停，0 V—正常	
11	急停 3	信号	输入	24 V—急停，0 V—正常	
12	急停 4	信号	输入	24 V—急停，0 V—正常	
13	急停 5	信号	输入	24 V—急停，0 V—正常	
14	急停 6	信号	输入	24 V—急停，0 V—正常	
15	检气	信号	输入	24 V—检气，0 V—停止	
16	启停信号	信号	输入	24 V—开始，0 V—停止	
其他	NC	—	—	不接	

4.4.2　焊接工艺软件包模拟量信号通信配置

认真学习模拟量信号通信配置步骤，完成表 4-18 的填写。

表 4-18　模拟量信号通信配置步骤

序　号	配 置 步 骤
1	
2	
3	
4	
5	

在焊接中，除了常见的开关量信号，经常会使用一些模拟量信号，开关量信号用于反馈信号的通断状态，而模拟量信号可用于反馈一些连续变化的信号，如电流、电压等。数据交换控制器模拟量通信配置方法见表 4-19。

表 4-19　数据交换控制器模拟量通信配置方法

控 制 方 式	接　口	配 置 方 法
模拟 I/O 控制方式	XS1、XS2、XS3	（1）设置使用模拟 I/O 接口，配置开关 S4 设置为 11xx； （2）设置容量与焊接电源一致，配置开关 S4 设置为 xx00（400 A）、xx01（500 A）或 xx10（630 A）； （3）接好线路，接线图及接口信号定义； （4）焊接电流通过模拟 I/O 接口设置，其他参数通过电源控制面板设置； （5）通过模拟 I/O 接口控制焊接电源

数字交换控制器 XS2 接口模拟 I/O 相关引脚定义见表 4-20。

表 4-20　数字交换控制器 XS2 接口模拟 I/O 相关引脚定义

引　脚	名　称	类　型	方　向	功　能	备注
1	焊接电流实际值	模拟	输出	0.0～10.0 V 表示：电压 0～100 V；电流 0～800 A；负载大于或等于 5 kΩ	
2	焊接电压实际值	模拟	输出		
5	EARTH	屏蔽地	—	屏蔽	
10	焊接电流设定／峰值电流设定	模拟	输入	0.0～10.0 V 表示：电压 0～100 V；电流 0～800 A；电流设定最大值 I_{max} 根据容量设置限定；输入电阻大于或等于 500 kΩ	
11	二次电流设定／基值电流设定	模拟	输入		
14	ACOM	信号地	—	输入输出公共地	
其他	NC	—	—	不接	

4.4.3　焊接工艺软件包总线通信配置

认真学习本节内容，掌握总线通信配置步骤，完成表 4-21 的填写。

表 4-21　总线通信配置步骤

序　号	配 置 步 骤
1	
2	
3	
4	
5	
6	

关联知识

现场总线是近年来迅速发展的一种工业数据总线，它主要解决工业现场的智能化仪器仪表、控制器、执行机构等现场设备间的数字通信，以及这些现场控制设备和高级控制系统之间的信息传递问题。由于现场总线简单、可靠、经济实用等一系列突出的优点，所以受到了许多标准团体的高度重视。现场总线是自动化领域中的底层数据通信网络。越来越多的焊接电源支持总线通信，如 ProFiNet、Ethernet/IP、DeviceNet 等。数据交换控制器总线通信配置方法见表 4-22。

数字交换控制器 XS4-RS485 接口引脚定义见表 4-23。

表 4-22　数据交换控制器总线通信配置方法

控制方式	接　口	配置方法
总线控制方式	XS1、XS4	（1）设置禁止 I/O 接口，配置开关 S4 设置为 00xx； （2）设置容量与焊接电源一致，配置开关 S4 设置为 xx00（400 A）、xx01（500 A）或 xx10（630 A）； （3）设置通信模式，配置开关 S1、S2 的波特率、奇偶校验、设备地址； （4）接好线路； （5）焊接参数通过 RS485 接口设置，具体见表 4-23； （6）通过 RS485 总线接口控制焊接电源

表 4-23　数字交换控制器 XS4-RS485 接口引脚定义

引　脚	名　称	类　型	方　向	功　能	备　注
1	EARTH	屏蔽地	—	屏蔽	
2	NC	模拟	—	不接	
3	GND	信号地	—	485 地	
4	B−	信号	双向	485 低	
5	A+	信号	双向	485 高	

4.4.4　知识拓展——焊接机器人工艺参数和控制

下面对机器人和焊接电源之间如何传递焊接工艺参数，以及机器人如何控制焊接电源进行拓展介绍（以 ABB 机器人控制器为例）。

1. 机器人和焊接电源之间如何传递焊接工艺参数

焊接电流与焊接电压是通过机器人弧焊基板的模拟量输出端口向焊接电源传送的，机器人向焊接电源送出的电流、电压命令分别称为焊接电流命令值、焊接电压命令值。命令值为 0～14V（根据焊接电源不同，有的为 0～−14 V）。对于不同的焊接电源，焊接电源的焊接电流及焊接电压输出值与机器人控制柜给出的命令值都有着不同的对应关系。这些对应关系称为电流或电压输出特性。

为了保证在作业文件编制时的焊接电流和焊接电压设定值与焊接电源的输出值有较好的一致性，对输出特性进行测量与修正是非常必要的。

图 4-19 所示为机器人和焊接电源传递焊接工艺参数示意图，它反映了焊接电流与焊接电压通过不同的设定方法向焊接电源传递的途径。

2. ABB 机器人如何控制焊接电源

ABB 机器人通常通过模拟量 AO 和数字量 I/O 来控制焊接电源，见表 4-24。通常选择 DSQC651 板［8 个数字输出，8 个数字输入，2 个模拟量输出（0～10 V）］。

对于通用焊接电源（非主流品牌焊接电源），ABB 机器人没有开发专用的接口软件，因此必须选择 Standard I/O Welder 这个选项来控制通用焊接电源；对于像 Fronius、ESAB、Kemppi、Miller 等焊接电源，ABB 都有相应的标准接口软件。

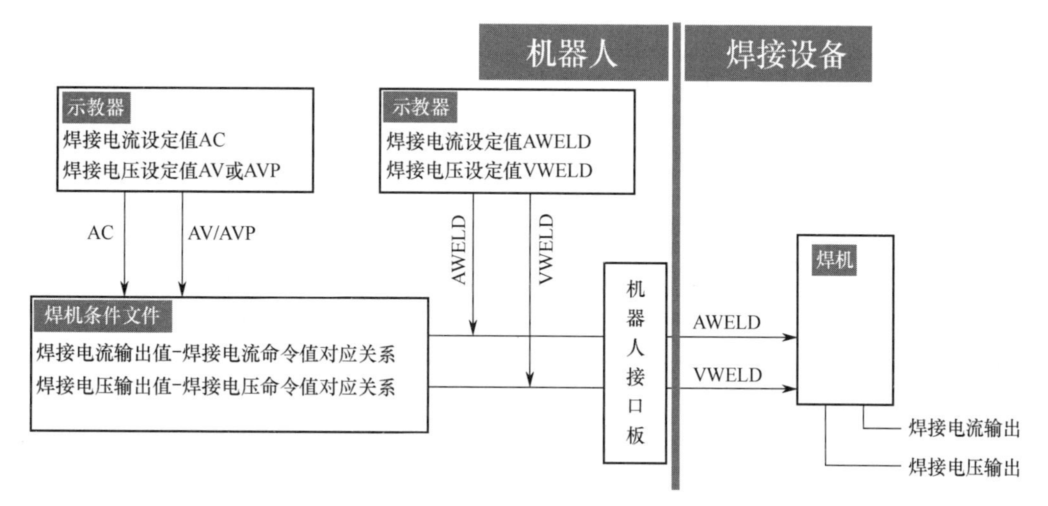

图 4-19　机器人和焊接电源传递焊接工艺参数示意图

表 4-24　模拟量 AO 与数字量 I/O

序　号	信号名称	信号类型	物理地址	信号功能
1	AoWeldingCurrent	AO	0～15	控制焊接电流或送丝速度
2	AoWeldingVoltage	AO	16～31	控制焊接电压
3	doWeldOn	DO	32	引弧控制
4	doGasOn	DO	33	送气控制
5	doFeed	DO	34	点动送丝控制
6	diArcEst	DI	0	电弧建立信号（焊接电源告知机器人）

ABB 机器人通过 Robotware Arc 来控制焊接的整个过程，它包括以下内容。

（1）在焊接过程中实时监控焊接的过程，检测焊接是否正常。

（2）当错误发生时，Arcware 会自动将错误代码和处理方式显示在机器人示教器上。

（3）客户只要对焊接系统进行基本的配置即可完成对焊接电源的控制。

（4）焊接系统高级功能：激光跟踪系统和电弧跟踪系统。

（5）其他功能：生产管理和清枪控制、接触传感控制等。

项目测评

各小组在任务实施指引完成后，根据学习任务要求，检查各项知识。教师根据各小组的实际掌握情况在表 4-25 中进行评价。

表 4-25　焊接机器人通信信号配置

序　号	主要内容	考核要求	评分标准	配　分	得　分
1	焊接机器人数字 I/O 信号通信配置	正确配置焊接机器人数字 I/O 信号通信	配置后的数字 I/O 信号通信可正常使用	30	
2	焊接机器人模拟量信号通信配置	正确配置焊接机器人模拟量信号通信	配置后的模拟量信号通信可正常使用	25	

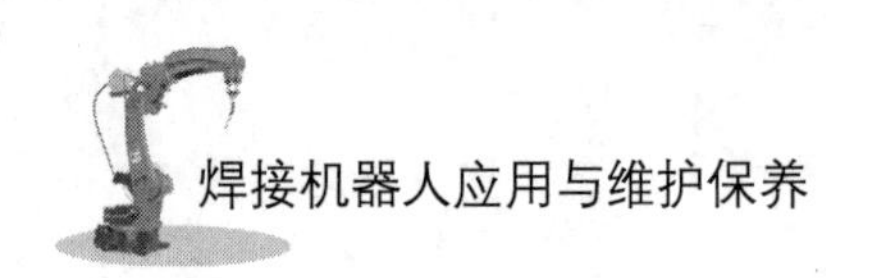

（续表）

序　号	主要内容	考核要求	评分标准	配　分	得　分
3	焊接机器人总线通信配置	正确配置焊接机器人总线通信	配置后的总线通信可正常使用	25	
4	课堂纪律	遵守课堂纪律	按照课堂纪律细则评分	10	
5	工位 7S 管理	正确管理工位 7S	按照工位 7S 管理要求评分	10	
合计				100	

课 后 练 习

一、填空题

1．焊接机器人通信信号配置包括数字 I/O 信号、________和_________。

2．焊接机器人数字 I/O 信号通信的一般功能包括：焊接电源控制、___________和___________。

二、问答题

焊接机器人数字 I/O 信号通信的主要功能包括哪些？

____

____

第5章 焊接机器人的接线

项目描述

焊接机器人在使用过程中具有一定的危险性，因此，需要非常谨慎，并且严格遵守规章制度。在焊接机器人使用前，应当先学会如何正确地对焊接机器人及焊接电源进行开机上电。焊接机器人系统如图 5-1 所示。

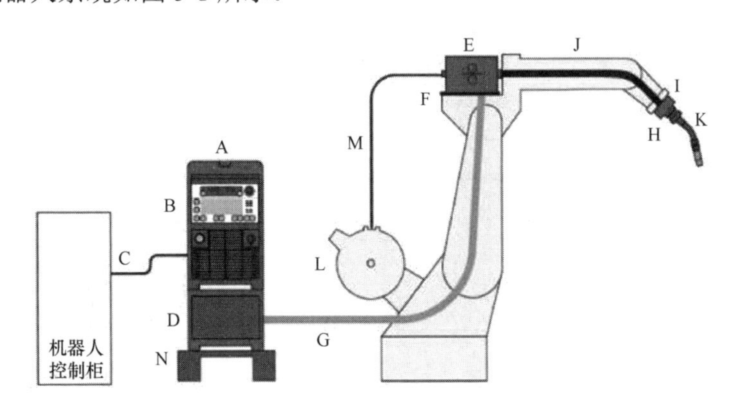

图 5-1　焊接机器人系统

本项目将带领学生学习如何正确地开关焊接机器人，如何正确地让焊接电源上电，如何手动移动焊接机器人机械臂，学生需要熟悉相关操作，为后续焊接机器人操作应用打下良好的基础。

5.1　机器人的接线

任务导入

在操作焊接机器人进行焊接前，首先需要学会如何连接焊接机器人本体与机器人控制柜（简称控制柜），然后需要学会对控制柜的通断电操作。

任务目标

（1）能够正确地将焊接机器人控制柜与本体、配电柜进行连接；

（2）能够正确地接通和断开控制柜。

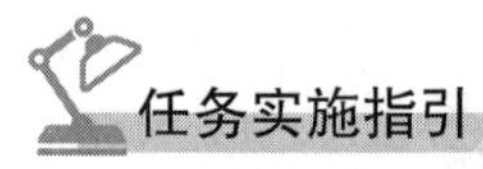

任务实施指引

在教师的指导下，学生先通过查阅资料，在不通电的情况下，摸索如何将焊接机器人与控制柜进行连接，连接之后，尝试通电并开机。

5.1.1 控制柜与本体、配电柜的连接

学生通过自主学习，并观察实训室中的焊接机器人、控制柜，了解控制柜与焊接机器人的连接方法，在教师的看护下，尝试将控制柜与焊接机器人连接。在连接成功后，向教师汇报，最后与配电柜进行连接，并将操作步骤填入表 5-1 中，焊接机器人本体与控制柜之间供电电缆如图 5-2 所示，焊接机器人与控制柜如图 5-3 所示。

表 5-1 焊接机器人本体和控制柜连接操作步骤

操 作 步 骤	操 作 方 法
1	
2	
3	
4	

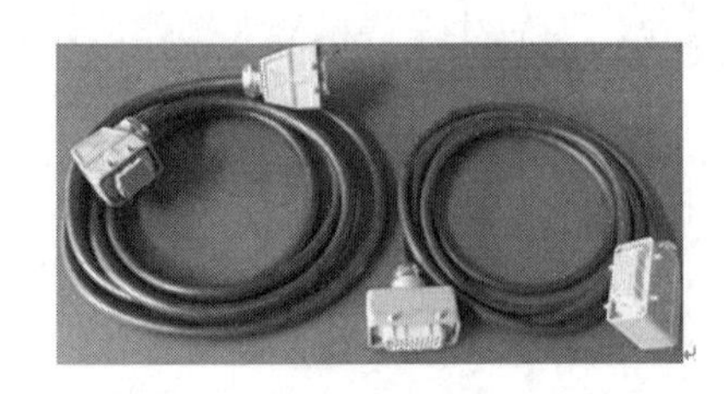

图 5-2 焊接机器人本体与控制柜之间供电电缆

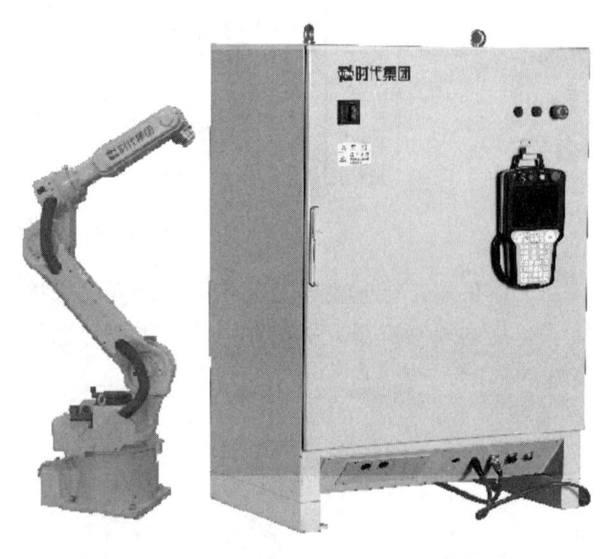

图 5-3 焊接机器人与控制柜

关联知识

1. 电缆连接时的注意事项

连接控制柜与外围设备间的电缆是低压电缆。控制柜的信号电缆要远离主电源电路，

高压电源线路不与控制柜的信号电缆平行，若不可避免，则应使用金属管或金属槽来防止电信号的干扰。如果电缆必须交叉布置，则应使电源电缆与信号电缆作垂直正交。

确认插座和电缆编号，防止错误的连接引起设备损坏。连接电缆时要让所有非工作人员撤离现场，要把所有电缆安放在地下带盖的电缆沟或电缆桥架等其他保护装置中。

焊接机器人本体与控制柜用电缆线连接。焊接机器人电缆连接示意图如图 5-4 所示。需要注意的是，电缆都应经过控制柜底部，伸出控制柜后再连接。图 5-5 所示为控制柜接口板各插头示意图，表 5-2 所示是控制柜接口板各插头定义。

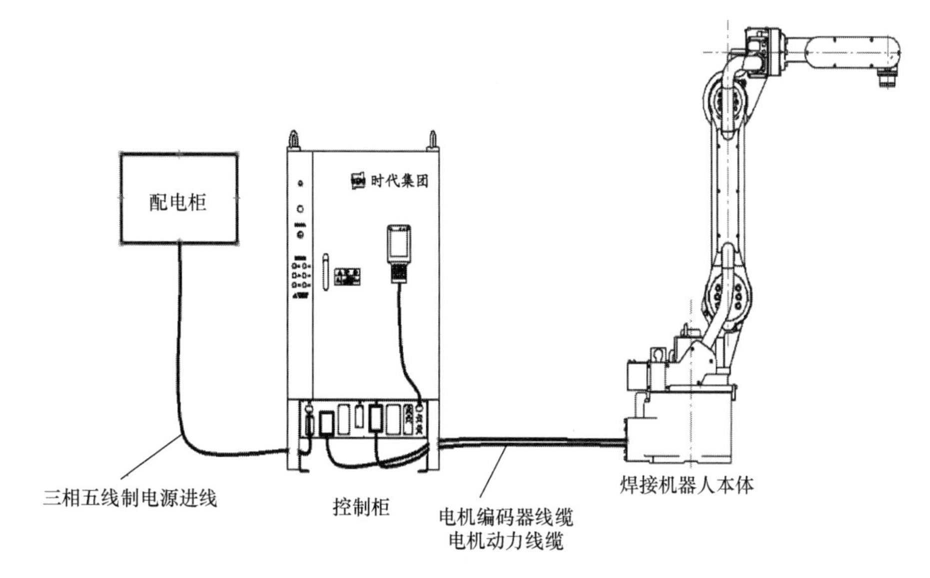

图 5-4　焊接机器人电缆连接示意图

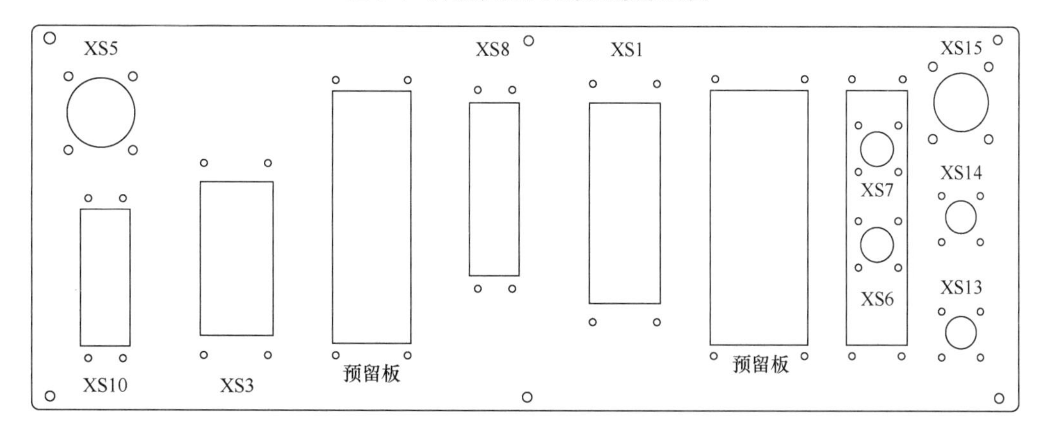

图 5-5　控制柜接口板各插头示意图

表 5-2　控制柜接口板各插头定义

接　口	功　能
XS1	焊接机器人伺服电机编码器重载连接器
XS3	焊接机器人伺服电机动力线重载连接器

（续表）

接　口	功　能
XS5	电源接口
XS6	焊接电源通信接口
XS7	防碰撞接口
XS8	外部轴变位机伺服电机编码器重载连接器
XS10	外部轴变位机伺服电机动力线重载连接器
XS13	预留用户保护性停止接口
XS14	预留用户急停接口
XS15	机器人示教器接口

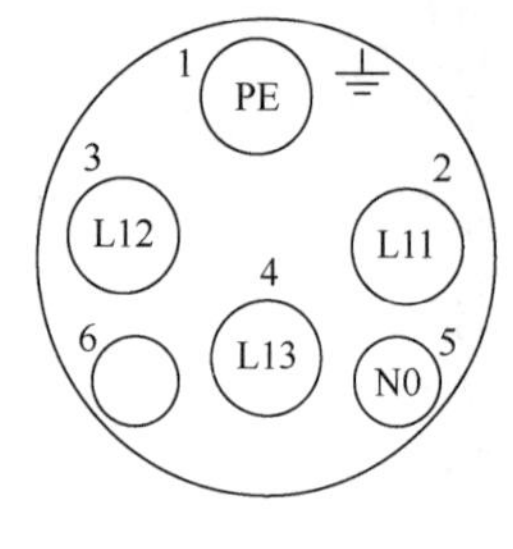

图 5-6　XS5 的示例

2. 三相五线制供电电源

控制柜的输入电源为三相五线制电源。控制柜与用户电源之间的电源线由时代机器人公司提供。只需将电源线对应连接至用户电源空气开关上即可。电源接口 XS5 在控制柜门下方的接口板上。XS5 的示例如图 5-6 所示，L11、L12 和 L13 为三相火线，N0 为浅蓝零线，PE 为黄绿地线。

5.1.2　控制柜通电操作

学生通过自主学习，并观察实训室中的焊接机器人控制柜按钮，在未通电的情况下，模拟开机操作过程，最后在教师的确认下，进行控制柜通电操作。在成功完成控制柜通电操作后，将操作步骤写在表 5-3 中。

表 5-3　控制柜通电操作步骤

操 作 步 骤	操 作 方 法
1	
2	
3	
4	
5	

1. 电源的接通和断开

1）接通主电源

把控制柜面板上的负荷开关旋转至接通（ON）的位置，此时主电源接通。

2）接通伺服电源

手动模式、自动模式和远程模式的伺服电源接通步骤是不一样的。

（1）手动模式：把【钥匙开关】转到【手动模式】下，按下手持操作示教器上的【伺服准备】键，此时【伺服准备指示灯】闪烁，轻握手持操作示教器背面的【使能开关】，这时手持操作示教器上的【伺服准备指示灯】亮起，表示伺服电源接通。

（2）自动模式：把【钥匙开关】转到【自动模式】下，按下手持操作示教器上的【伺服准备】键，这时手持操作示教器上的【伺服准备指示灯】亮起，表示伺服电源接通。

（3）远程模式：把【钥匙开关】转到【远程模式】下，按下外部与控制柜连接具有伺服使能功能的按键或开关，这时手持操作示教器上的【伺服准备指示灯】亮起，表示伺服电源接通。

2. 示教器显示界面说明

示教器开机显示原始界面如图 5-7 所示，其功能描述见表 5-4。

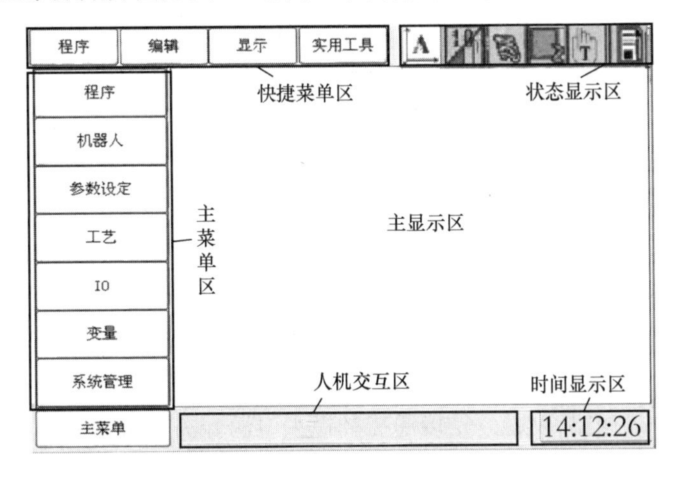

图 5-7　示教器开机显示原始界面

表 5-4　示教器功能描述

编　号	功能区名称	功 能 描 述
1	主菜单区	示教器软件功能通过主菜单区的菜单及子菜单打开
2	快捷菜单区	依托于主显示区的界面，进行快捷操作
3	状态显示区	显示机器人控制器的运行状态
4	主显示区	手持示教器软件功能的显示区，可进行示教编程、参数设置等
5	人机交互区	显示报警、错误信息；提示机器人运动时各轴速度
6	时间显示区	显示当前时间

当有错误信息或报警时，人机交互区显示区变为红色。控制器有相应的报警提示，可以按对应的报警提示予以处理，再按示教器上的【清除】键，可清除错误及报警。进入报警历史界面可查看出现过的所有报警信息记录。机器人正常运动过程中，人机交互区显示机器人运行速度。当状态显示区显示关节坐标系 ACS 时，显示为机器人系统 6 个关节的关节速度，单位为°/s；当状态显示区显示运动学坐标系 KCS 时，显示为机器人末端 TCP 沿 *X* 轴、*Y* 轴、*Z* 轴方向的速度分量，单位为 mm/s。*A*、*B*、*C* 为姿态速度分量，最后一项显示的是机器人末端 TCP 合成的线速度，单位为 mm/s。

项目测评

各小组在任务实施指引完成后，根据学习任务要求，检查各项知识。教师根据各小组的实际掌握情况在表 5-5 中进行评价。

表 5-5　焊接机器人控制柜开机

序　号	主要内容	考核要求	评分标准	配　分	得　分
1	焊接机器人控制柜电缆连接	说明焊接机器人控制柜电缆连接步骤	准确说出焊接机器人控制柜电缆连接步骤	30	
2	焊接机器人控制柜通电	说明焊接机器人控制柜通电步骤	准确说出焊接机器人控制柜通电步骤	40	
3	焊接机器人开机示教器界面	说明焊接机器人开机示教器界面的功能	准确说出焊接机器人开机示教器界面的功能	30	
合计				100	

课 后 练 习

一、填空题

1．焊接机器人通电前需要确认输入电源电压、________和__________。

2．焊接机器人设备之间的连接电缆包括机器人到控制柜动力电缆、______________和______________。

3．焊接机器人的电源接通，先接通控制柜主电源开关，再接通________________的开关。

二、问答题

1．描述焊接机器人设备之间的电缆名称和主要功能。

____

____

2．焊接机器人的通电顺序是什么？

____

____

5.2　焊接电源的接线

任务导入

焊接电源是焊接机器人的重要组成部分，也是为焊接提供电流、电压并具有适合该焊接方法所要求的输出特性的设备。那么焊接电源需要连接哪些线缆呢？

任务目标

能够正确地将焊接电源与焊枪等设备连接。

任务实施指引

在教师的指导下，学生先通过查阅资料，在不通电的情况下，摸索如何将焊枪、焊接电源进行连接，并在教师确认无误后，接通焊接电源，正确打开焊接电源。

学生通过自主学习，观察实训室中的焊接设备，了解焊接设备的连接方法，并在教师的看护下，尝试将焊接电源与焊枪、焊接机器人进行连接。在连接成功后，向教师汇报，最后与配电柜进行连接，焊接电源示意图如图 5-8 所示。

图 5-8　焊接电源示意图

最后在教师的确认下，进行控制柜开机操作。在成功完成焊接机器人、焊接电源、焊枪连接后，将操作步骤写在表 5-6 中。

表 5-6　设备连接操作步骤

操 作 步 骤	操 作 方 法
1	
2	
3	
4	
5	

关联知识

焊接设备连接注意事项如图 5-9 所示。

危　险	触摸任何带电部件，均可能引起致命的电击或严重的烧伤。为了防止发生人身安全事故，请务必遵守以下安全事项。

- 在进行操作时请保持手部干燥。
- 进行电缆连接前请确认已关闭配电柜电源、本机电源及相关设备电源。
- 检查确保裸露导体部分的可靠绝缘，包括输入电缆、焊接电缆等。
- 请防止电缆不会接触焊接部位，以免高温破坏电缆绝缘。
- 请防止电缆上承受重物，以免磨损破坏电缆绝缘。
- 为确保安全，请保证对弧焊电源的金属壳体进行可靠接地施工。

注　意	电缆过热可能会引起火灾，请遵守以下说明使用。

- 请使用指定规格的电缆进行连接。
- 请保证电缆连接部位可靠固定。

图 5-9　焊接设备连接注意事项

（1）焊接电源与输出侧连接口说明如图 5-10 所示。

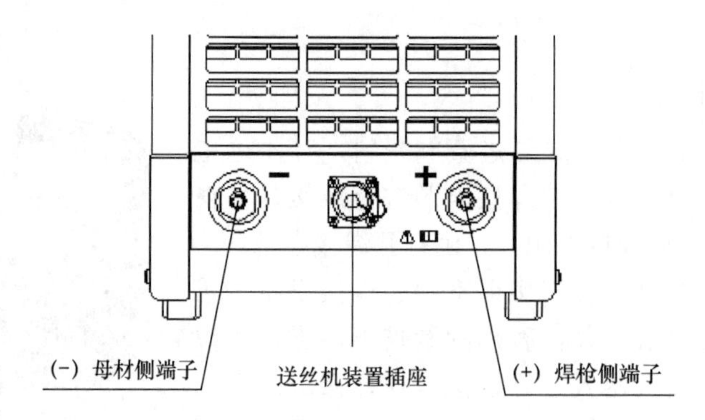

图 5-10　焊接电源与输出侧连接口说明

（2）母材电缆（地线）的连接。

- 选用 50 mm^2 以上的焊接用电缆或厚橡胶绝缘电缆。
- 将适当的电缆接线端子安装到电缆端部，并保证可靠压接。
- 将地线电缆快速插头连接到焊接电源输出（–）端子上，保证连接紧密。
- 在可靠连接后，将母线电缆与本机的连接处进行绝缘处理。

（3）焊枪侧电缆的连接。

- 将送丝机构焊接电缆快速插头连接到电源地输出（＋）端子上，保证连接紧密。
- 在可靠连接后，将焊接电缆与本机的连接处进行绝缘处理。

（4）送丝机构控制电缆的连接。

- 将送丝机构引出的控制电缆插头插到送丝机构插座上，旋紧插头上的锁母以保证控制线的可靠连接并防止脱落。
- 确认送丝机构插座的设备连接。

（5）气体加热器电源。

- 将气体加热器的电源插头插入如图 5-11 所示的气体加热器电源输出位置。

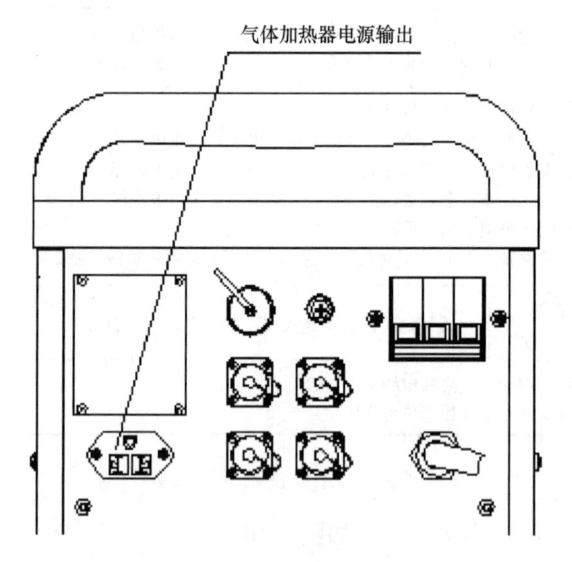

图 5-11　气体加热器电源输出位置

- 选择合适的气体加热器。

（6）保护地线的连接。

将输入电缆中保护地线（黄绿花线）进行可靠接地。

（7）输入电源线的连接。

- 为每台弧焊电源设置 1 个专用配电柜，并在进行输入电源线的连接前确认配电安全。
- 在连接前先断开配电柜（用户设备）的开关。
- 将输入电缆的另一端连接到配电柜的开关输出端子上，保证可靠连接。

注意：气体调节器属于高压气体器具。错误使用气体调节器可能会受到气瓶内高压气体的直接冲击，造成危及人身安全的意外事故，所以在安装前务必认真阅读气体调节器的使用说明书。

（8）焊接电源的后面板上部设有气体加热器电源插座，注意以下事项：

- 气体加热器电源为 36 V AC，额定输出电流为 5 A；
- 气体加热器电源仅供气体加热器使用，勿做他用。

（9）使用气体的质量会直接影响焊接效果，注意以下事项：

- CO_2 焊接时使用焊接专用的 CO_2 气体；
- MAG 焊接时，使用 MAG 焊接用混合气体（含 5%～20%的 CO_2，其余为氩气）；
- 混合气体使用氩气时，使用焊接用高纯度氩气（纯度不低于 99.9%）；
- 两种气体混合使用时（氩气和 CO_2），使用气体混合器。

自动焊接端口的端子定义如图 5-12 所示。

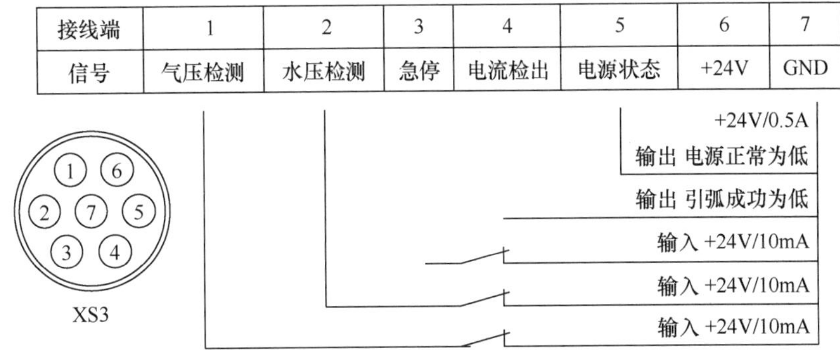

接线端	1	2	3	4	5	6	7
信号	气压检测	水压检测	急停	电流检出	电源状态	+24V	GND

备注：

1. 若自动焊无水压检测信号时，必须将主控板XS21的2与10引脚短接。
2. 若自动焊无急停信号时，必须将主控板XS21的3与11引脚短接。

图 5-12　自动焊接端口的端子定义

项目测评

各小组在任务实施指引完成后，根据学习任务要求，检查各项知识。教师根据各小组的实际掌握情况在表 5-7 中进行评价。

表 5-7 焊接电源的连接

序　号	主要内容	考核要求	评分标准	配　分	得　分
1	焊接机器人控制柜与焊接电源连接	说明焊接机器人控制柜与焊接电源连接步骤	准确说出焊接机器人控制柜与焊接电源连接步骤	50	
2	焊接电源与焊枪连接	说明焊接电源与焊枪连接步骤	准确说出焊接电源与焊枪连接步骤	50	
合计				100	

课 后 练 习

填空题

1. 焊接电源与输出侧连接口包括__________、_________和__________。
2. 母材电缆的连接需要选用_________以上的焊接用电缆或厚橡胶绝缘电缆。

5.3 手动移动机械臂的各个轴

任务导入

机械臂的移动是调试焊接机器人的第一步，当我们将焊接机器人正确安装并开机后，就可以操作机械臂移动了。

任务目标

能够使用示教器操作机械臂各个轴进行移动。

任务实施指引

在教师的指导下，学生手持示教器，根据教师的要求移动机械臂。教师在此过程中，应时刻注意学生的安全。

学生需要通过查看资料，并根据表 5-8 中的要求，将机械臂设置为关节坐标系，并将各个轴转动到相应的位置。

表 5-8 机械臂各个轴的转动角度

轴　号	角　度
J1 轴	90°
J2 轴	30°
J3 轴	60°
J4 轴	90°
J5 轴	70°
J6 轴	100°

示教器的状态显示区如图 5-13 所示。

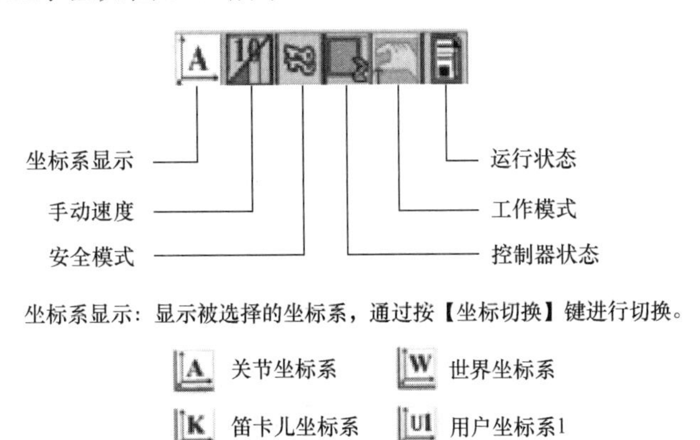

图 5-13　示教器的状态显示区

在手动模式下，按示教器上的【坐标切换】键，每按一次此键，坐标系按以上顺序变化一次，通过状态区的坐标系显示来确认。

将机械臂坐标系切换至关节坐标系，在手动模式下，按下轴操作键，机械臂的各个轴可移动至所希望的位置，各个轴的运动根据所选坐标系的不同而变化。

图 5-14　模式选择示意图

（1）确认示教器上的模式钥匙开关拨到手动，设定为手动模式，模式选择示意图如图 5-14 所示。

（2）按【伺服准备】键，伺服准备指示灯开始闪烁。按住使能开关，此时听到机械臂本体电机抱闸打开的声音“咔”，伺服准备指示灯长亮，表示伺服电源接通。如果不按【伺服准备】键，则即使按住使能开关，伺服电源也不会接通。因此，要想机械臂动作，前提是必须适度握住使能开关使伺服电源接通。伺服准备各项示意图如图 5-15 所示。

图 5-15　伺服准备各项示意图

（3）伺服电源接通后，通过按住示教器上的每个轴操作键，使机械臂的每个轴或多个轴产生所需的动作。松开轴操作键，相应轴动作停止。

在手动模式下，坐标系设定为关节坐标系 ACS 时，机械臂的 J1、J2、J3、J4、J5、J6

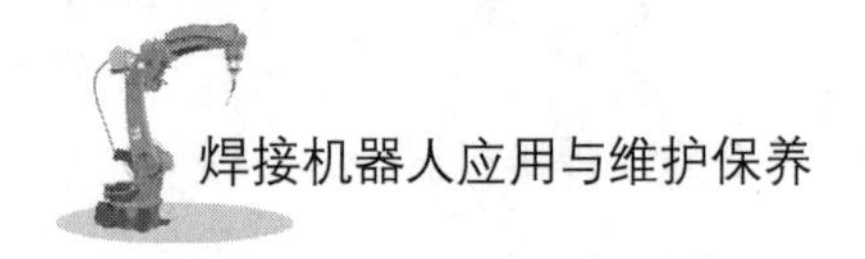

各个轴的动作见表 5-9。

表 5-9　各个轴的动作

轴名称		轴操作键	动作
基本轴	J1 轴	X- J1-　X+ J1+	本体左右回旋
	J2 轴	Y- J2-　Y+ J2+	大臂前后运动
	J3 轴	Z- J3-　Z+ J3+	小臂上下运动
腕部轴	J4 轴	X- J4-　X+ J4+	小臂带手腕回旋
	J5 轴	Y- J5-　Y+ J5+	手腕上下运动
	J6 轴	Z- J6-　Z+ J6+	手腕回旋

注意：同时按下两个以上轴操作键时，机械臂按合成动作运动，但是同时按下同轴反方向两键（如[J1-]+[J1+]）时，轴不动作。正向面对机械臂，机械臂的轴运动方向遵守“右手螺旋定则”，如图 5-16 所示。

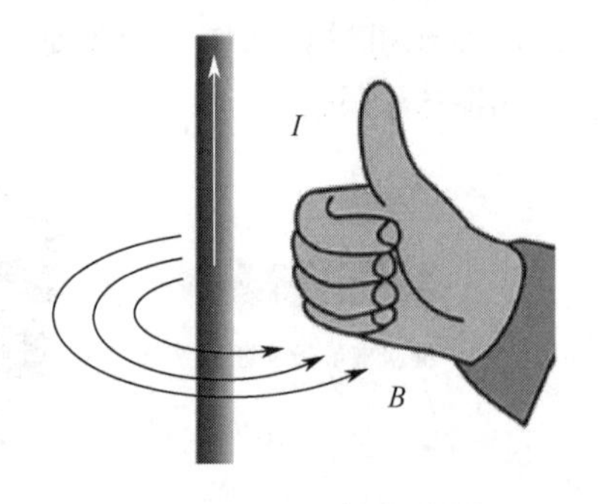

图 5-16　右手螺旋定则

J1 轴、J4 轴、J6 轴均为右手拇指向上或向前握拳，四指方向为正运动方向（向右旋转）。J2 轴、J3 轴、J5 轴均为右手拇指向右握拳，四指方向为正运动方向（向下摆动）。图 5-17 与图 5-18 所示为各个轴的运动情况及每个轴在关节坐标系下的动作示意图。

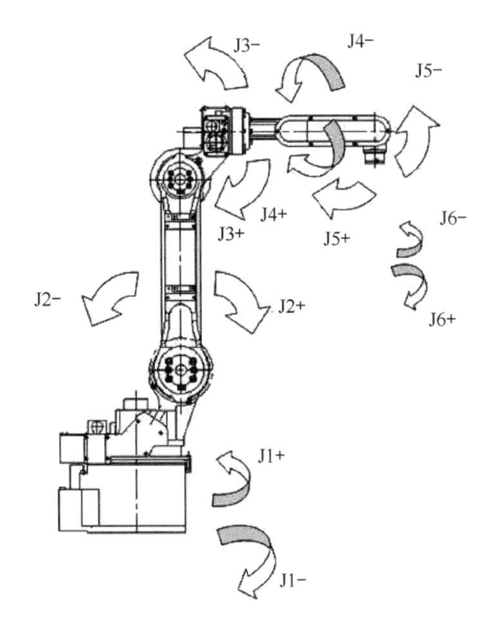

图 5-17　各个轴的运动情况

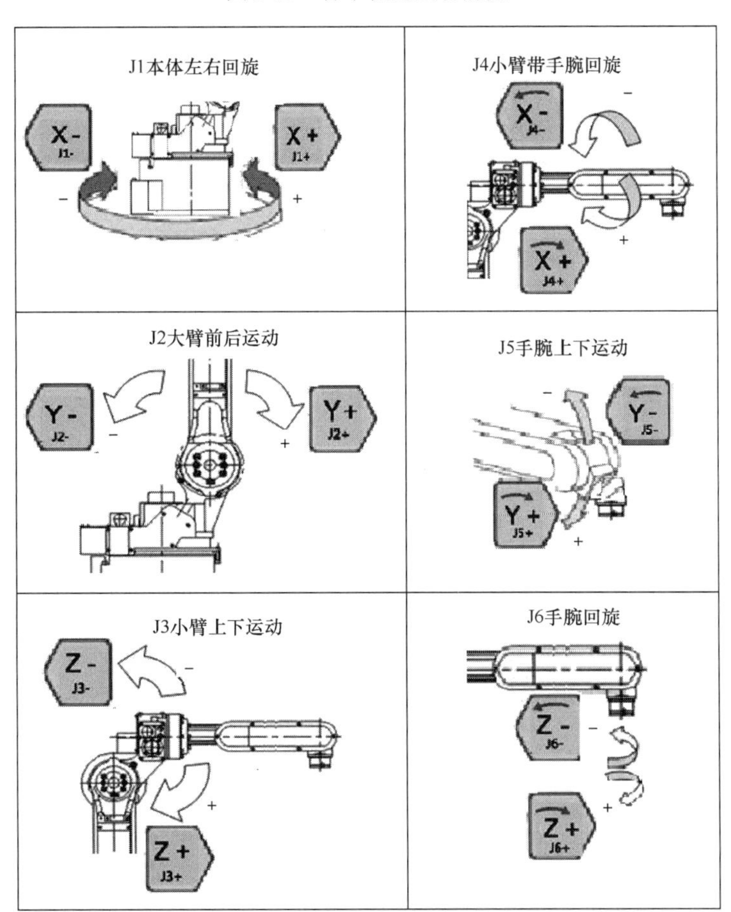

图 5-18　每个轴在关节坐标系下的动作示意图

项目测评

各小组在任务实施指引完成后，根据学习任务要求，检查各项知识。教师根据各小组的实际掌握情况在表 5-10 中进行评价。

表 5-10　手动移动机械臂

序　号	主要内容	考核要求	评分标准	配分	得分
1	按关节移动焊接机器人机械臂	说明按关节移动焊接机器人机械臂步骤	准确说出按关节移动焊接机器人机械臂步骤	40	
2	按坐标系移动焊接机器人机械臂	说明按坐标系移动焊接机器人机械臂步骤	准确说出按坐标系移动焊接机器人机械臂步骤	60	
合计				100	

课 后 练 习

一、填空题

焊接机器人的坐标系包括世界坐标系、________、_________和_______。

二、问答题

1．描述焊接机器人手动移动机械臂的操作步骤。

____

____

2．描述焊接机器人手动移动机械臂的几种移动方式。

____

____

第6章

焊接机器人手动示教操作

项目描述

示教，这个词实际上是从机器人取代人工作业得来的。使用焊接机器人代替人工进行焊接作业时,必须预先给焊接机器人发出指令,规定它进行焊接应该完成的动作和作业的具体内容。同时，焊接机器人的控制装置还会自动将这些指令存储下来，这个过程就称为对焊接机器人的示教。示教过程中主要用到的设备就是示教器，不同机器人生产公司的示教器基本上大同小异。 时代机器人手持操作示教器如图6-1所示。

本项目主要介绍焊接机器人的手动示教操作内容。通过认识示教器、熟悉示教器显示界面等任务来完成项目内容的学习。每个任务会给出相应的实施步骤，学生学习关联知识后可以在教师的指导下进行任务实施指引。在完成工作任务的同时，熟练掌握焊接机器人手动示教操作，并对焊接机器人的运动模式有全面的理解。

图6-1　时代机器人手持操作示教器

6.1　焊接机器人手持示教器的使用

任务导入

手持示教器是基于Windows CE操作系统的应用平台，是人机交互的连接器，可用于编程和发送控制指令给控制器以命令焊接机器人动作。它配备了集成语言编程系统和图形示教软件，以便于焊接机器人的编程操作和应用。手持示教器的尺寸外形设计符合人体工程学，并且手持示教器具有LED触摸屏，便于示教操作。手持示教器具有3段使能开关（也叫手扣开关）、急停、模式选择、暂停、在线运行等按钮及多个操作键。接下来，我们学习如何使用焊接机器人手持示教器进行示教操作。手持示教器显示界面如图6-2所示。

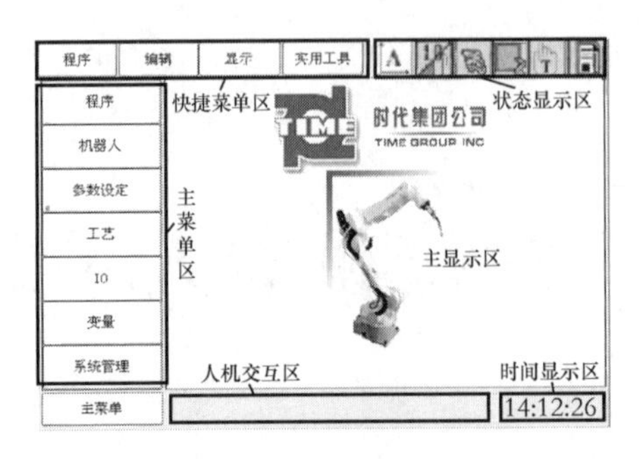

图 6-2　手持示教器显示界面

任务目标

（1）认识焊接机器人手持示教器。

（2）熟悉手持示教器显示界面。

任务实施指引

在教师的安排下，各学习小组观察现场焊接机器人示教器，并结合教材内容了解焊接机器人示教再现的特点、焊接机器人手持示教器的布局及其各功能区的作用。

6.1.1　焊接机器人手持示教器

通过观察教室中焊接机器人手持示教器，了解焊接机器人手持示教器的布局，说出图 6-3 所示焊接机器人手持示教器的按键功能，并填写到表 6-1 中。

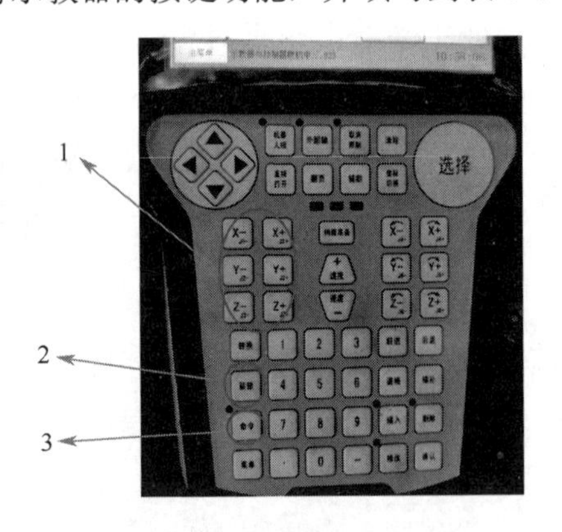

图 6-3　手持示教器布局图

表 6-1　焊接机器人手持示教器按键功能

序　号	按 键 名 称	功　能
1		
2		
3		

1. 焊接机器人示教与再现

“示教”就是机器人学习的过程，在这个过程中，操作者要手把手教会机器人做某些动作。示教其实是一种机器人的编程方法，它一般分为示教、存储、再现三个步骤。“存储”就是机器人的控制系统以程序的形式将示教的动作记忆下来。机器人按照示教时记忆下来的程序展现这些动作，就是“再现”过程。

以焊接机器人为例，焊接机器人是按照事先编好的程序运动的，这个程序一般是由操作人员按照焊缝形状示教焊接机器人并记录运动轨迹而形成的。

1）示教再现的优点

（1）只需要简单的装置和控制设备就可以实施。

（2）操作简单，工作人员很容易掌握。

（3）示教再现过程很快，并且示教后马上可以应用。

2）示教再现的缺点

（1）编程占用焊接机器人作业时间。

（2）很难规划复杂的运动轨迹及准确的直线运动。

（3）示教轨迹的重复性较差。

（4）无法接受传感信息。

（5）难以与其他操作或其他机器人操作同步。

3）在线示教方式

在线示教方式是指在现场直接对操作对象进行的一种编程方法，下面简要介绍 3 种常用方法。

（1）人工引导示教。由有经验的操作人员移动机器人的末端执行器，计算机记忆各自由度的运动过程。人工引导示教操作简单，但是精度受操作者的技能限制。

（2）辅助装置示教。对一些人工难以牵动的机器人，如一些大功率或高减速比机器人，可以用特别的辅助装置帮助示教。

（3）示教器。为了方便现场示教，一般焊接机器人都配有示教器，它相当于键盘，有开始、暂停、数字、插入、修改、删除等键。这种示教方式应用最为广泛。

2. 焊接机器人手持示教器按键功能介绍

1）手持示教器按键功能

在使用手持示教器进行示教操作前，我们要先熟悉其各个按键的功能。手持示教器的按键功能见表 6-2。

表 6-2　手持示教器的按键功能

按 键 图 标	功 能 说 明
【急停】	操作： （1）按此键，伺服电源被切断。 （2）切断伺服电源后，手持操作示教器的【伺服准备指示灯】熄灭。 （3）故障排除后，可打开【急停】键，【急停】键打开后方可继续接通伺服电源。

（续表）

按键图标	功能说明
【急停】	（4）打开【急停】键的方法：顺时针旋转至【急停】键弹起，伴随“咔”的声音，此时表示【急停】键已打开。 注意：按此键后将不能打开伺服电源
【开始】	操作：按【开始】键，焊接机器人开始自动运行。 注意： （1）按此键前必须把【钥匙开关】设定到自动模式，确保常亮。 （2）自动运行中，【伺服准备指示灯】亮。 （3）通过专用输入的启动信号使焊接机器人开始自动运行时，【伺服准备指示灯】也亮
【暂停】	操作：自动运行中，按此键，焊接机器人暂停运行。 注意： （1）按【开始】键，焊接机器人可恢复运行。 （2）手动运行中，按此键，焊接机器人不能进行轴操作。 （3）远程运行中，按手持示教器【暂停】键不起作用
【钥匙开关】	操作：选择手动模式、自动模式、远程模式。 注意： （1）手动模式：可用手持示教器进行轴操作和编辑等示教运行。（在此模式中，外部设备发出的工作信号无效。） （2）自动模式：可对手动操作完毕的程序进行自动运行。 （3）远程模式：多组机器人由上位机、PLC 等通过远程客户端统一远程控制。 （4）钥匙开关：在某一位置拔下钥匙，可以锁定在此位置，无法再旋转至其他位置。从而确保操作模式不会被改变
【使能开关】	操作：轻握【使能开关】，伺服电源被接通。 操作前必须先把【钥匙开关】设定在手动模式→按手持示教器上的【伺服准备】键（【伺服准备指示灯】处于闪烁状态）→轻轻握住【使能开关】，伺服电源被接通（【伺服准备指示灯】处于常亮状态）。此时若用力握紧，则伺服电源被切断。 如果不按手持示教器上的【伺服准备】键，那么即使轻握【使能开关】，伺服电源也无法接通。 注意：在【伺服准备指示灯】闪烁状态下，【钥匙开关】设定在【手动】上时，轻轻握住【使能开关】，伺服电源被接通；若用力握紧，则伺服电源被切断
【方向】	操作：光标朝箭头方向移动 注意：【右】键/【左】键可以在菜单和指令列表操作时，打开下一级/返回上一级
【选择】 选择	操作： （1）光标在【菜单栏】或【列表框】时，按此键可确定选项。 （2）光标在【指令一览】或【程序行】时，按此键可将相应指令调入“输入缓存区”

（续表）

按 键 图 标	功 能 说 明
【轴动作操作】 X+ X- X+ X- Y+ Y- Y+ Y- Z+ Z- Z+ Z-	操作：该系列键可对焊接机器人各轴进行操作，根据所选的运动学坐标系进行不同的动作。 注意： （1）轴操作前，必须确认设定的坐标系与示教速度是否合适。 （2）该系列键必须在手动模式下方可使用。 （3）轴操作前，按下【伺服准备】键，轻握【使能开关】，确认手持示教器上【伺服准备指示灯】常亮后，方可执行轴动作操作。 （4）同时按多个键，可实现多个轴同时操作。但不能同时按同轴反方向的两键，如同时按【X-】+【X+】，这样轴不动作
【速度控制】 + 速度 速度 -	操作：轴动作操作时焊接机器人运行速度设定键。 注意： （1）被设定的速度显示在状态区域。 （2）此系列键必须在手动模式下方可使用。 （3）设定的速度在使用轴操作和焊接机器人回零时都有效
【数字】 7 8 9 4 5 6 1 2 3 0 . -	操作：手持示教器数字按键输入。 注意：此系列键必须在手动模式下方可使用
【转换】 转换	操作：作为组合键使用
【退格】 退格	操作：输入字符时，删除光标所在位置的字符
【联锁】 联锁	操作：作为组合键使用
【辅助】 辅助	操作：示教编程时调用撤销/重做菜单。 注意： （1）撤销：撤销之前的指令（如撤销删除指令行）。 （2）重做：取消撤销指令（如恢复“撤销删除指令”）
【翻页】 翻页	操作：查看示教编程程序时，向下翻页。同时按【转换】+【翻页】即向上翻页
【插补方式】 插补方式	操作：当光标在插补方式中时，连续按【插补方式】键可实现 MOVJ—MOVL—MOVC—MOVP（MOVP 未使用）的顺序切换，更改相应插补运动方式
【菜单】 菜单	操作：光标从子菜单跳转至主菜单

（续表）

按键图标	功能说明
【命令】 命令	操作：按此键后显示可输入的指令列表。 此键必须使用在手动模式下，此键使用前必须先进入程序内容界面，调出【命令一览】
【清除】 清除	操作：清除报警区的显示信息（报警信息）
【前进】 前进	操作：手动调试时，单步向前。 【使能开关】+【前进】
【后退】 后退	操作：手动调试时，单步向后（一般不建议使用）。 【使能开关】+【后退】
【插入】 插入	操作：示教编程时，若需插入一条指令，则按【插入】键，指示灯亮时，按【确认】键，插入新指令
【删除】 删除	操作：示教编程时，若需删除一条指令，则按【删除】键，指示灯亮时，按【确认】键，删除完成
【修改】 修改	操作：示教编程时，若需修改一条指令，则将光标移至需修改的指令行，按【选择】键插入打开指令进行修改，按【修改】键，键灯亮时，按【确认】键，修改完成
【确认】 确认	操作：示教编程时，操作相关键后，按【确认】键方可修改成功
【直接打开】 直接 打开	操作：示教编程时，显示光标所在行的点位数据信息
【伺服准备】 伺服 准备	操作：按此键，伺服电源有效接通。 注意：由于急停、超程等原因伺服电源被切断后，用此键可有效地接通伺服电源。按下此键后 • 自动模式时，此键的指示灯常亮，伺服电源被接通。 • 手动模式时，此键的指示灯闪烁，轻握【使能开关】，此键的指示灯常亮，伺服电源被接通。 • 伺服电源接通期间，此键的指示灯常亮
【坐标切换】 坐标 切换	操作：切换坐标系，在 ACS、KCS、TCS、WCS、UCS1、UCS2 中循环。 注意：被设定的坐标显示在状态区域
【取消限制】 取消 限制	操作：运动范围超出限制时，取消范围限制，使焊接机器人继续运动。此键必须使用在手动模式下。取消限制有效时，该键右下角的指示灯亮起，当运动至范围内时，指示灯自动熄灭。 若取消限制后仍存在报警信息，则在指示灯亮起的情况下按【清除】键，待运动到范围限制内继续下一步操作
【外部轴】 外部 轴	操作： （1）按此键后：切换到外部轴操作，外部轴变为 1、2 轴的操作；此键指示灯常亮。 （2）再次按此键后：外部轴操作关闭；指示灯熄灭

2）手持示教器常用组合键功能

在使用手持示教器进行示教操作时，为了操作更加方便，我们会用到一些组合键。表 6-3 中详细介绍了手持示教器常用组合键的功能。

表 6-3　手持示教器常用组合键的功能

组合键操作	功 能 描 述
软件关机： 【联锁】+【转换】+【删除】 注意：执行关机操作后，等待半分钟，方可关闭电源	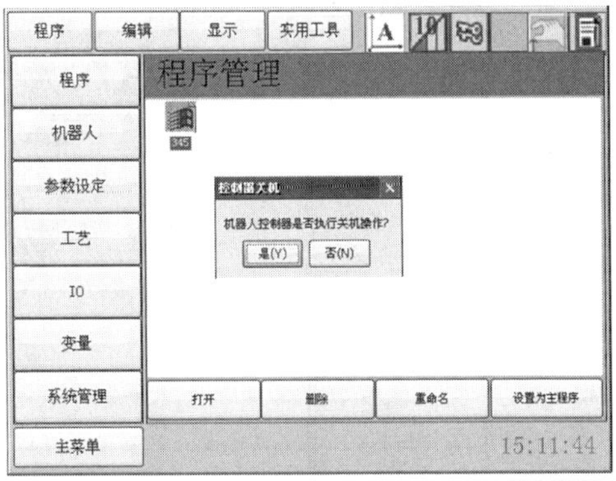
手动恢复出厂设置： 【转换】+【主菜单】退出当前程序	（1）按【转换】+【主菜单】，退出当前程序。 （2）将示教器备份文件夹 Robot 复制到 NandFlash 目录下。 （3）双击 TRD 程序，回到程序界面中。  注意：Robot 为手持示教器设置的焊接机器人相关参数；User.hv 为手持示教器的备份系统；TRD 为手持示教器人机界面应用程序
焊接机器人回零： 【使能开关】+【转换】+【清除】	焊接机器人各轴回到处于激活状态下的机械原点、第二原点或作业原点。 注意：同一时间只能激活一个原点，默认第二原点激活
引弧：【联锁】+【1】	焊接机器人焊接引弧（焊接机器人具有相关 I/O 配置）
收弧：【联锁】+【2】	焊接机器人焊接收弧（焊接机器人具有相关 I/O 配置）
送丝：【联锁】+【3】	按下时开始送丝，抬起时停止送丝（焊接机器人具有相关 I/O 配置）
退丝：【联锁】+【4】	按下时开始退丝，抬起时停止退丝（焊接机器人具有相关 I/O 配置）
检气：【联锁】+【6】	按下时开始检气，抬起时停止检气（焊接机器人具有相关 I/O 配置）
返回： 【联锁】+【直接打开】	调用文件指令的返回快捷键，按下时返回上一级调用程序
焊接电源版本： 【联锁】+【7】	按下后获取当前连接焊接电源的版本号

6.1.2 手持示教器显示界面

通过使用教室中焊接机器人手持示教器，了解焊接机器人手持示教器显示界面的布局，说出图 6-4 中手持示教器显示界面里 6 个区的功能作用。

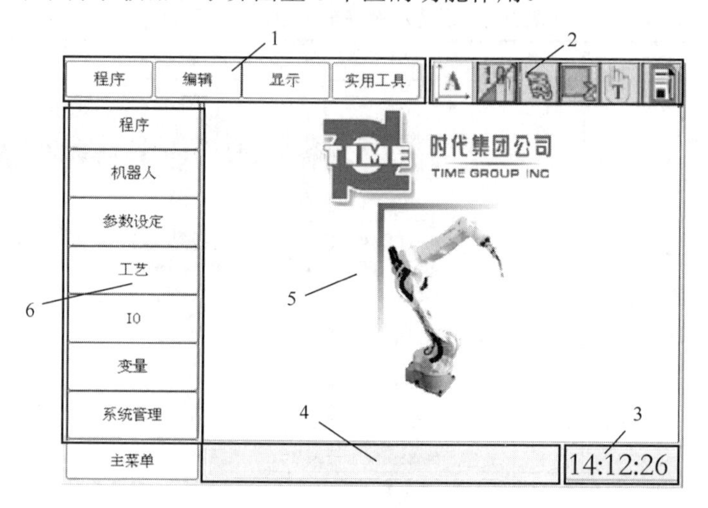

图 6-4 手持示教器显示界面

各小组讨论并查阅资料，通过操作手持示教器，完成表 6-4 的填写。

表 6-4 焊接机器人手持示教器显示界面应用

序号	功 能	操 作 步 骤
1	管理示教程序文件	
2	打开坐标系管理三级菜单	
3	打开焊接机器人点焊参数设置三级菜单	
4	设置用户权限	
5	设置、校准用户坐标系	

关联知识

操作者通过手持示教器可以实现对焊接机器人的控制。下面介绍手持示教器显示界面的一些内容。

时代机器人示教器的显示界面分为主菜单区、快捷菜单区、状态显示区、主显示区、人机交互区和时间显示区，如图 6-5 所示。

每个区的主要功能如下。

主菜单区：手持示教器软件功能通过主菜单区的菜单及子菜单打开。可通过触摸屏单击【主菜单】或按手持示教器上的【菜单】键，将光标调回到主菜单上。

快捷菜单区：依托于主显示区的界面，进行快捷操作。

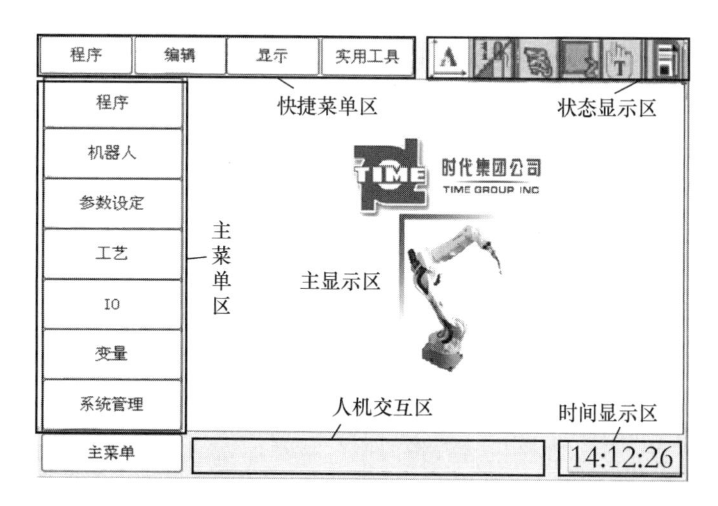

图 6-5　手持示教器显示界面

状态显示区：显示焊接机器人控制器的运行状态。

主显示区：手持示教器软件功能的显示区，可进行示教编程、参数设置等。

人机交互区：显示报警、错误信息；提示焊接机器人运动时各轴速度。

时间显示区：显示当前时间。

有错误信息或报警时，人机交互区显示为红色。控制器有相应的报警提示。可以按对应的报警予以处理，再按下手持示教器上的【清除】键，可清除错误及报警。进入报警历史界面可查看出现过的所有报警信息记录。

1）状态显示区

状态显示区如图 6-6 所示。

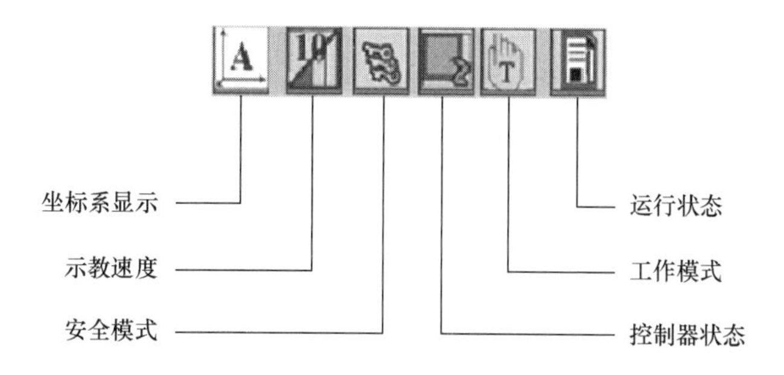

图 6-6　状态显示区

（1）坐标系显示：显示被选择的坐标系，通过按【坐标切换】键进行切换。

在示教模式下，按手持示教器上的【坐标切换】键，每按一次此键，坐标系按以下顺序变化，并通过状态区的坐标系显示来确认。

关节坐标系→笛卡儿坐标系→工具坐标系→世界坐标系→用户坐标系 1→用户坐标系 2

（2）示教速度：显示被选择的速度，通过按【速度+】键或【速度−】键进行切换。

手动模式下，按手持示教器上【速度+】键或【速度−】键，每按一次，示教速度按以下顺序变化，并通过状态区的示教速度显示来确认。

① 按【速度+】键，每按一次，示教速度按以下顺序变化。

微动 1%→微动 2%→低 5%→低 10%→中 25%→中 50%→高 75%→高 100%

② 按【速度-】键，每按一次，示教速度按以下顺序变化。

高 100%→高 75%→中 50%→中 25%→低 10%→低 5%→微动 2%→微动 1%

（3）安全模式：显示示教器的操作权限，通过【系统管理】中【权限设置】进行切换。

手动模式下，选择手持示教器菜单栏中的【系统管理】→【权限设置】，输入不同的密码（操作模式无密码，编辑模式密码为 888888，管理模式密码需要授权），并通过状态区的安全模式显示来确认。

（4）控制器状态：显示焊接机器人当前运行状态，无法通过手动切换。

（5）工作模式：显示手持示教器的工作模式，可通过旋转【钥匙开关】进行切换。

【钥匙开关】可通过旋转，依次置于手动、自动、远程模式，并通过状态区的工作模式显示来确认。

（6）运行状态：只显示控制器编程运行状态，无法通过手动切换。

2）主菜单区

我们可以通过主菜单区的菜单及子菜单打开手持示教器软件，进行相关信息的编辑。例如，程序的编辑、修改等程序管理。操作时可以通过触摸屏单击【主菜单】或按手持示教器上的【菜单】键，将光标调回到主菜单上。表 6-5 所示为焊接机器人手持示教器显示界面中主菜单的操作说明。

表 6-5　主菜单的操作说明

操 作 步 骤	图　　示	备 注 说 明
按【菜单】键，光标移动到主菜单区，可通过【上/下】键，将光标移至不同选项	程序 机器人 参数设定 工艺 IO 变量 系统管理	（1）每个菜单及子菜单都在主菜单区显示。 （2）按【菜单】键，光标可切换到主菜单区。 （3）按【上/下】键可以移动光标，光标所在选项有虚线框。 （4）按【右】键或【选择】键，可打开光标所在选项的子菜单；按【左】键，可关闭子菜单

（1）二级子菜单

我们可以通过主菜单区菜单中的子菜单运行手持示教器软件的某一个具体功能，进行相关信息的编辑。表 6-6 所示为焊接机器人手持示教器显示界面中二级子菜单的操作说明。

表 6-6　二级子菜单的操作说明

操作步骤	图　示	备注说明
1. 程序 单击主菜单区【程序】按钮；或者将光标移动至【程序】按钮，按【右】键或【选择】键，打开子菜单	新建 主程序 当前程序 程序管理	（1）新建：建立新的示教程序文件。 （2）主程序：打开主示教程序文件，编辑示教程序（方便快速打开常用主要程序）。 （3）当前程序：打开最近一次使用的示教程序文件。 （4）程序管理：管理示教程序文件（打开、重命名、删除、设置为主程序）
2. 机器人 单击主菜单区【机器人】按钮；或者将光标移动至【机器人】按钮，按【右】键或【选择】键，打开子菜单	当前位置 原点设置 >> 坐标系管理 >> 仿真	（1）当前位置：显示焊接机器人各轴当前位置。 （2）原点设置：打开原点设置三级菜单。 （3）坐标系管理：打开坐标系管理三级菜单。 （4）仿真：控制各轴伺服电机是否上电、报警调试等功能设置
3. 参数设定 单击主菜单区【参数设定】按钮；或者将光标移动至【参数设定】按钮，按【右】键或【选择】键，打开子菜单	结构参数 运动学参数 >> 电机控制参数 其他参数 串口通信参数	（1）结构参数：焊接机器人本体结构参数设置。 （2）运动学参数：打开焊接机器人运动学参数设置三级菜单。 （3）电机控制参数：各轴电机 PID 参数的设置。 （4）其他参数：心跳包、端口等参数设置。 （5）串口通信参数：配置串口端口号、波特率、校验位、停止位、数据位、首字符、尾字符、超时时间、校验类型等
4. 工艺 单击主菜单区【工艺】按钮；或者将光标移动至【工艺】按钮，按【右】键或【选择】键，打开子菜单	弧焊 >> 点焊 >> 码垛 变位系统 寻位参数设置	（1）弧焊：打开焊接机器人弧焊参数设置三级菜单。 （2）点焊：打开焊接机器人点焊参数设置三级菜单。 （3）码垛：预留。 （4）变位系统：外部轴标定及参数的设置。 （5）寻位参数设置：起始点寻位功能参数设置
5. IO 单击【IO】按钮；或者将光标移动至【IO】按钮，按【右】键或【选择】键，打开子菜单	IO状态 控制器状态 伺服状态 IO配置 外部IO状态	（1）IO 状态：指示灯显示 IO 当前状态。 （2）控制器状态：数值显示当前控制器的状态。 （3）伺服状态：指示灯显示当前的伺服驱动状态。 （4）IO 配置：对 IO 模块进行配置。 （5）外部 IO 状态：外部扩展板 IO 状态监控

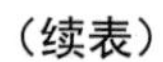
（续表）

操 作 步 骤	图　　示	备 注 说 明
6. 变量 单击【变量】按钮；或者将光标移动至【变量】按钮，按【右】键或【选择】键，打开子菜单	位置型 数组型 字符串型	（1）位置型：设置记录位置型数据点。 （2）数组型：设置记录数组型数据点。 （3）字符串型：设置记录字符串型数据点
7. 系统管理 单击【系统管理】按钮；或者将光标移动至【系统管理】按钮，按【右】键或【选择】键，打开子菜单	权限设置 报警历史 错误信息处理 版本信息 系统备份与恢复	（1）权限设置：设置用户权限。 （2）报警历史：记录报警历史信息。 （3）错误信息处理：记录错误历史信息。 （4）版本信息：软件、硬件版本。 （5）系统备份与恢复：备份现行系统或恢复之前的系统

（2）三级子菜单

我们可以通过主菜单区菜单中的三级子菜单进行具体信息的编辑。表 6-7 所示为焊接机器人手持示教器显示界面中部分三级子菜单的操作说明。

表 6-7　部分三级子菜单的操作说明

操 作 步 骤	截　　图	备 注 说 明
1. 原点设置 单击主菜单区【机器人】按钮→单击【原点设置】按钮	原点位置 第二原点位置 作业原点位置	触摸屏单击或按【方向键】中【上/下】键选择不同按钮，按【选择】键进入该功能对应的人机界面。 （1）原点位置：设置焊接机器人机械零点位置，即原点位置。 （2）第二原点位置：设置第二原点位置。 （3）作业原点位置：设置作业原点位置
2. 坐标系管理 单击主菜单区【机器人】按钮→单击【坐标系管理】按钮	用户坐标系 工具坐标系	触摸屏单击或按【方向键】中【上/下】键选择不同按钮，按【选择】键进入该功能对应的人机界面。 （1）用户坐标系：设置、校准用户坐标系。 （2）工具坐标系：设置、校准工具坐标系
3. 运动学参数设置 单击主菜单区【参数设定】按钮→单击【运动学参数】按钮	轴关节参数 笛卡儿空间参数 CP运动参数	触摸屏单击或按【方向键】中【上/下】键选择不同按钮，按【选择】键进入该功能对应的人机界面。 （1）轴关节参数：设置轴关节参数。 （2）笛卡儿空间参数：设置笛卡儿空间参数。 （3）CP 运动参数：设置 CP（连续轨迹）运动相关参数
4. 弧焊 单击主菜单区【工艺】按钮→单击【弧焊】按钮	预设条件 引弧设置 熄弧设置 其他设置 摆焊设置	触摸屏单击或按【方向键】中【上/下】键选择不同按钮，按【选择】键进入该功能对应的人机界面。 （1）预设条件：设置弧焊工作参数。 （2）引弧设置：设置引弧相关参数。 （3）熄弧设置：设置收弧相关参数。 （4）其他设置：设置其他相关参数。 （5）摆焊设置：设置摆焊相关参数

（续表）

操 作 步 骤	截　　图	备 注 说 明
5．点焊 单击主菜单区【工艺】按钮→单击【点焊】按钮	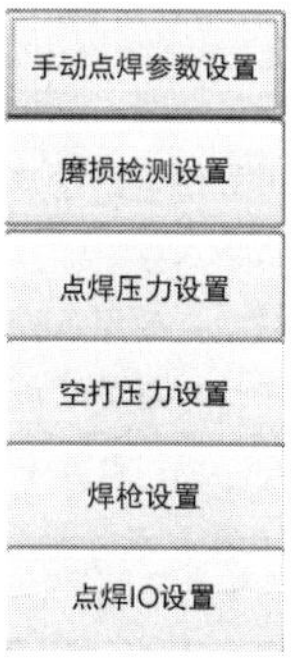 手动点焊参数设置 磨损检测设置 点焊压力设置 空打压力设置 焊枪设置 点焊IO设置	触摸屏单击或按【方向键】中【上/下】键选择不同按钮，按【选择】键进入该功能对应的人机界面。 （1）手动点焊参数设置：设置手动点焊参数。 （2）磨损检测设置：设置磨损检测参数。 （3）点焊压力设置：设置点焊压力参数。 （4）空打压力设置：设置空打压力参数。 （5）焊枪设置：设置焊枪参数。 （6）点焊 IO 设置：设置点焊 IO 参数

（3）快捷菜单

为了提高工作效率，我们可以依托主菜单进行快捷操作。表 6-8 所示为焊接机器人手持示教器显示界面中快捷菜单的操作说明。

表 6-8　快捷菜单的操作说明

操 作 步 骤	截　　图	备 注 说 明
1．程序 【程序管理】界面时单击【程序】按钮；或者光标放在【程序】按钮时，按【下】键	 打开 删除 重命名 设置为主程序	主显示区为【程序管理】时，此菜单有效。 （1）打开：打开当前选中的示教文件。 （2）删除：删除当前选中的示教文件。 （3）重命名：重命名选中的示教文件。 （4）设置为主程序：设置当前选中的程序为主程序
2．编辑 【程序内容】界面时单击【编辑】按钮；或者光标放在【编辑】按钮时，按【下】键	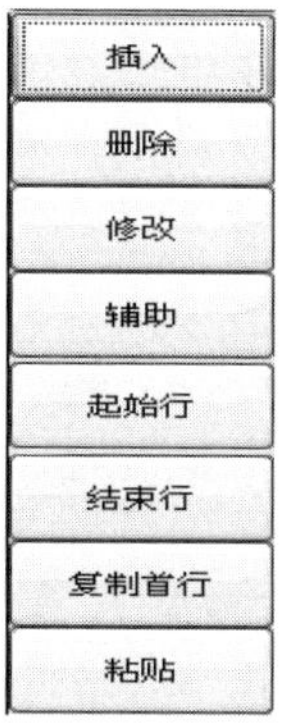 插入 删除 修改 辅助 起始行 结束行 复制首行 粘贴	主显示区为【主程序/程序内容】时，此菜单有效。 （1）插入：插入示教指令。 （2）删除：删除示教指令。 （3）修改：修改示教指令。 （4）辅助：弹出撤销/重做对话框。此功能可实现 5 步撤销与重做对于插入、编辑、删除、修改、位置修改的操作，对于 IF ELSE 指令无效。 （5）起始行：跳转到程序起始一行。 （6）结束行：跳转到程序最后一行。 （7）复制首行：将程序光标移动至所需复制程序的起始行，单击【复制首行】按钮，将程序光标移动至所需复制程序的尾行，单击【复制尾行】按钮，完成程序的复制，一次允许复制程序最多 50 条。 （8）粘贴：完成复制操作后，打开要粘贴的程序，并将光标移至要插入的位置行，单击【粘贴】按钮，完成粘贴操作。此功能可以将某段程序复制到某个位置或另一个程序中

（续表）

操作步骤	截　图	备注说明
3．显示	预留	
4．实用工具 【程序内容】界面时单击【实用工具】按钮；或者光标放在【实用工具】按钮时，按【下】键	触摸屏校准 打开软键盘 命令一览	（1）触摸屏校准：调用触摸屏校准工具。 （2）打开软键盘：使用软键盘作为输入方式（后续各种输入均软键盘输入）。 禁用软键盘：使用手持示教器键盘作为输入方式（后续各种输入均手持示教器键盘输入）。 （3）命令一览：打开【命令一览】对话框。 注意：主显示区为【主程序/程序内容】时，【命令一览】按钮有效，否则无效

项目测评

各小组在任务实施指引完成后，根据学习任务要求，检查各项知识。教师根据各小组的实际掌握情况在表 6-9 中进行评价。

表 6-9　焊接机器人手持示教器使用

序号	主要内容	考核要求	评分标准	配分	得分
1	认识手持示教器	正确全面地说明手持示教器的键位功能	按照手持示教器键位功能使用操作说明评分	30	
2	手持示教器显示界面	正确全面地说明手持示教器显示界面各区的名称和功能	按照说明手持示教器显示界面功能的准确性和全面性评分	60	
3	课堂纪律	遵守课堂纪律	按照课堂纪律细则评分	10	
合计				100	

课后练习

一、填空题

1．示教其实是一种机器人的编程方法，它一般分为________、________和________三个步骤。

2．手持示教器软件功能可以通过主菜单区的________及________打开。

3．有错误信息或报警时，人机交互区变为________。

二、问答题

在线示教有什么特点？

____

____

6.2　轴运动的示教操作

任务导入

手动模式下，如果按下轴操作键，焊接机器人的各轴可以移动至所希望的位置，而且各轴的运动会根据所选坐标系的不同而不一样。例如，在关节坐标系下，我们可以对焊接机器人进行单个轴的移动操作。理解不同坐标系下的轴运动，有利于合理建立和应用坐标系进行示教编程，减少示教点，简化示教编程过程。

焊接机器人常用的坐标系是基坐标系、关节坐标系、工具坐标系和焊件坐标系。焊接机器人的轴与坐标系示意图如图 6-7 所示。

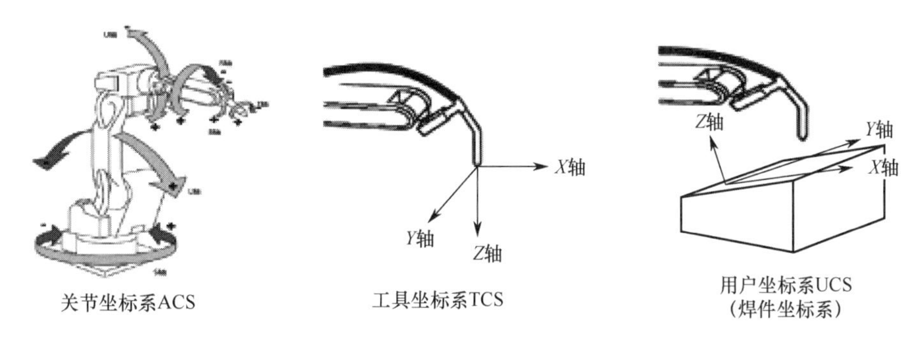

图 6-7　焊接机器人的轴与坐标系

本任务通过在不同坐标系下使用焊接机器人并观察它的运动方式，学习轴运动的示教操作。

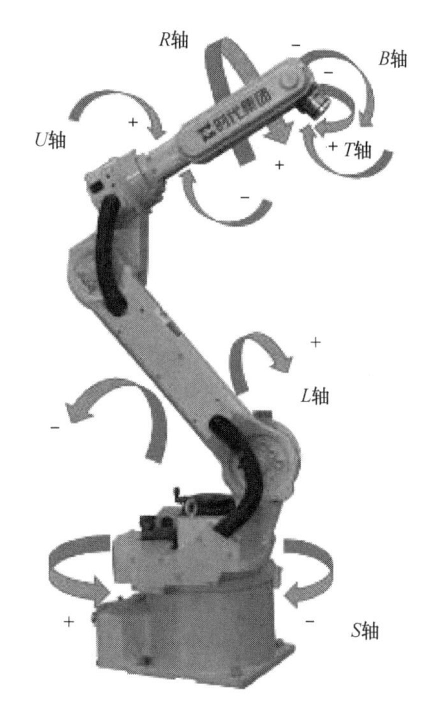

图 6-8　焊接机器人每个轴在关节坐标系下的示意动作图

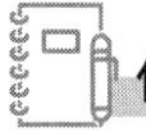

任务目标

能够说明不同坐标系下轴运动的区别。

任务实施指引

在教师的安排下，各学习小组观察现场焊接机器人在不同坐标系下的轴运动，并结合教材内容了解焊接机器人轴运动的特点，以及不同坐标系下轴运动的区别。

6.2.1　不同坐标系下轴运动的区别

说出不同坐标系下轴运动的特点。图 6-8 所示为焊接机器人每个轴在关节坐标系下的示意动作图。

各小组讨论并查阅资料，通过不同坐标系下进行轴运动的对比分析，完成表 6-10 的填写。

表 6-10　不同坐标系下轴运动的特点

序　号	坐标系名称	轴运动的特点
1		
2		
3		
4		
5		
6		

关联知识

1. 笛卡儿坐标系的轴操作

坐标系是用来对焊接机器人进行正逆向运动学建模的，它是焊接机器人的基础。笛卡儿坐标系，也可以称为基础坐标系（Base Coordinate System — BCS）或运动学坐标系（Kinematic Coordinate System，KCS），焊接机器人工具末端 TCP 在该坐标系下可以进行沿坐标系 *X* 轴、*Y* 轴、*Z* 轴的平移运动，以及绕坐标系 *X* 轴、*Y* 轴、*Z* 轴的旋转运动。

在手动模式下，设定为 KCS 坐标系时，焊接机器人工具末端 TCP 沿 KCS 坐标系的 *X* 轴、*Y* 轴、*Z* 轴平移运动和绕 KCS 坐标系的 *X* 轴、*Y* 轴、*Z* 轴旋转运动，按住轴操作键时，各轴的操作说明见表 6-11。

表 6-11　笛卡儿坐标系的轴操作说明

轴　名　称		轴 操 作 键	动　　作
移动轴	*X* 轴	X- J1- X+ J1+	沿 KCS 坐标系 *X* 轴平移运动
	Y 轴	Y- J2- Y+ J2+	沿 KCS 坐标系 *Y* 轴平移运动
	Z 轴	Z- J3- Z+ J3+	沿 KCS 坐标系 *Z* 轴平移运动

（续表）

轴 名 称		轴操作键	动　作
旋转轴	绕 *X* 轴	X- J4-　X+ J4+	绕 KCS 坐标系 *X* 轴旋转运动
	绕 *Y* 轴	Y- J5-　Y+ J5+	绕 KCS 坐标系 *Y* 轴旋转运动
	绕 *Z* 轴	Z- J6-　Z+ J6+	绕 KCS 坐标系 *Z* 轴旋转运动

注意：同时按下两个以上轴操作键时，焊接机器人按合成动作运动。但是同时按下同轴反方向两键（如【X−】+【X+】），轴不动作。

2. 世界坐标系的轴操作

世界坐标系（Word Coordinate System，WCS）也称为空间笛卡儿坐标系。世界坐标系是其他笛卡儿坐标系（机器人运动学坐标系和用户坐标系）的参考坐标系统，运动学坐标系（KCS）和用户坐标系（UCS）的建立都是参照世界坐标系（WCS）来进行的。在默认没有示教配置世界坐标系的情况下，世界坐标系到运动学坐标系之间没有位置的偏置和姿态的变换，所以世界坐标系和运动学坐标系重合。在手动模式下，坐标系设定为世界坐标系时，焊接机器人工具末端 TCP 沿世界坐标系的 *X* 轴、*Y* 轴、*Z* 轴平移运动和绕世界坐标系的 *X* 轴、*Y* 轴、*Z* 轴旋转运动，按住轴操作键时，各轴的操作说明见表 6-12。

表 6-12　世界坐标系的轴操作说明

轴 名 称		轴操作键	动　作
移动轴	*X* 轴	X- J1-　X+ J1+	沿 WCS 坐标系 *X* 轴平移运动
	Y 轴	Y- J2-　Y+ J2+	沿 WCS 坐标系 *Y* 轴平移运动
	Z 轴	Z- J3-　Z+ J3+	沿 WCS 坐标系 *Z* 轴平移运动
旋转轴	绕 *X* 轴	X- J4-　X+ J4+	绕 WCS 坐标系 *X* 轴旋转运动

（续表）

轴名称		轴操作键	动作
旋转轴	绕 *Y* 轴	Y- J5- Y+ J5+	绕 WCS 坐标系 *Y* 轴旋转运动
	绕 *Z* 轴	Z- J6- Z+ J6+	绕 WCS 坐标系 *Z* 轴旋转运动

注意：同时按下两个以上轴操作键时，焊接机器人按合成动作运动。但是同时按下同轴反方向两键（如【X−】+【X+】），轴不动作。

3. 工具坐标系的轴操作

工具坐标系（Tool Coordinate System，TCS）把焊接机器人腕部法兰盘所持工具的有效方向作为 *Z* 轴，并把工具坐标系的原点定义在工具尖端点（或中心点）（Tool Center Point，TCP）。当焊接机器人运动时，随着 TCP 的运动，工具坐标系也随之运动。TCS 坐标系下的示教运动包括沿工具坐标系的 *X* 轴、*Y* 轴、*Z* 轴平移运动，以及绕工具坐标系轴 *X* 轴、*Y* 轴、*Z* 轴旋转运动。

建立工具坐标系的主要目的是把控制点转移到工具的尖端点上。利用工具坐标系可以很方便地调整工具的姿态。

设定为工具坐标系时，机器人控制点沿 *X* 轴、*Y* 轴、*Z* 轴平移运动，按住轴操作键时，各轴的操作说明见表 6-13。

表 6-13　工具坐标系的轴操作说明

轴名称		轴操作键	动作
移动轴	*X* 轴	X- J1- X+ J1+	沿 TCS 坐标系 *X* 轴平移运动
	Y 轴	Y- J2- Y+ J2+	沿 TCS 坐标系 *Y* 轴平移运动
	Z 轴	Z- J3- Z+ J3+	沿 TCS 坐标系 *Z* 轴平移运动
旋转轴	绕 *X* 轴	X- J4- X+ J4+	绕 TCS 坐标系 *X* 轴旋转运动
	绕 *Y* 轴	Y- J5- Y+ J5+	绕 TCS 坐标系 *Y* 轴旋转运动
	绕 *Z* 轴	Z- J6- Z+ J6+	绕 TCS 坐标系 *Z* 轴旋转运动

沿工具坐标系的移动，以工具的有效方向为基准，与焊接机器人的位置、姿态无关，所以进行相对于焊件不改变工具姿势的平行移动操作时最为适宜。

注意：在工具坐标系下，轴操作键控制的焊接机器人运动方向可以通过工具坐标系标定来确定，并无标准的运动方向。

4. 用户坐标系的轴操作

时代机器人系统设计有两套独立的用户坐标系。第一套用户坐标系和第二套用户坐标系的功能完全一样，均支持用户保存 8 个自定义的用户坐标系。准确的用户坐标系可使焊接机器人在焊件对象上的 *X* 轴、*Y* 轴、*Z* 轴方向移动变得轻松。

在手动模式下，坐标系设定为用户坐标系 UCS1（UCS2）时，焊接机器人工具末端 TCP 沿 UCS1（UCS2）坐标系的 *X* 轴、*Y* 轴、*Z* 轴平移运动和绕 UCS1（UCS2）坐标系的 *X* 轴、*Y* 轴、*Z* 轴旋转运动，按住轴操作键时，各轴的操作说明见表 6-14。

表 6-14　用户坐标系的轴操作说明

轴名称		轴操作键	动　作
移动轴	*X* 轴	X- J1- / X+ J1+	沿 UCS1（UCS2）坐标系 *X* 轴平移运动
	Y 轴	Y- J2- / Y+ J2+	沿 UCS1（UCS2）坐标系 *Y* 轴平移运动
	Z 轴	Z- J3- / Z+ J3+	沿 UCS1（UCS2）坐标系 *Z* 轴平移运动
旋转轴	绕 *X* 轴	X- J4- / X+ J4+	绕 UCS1（UCS2）坐标系 *X* 轴旋转运动
	绕 *Y* 轴	Y- J5- / Y+ J5+	绕 UCS1（UCS2）坐标系 *Y* 轴旋转运动
	绕 *Z* 轴	Z- J6- / Z+ J6+	绕 UCS1（UCS2）坐标系 *Z* 轴旋转运动

使用范例：

（1）当有多个夹具台时，如果使用设定在各夹具台的用户坐标系，则手动操作更为简单。

（2）进行排列或码垛作业，如果在托盘上设定用户坐标系，则平移运动时设定偏移量的增量变得更为简单。

（3）传送同步运行时可指定传送带的移动方向为用户坐标系的轴的方向。

6.2.2　知识拓展——原点坐标系标定

原点坐标系标定通过校准焊接机器人各轴的原点来实现。各轴“0”脉冲的位置称为原点位置，此时的姿态称为原点位置姿态，是焊接机器人回零时的位置。

没有进行原点坐标系标定，不能进行示教和回放操作。使用多台焊接机器人的系统，每台焊接机器人都必须进行原点坐标系标定。

原点坐标系标定是将焊接机器人位置与绝对编码器位置进行对照的操作。原点坐标系标定是在出厂前进行的，但在下列情况下必须再次进行原点坐标系标定。

（1）更换电机、绝对编码器时。

（2）存储内存被删除时。

（3）机器人碰撞焊件，原点偏移时（此种情况发生的概率较大）。

（4）电机驱动器绝对编码器电池没电时。

1. 原点坐标系标定

在触摸屏中单击【原点位置】：单击【机器人】→【原点设置】→【原点位置】，原点坐标系设置图如图 6-9 所示。

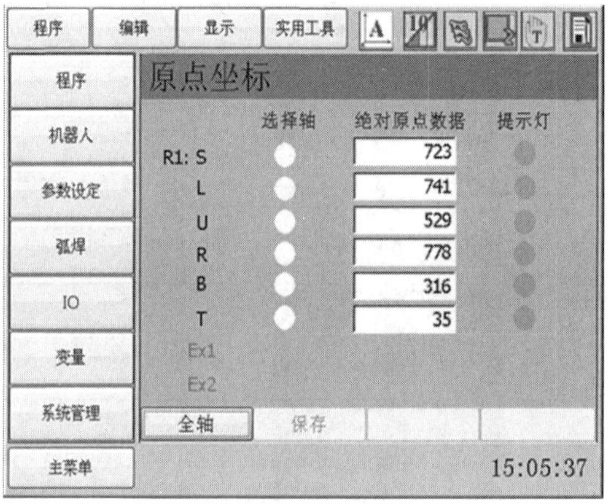

图 6-9　原点坐标系设置图

原点坐标系标定步骤如下。

（1）手动操作焊接机器人，使其各轴运动到标准原点位置（各关节轴有相对应的对标线，各关节对应轴线图如图 6-10 所示）。

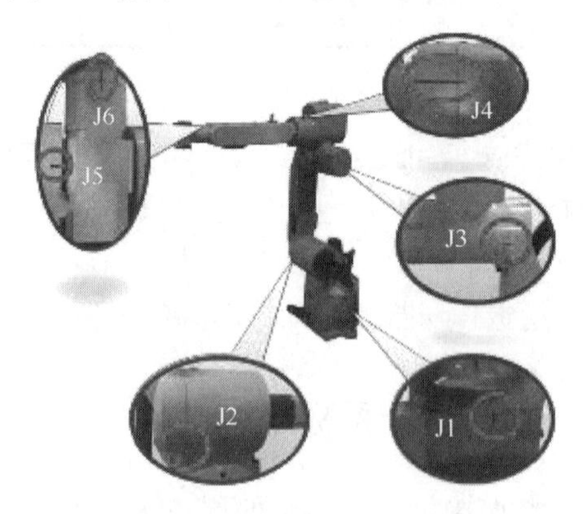

图 6-10　各关节对应轴线图

（2）只标定某一轴时，单击【选择轴】单选项，将需标定轴白点全部变为黑点，同时【提示灯】由绿色变为红色；标定全部关节轴时，单击【全轴】按钮，所有【选择轴】白点变为黑点，同时【提示灯】由绿色变为红色。

（3）单击【保存】按钮，相应轴的【提示灯】由红色变为绿色。

注意：

（1）【选择轴】图标由白点变成黑点，【提示灯】变为红色，此时【保存】按钮弹起。

（2）标定完毕后，8 个轴【绝对原点数据】均实时显示焊接机器人当前位置。

（3）原点修改后，需要重新设置第二原点和作业原点。

（4）原点坐标系标定关系到整个焊接机器人的运动精度，焊接机器人生产后有专门的设备进行标定，故严禁私自修改原点坐标。

2. 第二原点坐标系标定

在触摸屏中单击【第二原点位置】：单击【机器人】→【原点设置】→【第二原点位置】。

在焊接机器人运动过程中，【第二原点位置】的作用是为了方便焊接机器人暂停放置或操作完毕后回归原始姿态。第二原点坐标与原点坐标的区别在于，第二原点坐标的第 5 轴为 90°直角放置，原点坐标的第 5 轴为 0°水平放置。

第二原点坐标系标定步骤如下，第二原点位置设置图如图 6-11 所示。

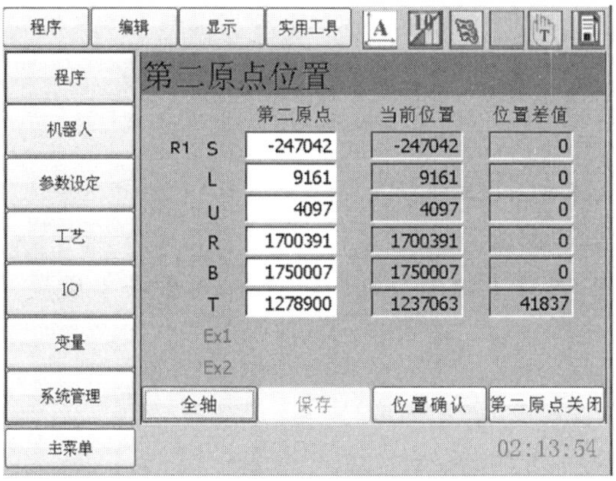

图 6-11　第二原点位置设置图

（1）示教器操作焊接机器人运动到标准第二原点位置。

（2）单击【全轴】按钮。

（3）单击【保存】按钮。

注意：

（1）可输入第二原点各轴数值。

（2）当前位置变化，实时计算位置差值。

（3）焊接机器人原点位置默认使用第二原点位置。

3. 作业原点标定

在触摸屏中单击【作业原点位置】：单击【机器人】→【原点设置】→【作业原点位

置】，作业原点位置设置图如图 6-12 所示

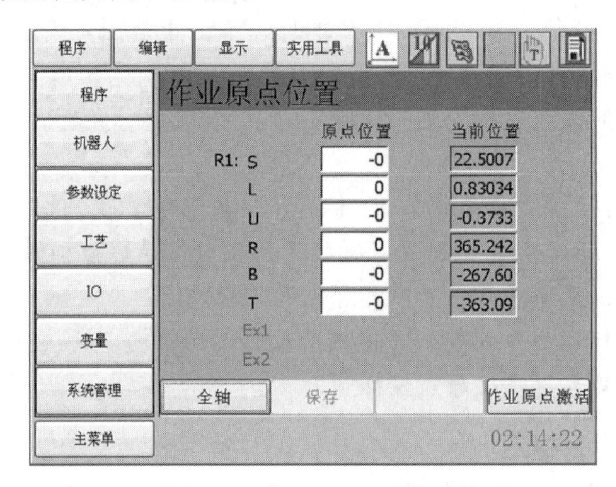

图 6-12 作业原点位置设置图

在焊接机器人运动过程中，【作业原点位置】的作用是为了方便焊接机器人暂停放置或操作完毕后回归原始姿态，可以视为对第二原点的备份，也可以将其他点设置为【作业原点】。

作业原点坐标系标定步骤如下。

（1）示教器操作焊接机器人运动到标准作业原点位置。

（2）单击【全轴】按钮。

（3）单击【保存】按钮。

注意：

（1）原点位置 8 组数据允许手动输入。

（2）示教器键盘可输入数值。

（3）单击【作业原点激活】按钮，即可将【作业原点】设置为当前焊接机器人原点，【第二原点】自动关闭。

项目测评

各小组在任务实施指引完成后，根据学习任务要求，检查各项知识。教师根据各小组的实际掌握情况在表 6-15 中进行评价。

表 6-15 焊接机器人轴运动示教操作

序号	主要内容	考核要求	评分标准	配分	得分
1	各种坐标系的特点	正确全面地说明各种坐标系的特点	按照说明各种坐标系特点的全面性和准确性评分	15	
2	关节坐标系下轴运动的示教操作	正确全面地说明关节坐标系下轴运动的示教操作特点	按照描述操作的准确性评分	20	

（续表）

序　号	主 要 内 容	考 核 要 求	评 分 标 准	配分	得分
3	工具坐标系下轴运动的示教操作	正确全面地说明工具坐标系下轴运动的示教操作特点	按照描述操作的准确性评分	20	
4	用户坐标系下轴运动的示教操作	正确全面地说明用户坐标系下轴运动的示教操作特点	按照描述操作的准确性评分	15	
5	课堂纪律	遵守课堂纪律	按照课堂纪律细则评分	15	
6	工位 7S 管理	正确管理工位 7S	按照工位 7S 管理要求评分	15	
合计				100	

课 后 练 习

填空题

1. 在示教模式下，按手持示教器上的_______，每按一次此键，坐标系按顺序变化。
2. 显示手持示教器的工作模式，可通过旋转_________进行切换。
3. 焊接机器人的运动模式有三种，分别是_________、_________、和_________。
4. 建立工具坐标系的主要目的是把_________转移到_________的尖端点上。

第 7 章

焊接机器人程序编写

项目描述

程序是为了使焊接机器人完成某种任务而设置的动作顺序指令。在示教操作中产生的轨迹数据、作业条件及作业顺序等示教数据和焊接机器人指令都会保存在程序中。

常见的焊接机器人程序编程方法有示教编程方法和离线编程方法两种。其中焊接机器人的编程还是以第一种在线示教方式为主，毕竟示教方式操作简单，具有很强的实用性。它只需要操作人员引导，控制焊接机器人运动，记录焊接机器人作业的程序点，然后插入所需的指令就能完成程序的编写。示教编程方法主要包括示教、编程及轨迹再现，这些方法都可以通过示教器来示教实现。焊接机器人示教程序显示页面如图 7-1 所示。

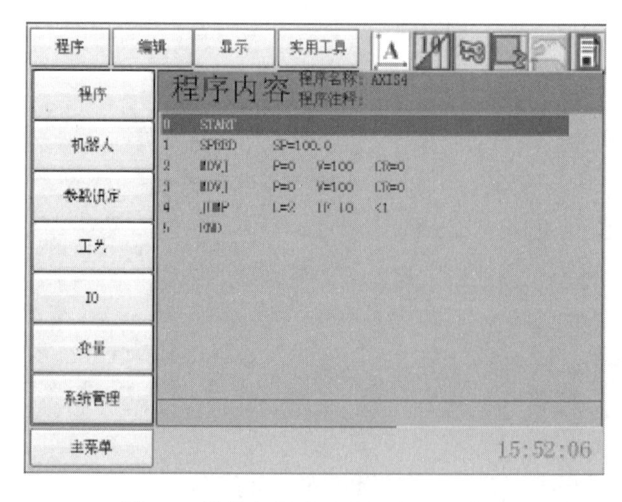

图 7-1　焊接机器人示教程序显示页面

本项目包括焊接机器人工具中心点数据设置、焊接机器人运动指令编写、焊接机器人焊接工艺指令编写、焊接机器人程序测试 4 个学习任务，让学生系统掌握焊接机器人程序编写的技能。

7.1　焊接机器人工具中心点数据设置

任务导入

建立工具坐标系的主要目的是把控制点转移到工具尖端点上。通俗地讲，就是将工具的 TCP 位置告诉焊接机器人，利用工具坐标系可以很方便地调整工具的姿态。在本任务中，学生需要完成用四点法和六点法设定工具坐标系，同时验证工具坐标系的精确度。接下来，我们讲述如何进行工具坐标系标定。图 7-2 所示是焊接机器人末端法兰盘坐标系及工具坐标系。

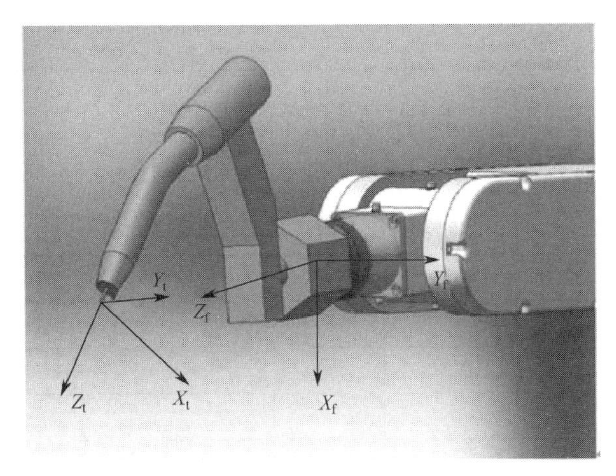

图 7-2　焊接机器人末端法兰盘坐标系及工具坐标系

任务目标

（1）了解工具坐标系的标定步骤；

（2）了解工具坐标系标定 TCP 并验证其精确度。

任务实施指引

在教师的安排下，各学习小组进行工具坐标系的标定作业。首先根据教材内容了解工具坐标系的标定步骤，然后做好工作计划。用四点法和六点法进行工具坐标系的标定，比较它们之间的不同。通过演示教学法帮助学生完成学习任务。各小组学生按照下面的操作步骤完成本任务的学习。

7.1.1　工具坐标系的标定步骤

工具坐标系设定界面如图 7-3 所示，通过学习教材中的关联知识，说出工具坐标系的标定步骤。

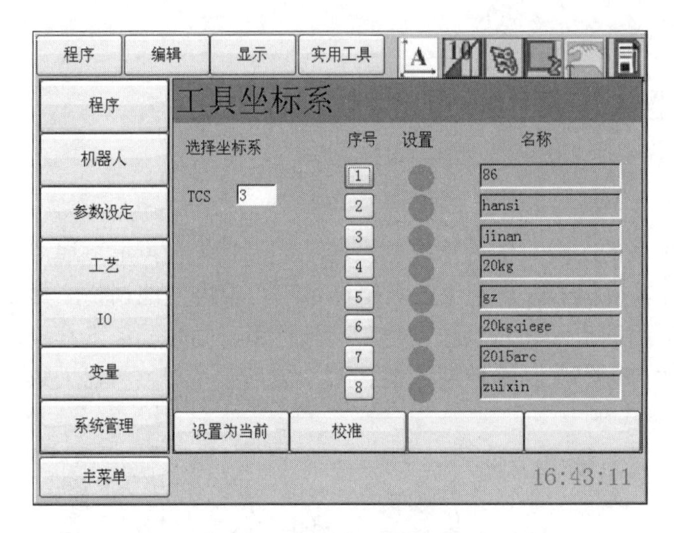

图 7-3　工具坐标系设定界面

各小组讨论并查阅资料，讨论完毕后，将工具坐标系的标定步骤填写到表 7-1 中。

表 7-1　工具坐标系的标定步骤

序　　号	操 作 步 骤	说　　明
1		
2		
3		
4		
5		
6		

关联知识

1. 四点法

使用四点法时，用待测工具的尖端点（TCP）从 4 个任意不同的方向靠近同一个参照点，参照点可以任意选择，但必须为同一个固定不变的参照点。机器人控制器从 4 个不同的法兰位置计算出 TCP。机器人 TCP 点运动到参考点的 4 个法兰位置必须分开足够的距离，才能使计算出来的 TCP 点尽可能精确，四点法示意图如图 7-4 所示。

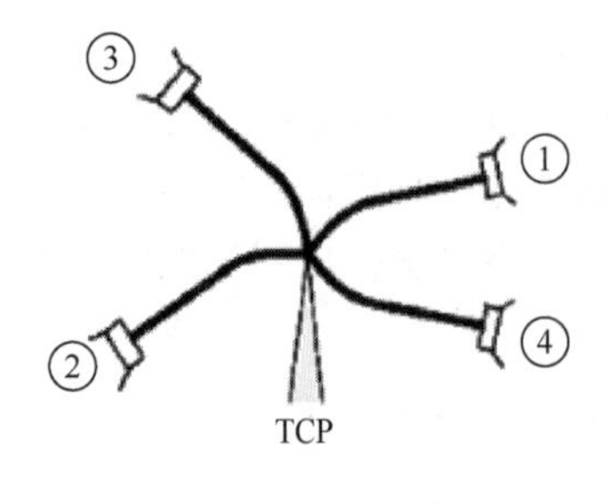

图 7-4　四点法示意图

四点法示教并计算工具中心点（TCP）位置的步骤如下。

（1）打开工具坐标系：单击【机器人】→【坐标系管理】→【工具坐标系】。

（2）工具坐标系【序号】栏包含 8 组序号可供建立，【设置】指示灯为绿色的表示该序号已被建立，为白色的表示该序号尚未被建立；工具坐标系标定完毕后，通过将标定的坐标系【序号】填入【选择坐标系 TCS】编辑框中，单击【设置为当前】按钮，可设置当前操作环境中工具坐标系采用的序号。

（3）我们假设标定工具坐标系的序号是 7，单击【校准】按钮，进入标定步骤。工具坐标系通过勾选不同的【校准选项】，有 3 种建立模式：只勾选【位置】复选框，只勾选【姿态】复选框，同时勾选【位置】和【姿态】复选框。根据实际情况，勾选不同的复选框。假设只勾选【位置】复选框时，采用四点法进行位置校准；通过调整焊接机器人姿态，使工具末端从不同方向靠近校准针，如图 7-5 和图 7-6 所示。

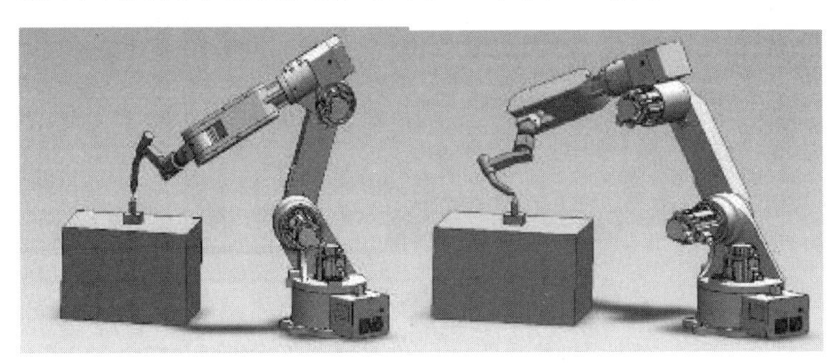

P1 点　　P2 点

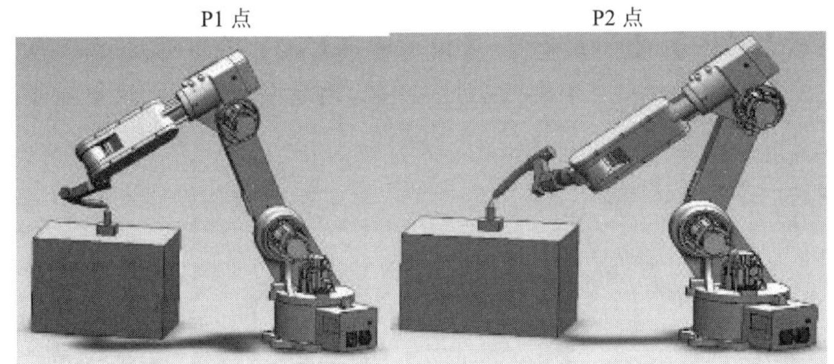

P3 点　　P4 点

图 7-5　采用四点法进行位置校准

程序　编辑　显示　实用工具

程序
机器人
参数设定
工艺
IO
变量
系统管理
主菜单

工具坐标系校准

当前坐标系 TCS_7 2015arc

选择方法　记录位置　显示结果

校准选项 ☑位置 ☐姿态

P1 P2 P3 P4

TCP

0 0 0 0 0 0

计算　保存　取消　返回

16:43:59

图 7-6　采用四点法进行位置校准界面

（4）摆放校准针，通过调整焊接机器人和焊枪姿态，使工具末端从校准针的左侧靠近校准针尖（在标定过程中校准针始终是一个固定点），单击【P1】按钮，【记录位置】记录当前点为 P1 方向靠近点。【记录】按钮为延时触发型按钮，需要保持按下状态约 2s 的时间，该按钮才会生效。P1 点记录完成后【P1】按钮旁边的指示灯会由灰色变为绿色。如果重新记录 P1 点，则该指示灯由绿色变为灰色，再变为绿色。示教记录 P1 点如图 7-7 所示。

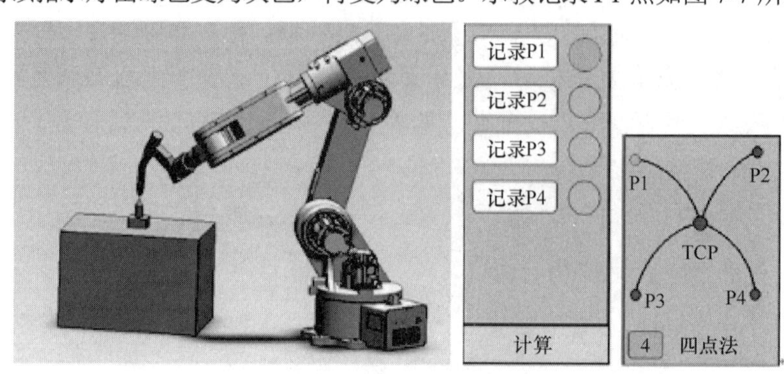

图 7-7　示教记录 P1 点

操作焊接机器人，使工具末端依次从校准针的右侧、前方、后方 3 个方向靠近校准针尖，依次单击【P2】、【P3】、【P4】按钮，【记录位置】记录当前点为 P2、P3、P4 方向靠近点，指示灯颜色变为绿色。至此，4 组指示灯颜色变为绿色。示教记录 P1、P2、P3、P4 点如图 7-8 所示。

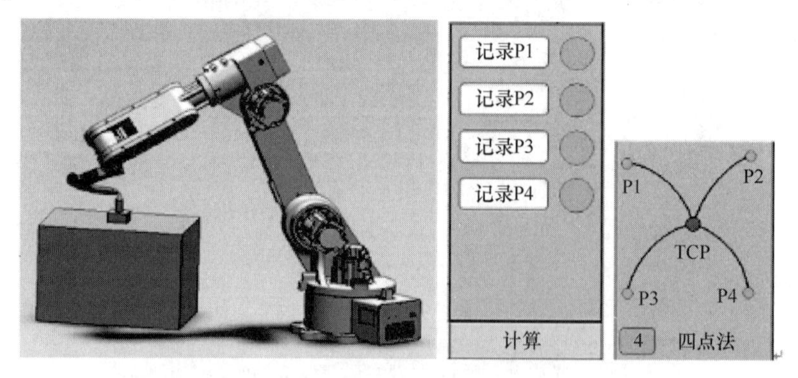

图 7-8　示教记录 P1、P2、P3、P4 点

（5）四点法所需的 4 个位置点记录完成，【计算】按钮出现并可以操作，单击【计算】按钮，自动计算 TCP 位置点数据并显示计算结果。【计算】按钮为延时触发型按钮，需要保持按下状态约 2s 的时间，【计算】按钮才会生效。

注意，如果四点法中记录了两个或多个相同的位置点，则计算不能成功，程序会报告错误。

（6）单击【完成】按钮，保存记录的示教位置点坐标及计算的坐标系数据，返回到坐标系管理主界面。

（7）单击【设置为当前】按钮，将新计算的 TCP 工具作为法兰末端工具。至此，已完成新计算出来的工具为当前使用的工具的所有步骤。工具坐标系计算并切换成功，就可以在新的工具下进行焊接机器人的各种运动了。

注意，使用四点法只能确定工具尖端（中心）点 TCP 相对于机器人末端法兰安装面的位置偏移值，当用户需要示教确定工具姿态分量时，需要额外再使用三点法，或者直接使用六点法。

2. 六点法

六点法标定，共需要示教 P1 到 P6 这 6 个点，P1 到 P4 这 4 个点的示教方法可参照四点法，P5、P6 按示意图示教保存。保持焊枪垂直向下，调整焊接机器人动作，平移运动到欲建立的工具坐标系 *X* 轴方向 P5 点，单击【P5】按钮，【记录位置】记录当前点；保持焊枪姿态不变，调整焊接机器人动作，平移运动到欲建立的工具坐标系 *X* 轴上方 P6，单击【P6】按钮，【记录位置】记录当前点。图 7-9 所示为采用六点法进行位置校准界面。

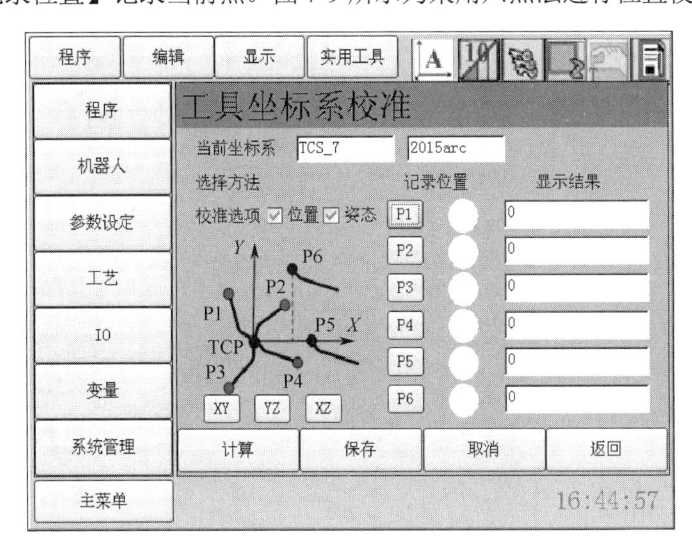

图 7-9　采用六点法进行位置校准界面

注意：

（1）勾选【位置】复选框校准时，通过调整焊接机器人姿态，控制焊枪末端从 4 个方向靠近校准针，不能只依靠第 6 轴转动来控制焊枪末端靠近校准针，尽量让焊接机器人末端法兰在空间均匀分散开。

（2）勾选【姿态】复选框校准时，焊枪保持同一姿态运动到指定的 3 个位置点，只能在笛卡儿空间的移动运动来示教，不能进行 *X* 轴、*Y* 轴、*Z* 轴方向上的旋转运动或关节坐标系下的单个关节旋转运动来示教，并且不能有任何姿态的旋转，否则不能计算出工具坐标系的姿态分量。

（3）同时勾选【位置】、【姿态】复选框校准时，焊枪通过 4 种姿态从 4 个方向靠近原点，再以同一姿态运动到指定的两个位置点。

（4）若记录保存两个或多个相同的位置点，则计算不能成功，程序会报告错误。

3. 工具坐标系标定方法

工具坐标系标定方法有 7 种，包括勾选【位置】复选框的标定方法 1 种，勾选【姿态】复选框的标定方法 3 种，同时勾选【位置】、【姿态】复选框的标定方法 3 种。不同的坐标系标定操作步骤基本相同，区别在于坐标系标定的位置点不同。参照表 7-2 的坐标系标定位置点，参照前面所述的标定步骤，可实现不同要求的工具坐标系标定。

表 7-2 不同校定方法下的坐标系标定位置点

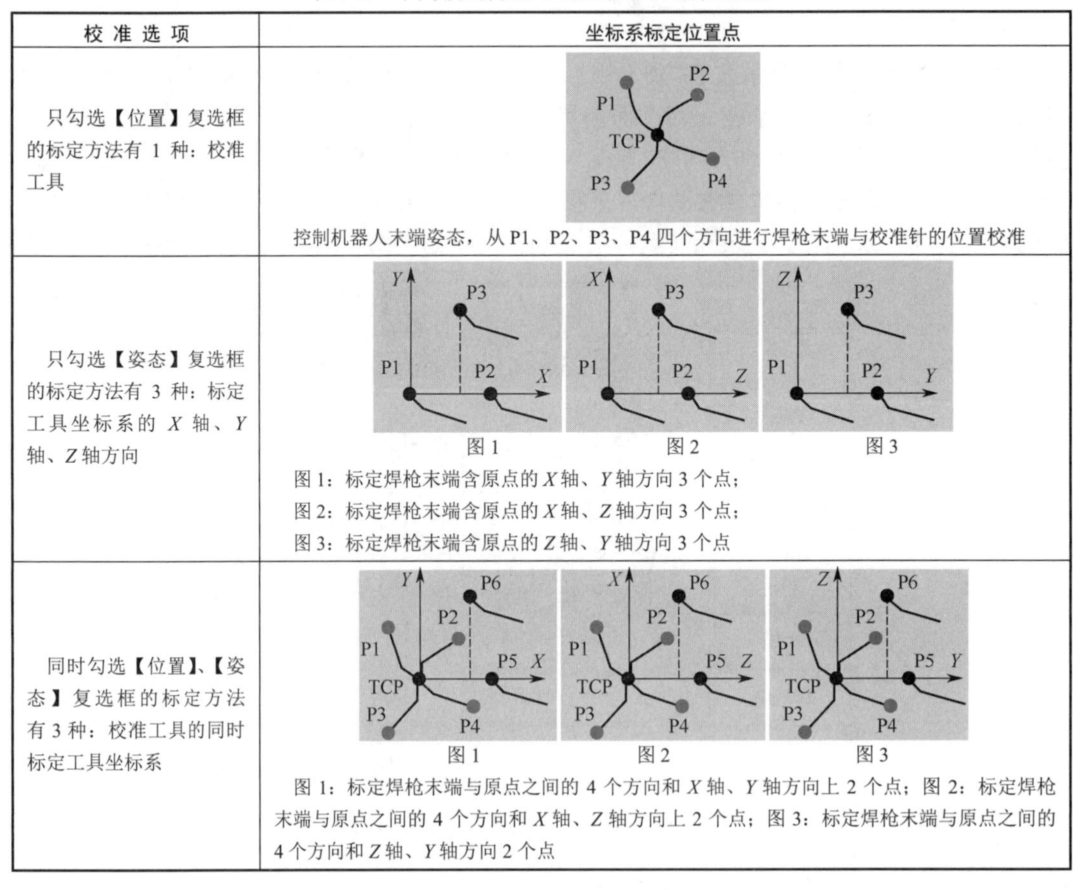

校 准 选 项	坐标系标定位置点
只勾选【位置】复选框的标定方法有 1 种：校准工具	P1 P2 TCP P3 P4 控制机器人末端姿态，从 P1、P2、P3、P4 四个方向进行焊枪末端与校准针的位置校准
只勾选【姿态】复选框的标定方法有 3 种：标定工具坐标系的 X 轴、Y 轴、Z 轴方向	图 1　图 2　图 3 图 1：标定焊枪末端含原点的 X 轴、Y 轴方向 3 个点； 图 2：标定焊枪末端含原点的 X 轴、Z 轴方向 3 个点； 图 3：标定焊枪末端含原点的 Z 轴、Y 轴方向 3 个点
同时勾选【位置】、【姿态】复选框的标定方法有 3 种：校准工具的同时标定工具坐标系	图 1　图 2　图 3 图 1：标定焊枪末端与原点之间的 4 个方向和 X 轴、Y 轴方向上 2 个点；图 2：标定焊枪末端与原点之间的 4 个方向和 X 轴、Z 轴方向上 2 个点；图 3：标定焊枪末端与原点之间的 4 个方向和 Z 轴、Y 轴方向 2 个点

7.1.2 工具坐标系标定 TCP 并验证其精确度

通过学习教材中的关联知识，说出四点法标定的 TCP 验证其精确度的操作过程，其操作键如图 7-10 所示。

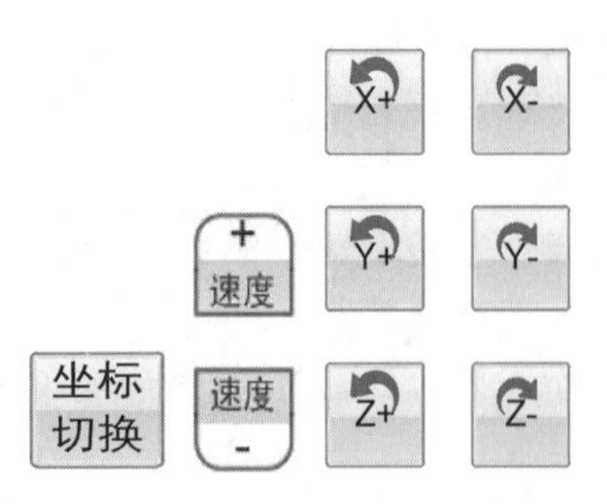

图 7-10 四点法标定的 TCP 验证其精确度的操作键

各小组讨论并实践验证，将验证结果填写到表 7-3 中。

表 7-3　TCP 精确度验证结果

序　号	验证方向	说　明
1	*X*+	
2	*X*−	
3	*Y*+	
4	*Y*−	
5	*Z*+	
6	*Z*−	

关联知识

1. 四点法标定的 TCP 验证

将 TCS 编辑框设为 7，单击【设置为当前】按钮，即可完成工具坐标系 7 的四点法工具坐标系的标定及设置。将焊接机器人尖端点调整到紧贴固定点，可以稍稍留有一点空隙。按示教器上的【坐标系切换】键，将坐标系切换到 T 工具坐标系，并将示教速度调整为 25%。

分别按下带弧箭头的【轴动作操作】键，调整机器人的姿态，试着分别绕 *X* 轴、*Y* 轴、*Z* 轴正方向、反方向旋转，若工具尖端点 TCP 始终紧贴固定尖端点旋转，则说明四点法标定的 TCP 是满足精度要求的。

2. 六点法标定的 TCP 验证

完成六点法标定 TCP 后，将 TCS 编辑框设为 7，单击【设置为当前】按钮。将焊接机器人尖端点调整到紧贴固定点，可以稍稍留有一点空隙。按示教器上的【坐标系切换】键，将坐标系切换到 T 工具坐标系。示教速度调整为 25%。

分别按下带弧箭头的【轴动作操作】键，调整焊接机器人的姿态，试着分别绕 *X* 轴、*Y* 轴、*Z* 轴正方向、反方向旋转，工具尖端点 TCP 应始终紧贴固定尖端点旋转；当按【轴动作操作】键 *Z*+方向、*Z*−方向时，尖端点是沿着焊丝的方向运动的。这说明六点法标定的 TCP 是满足精度要求的。

7.1.3　知识拓展——用户坐标系标定

准确的用户坐标系，可使焊接机器人在焊件对象上的 *X* 轴、*Y* 轴、*Z* 轴方向移动变得轻松。如果焊件上的示教点是在直角坐标系中建立的，则焊接机器人与焊件相对位置发生变动就必须重新示教所有的点。如果有在对应的用户坐标系上示教的点，则焊件上运行轨迹所有的示教点，都在对应的用户坐标系中，如果用户坐标系发生改变，则只需重新修改用户坐标系即可，无须重新示教所有的点。

1. 用户坐标系的标定步骤

（1）打开用户坐标系：单击【机器人】→【坐标系管理】→【用户坐标系】。

（2）【选择坐标系】有 3 个选项：【用户坐标系 1】、【用户坐标系 2】、【世界坐标系】，每种坐标系包含【序号】栏 8 组序号可供建立，【设置】指示灯为绿色的表示该序号已被建立，为白色的表示该序号尚未被建立；坐标系标定完毕后，将标定好的坐标系【序号】填入【当前选择坐标系】（用户坐标系 1、用户坐标系 2 和世界坐标系）中相应的编辑框，单击【设置为当前】按钮，可设置当前操作环境中不同种类坐标采用的序号，如图 7-11 所示。

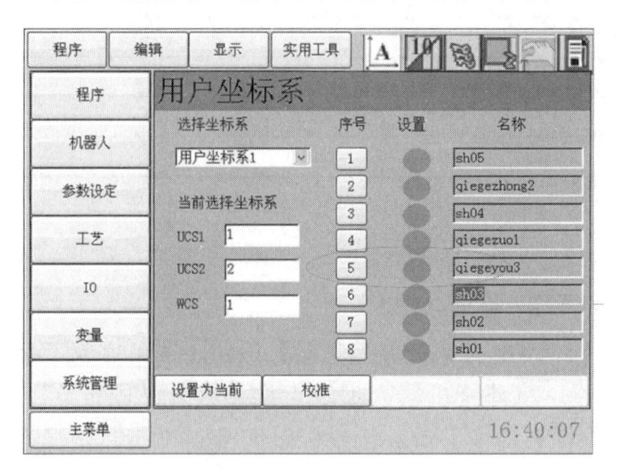

图 7-11　用户坐标系编辑框

注意：

【当前选择坐标系】中 UCS1（用户坐标系 1）、UCS2（用户坐标系 2）和 WCS（世界坐标系）彼此之间不相关，标定哪种坐标系，将其【序号】填入【当前选择坐标系】编辑框中即可。

（3）假设标定用户坐标系 1，序号为 5，单击【校准】按钮，进入如下标定步骤。

第一步：标定方法有 3 种，分别为不使用坐标系原点（不勾选【ORG】复选框）、仅使用坐标系原点（勾选【ORG】复选框），以及同时使用坐标系原点和方向轴偏置（同时勾选【ORG】和【OFFSET】复选框）。根据实际情况选择一种校准方法（如勾选【ORG】复选框）。

第二步：从【XY】、【YZ】、【XZ】（标定两个方向轴）中选择坐标系轴的方向，如选择【XY】，用户坐标系校准界面如图 7-12 所示。

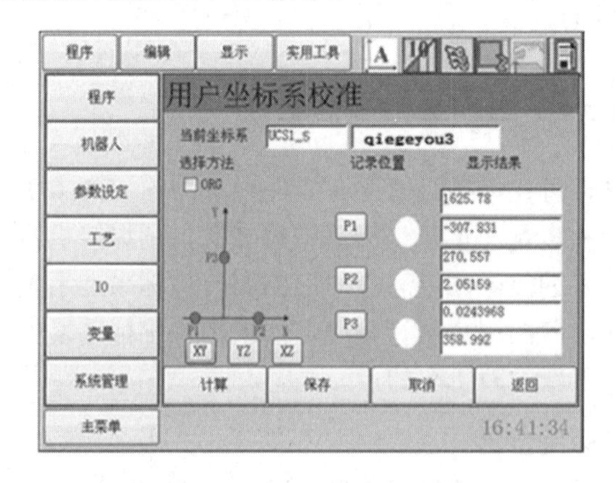

图 7-12　用户坐标系校准界面

第三步：焊接机器人 P1～P3 位置示意图如图 7-13 所示，操作示教器，使焊接机器人运动到欲建立的坐标系原点 P1 点，单击【记录位置】中的 P1 点，指示灯颜色变为绿色；操作焊接机器人运动到 *X* 轴方向上与 P1 点间隔一定距离（建议坐标系范围越大，间隔距离越大）的 *X* 轴位置点 P2 点，单击【记录位置】中的 P2 点，指示灯颜色变为绿色；操作焊接机器人运动到 *X* 轴上方的第一象限，在 P1、P2 点之间确定位置点 P3 点（建议坐标系范围越大，P3 点与 *X* 轴间隔距离越大），单击【记录位置】中的 P3 点，指示灯颜色变为绿色。至此，3 组指示灯颜色均变为绿色。

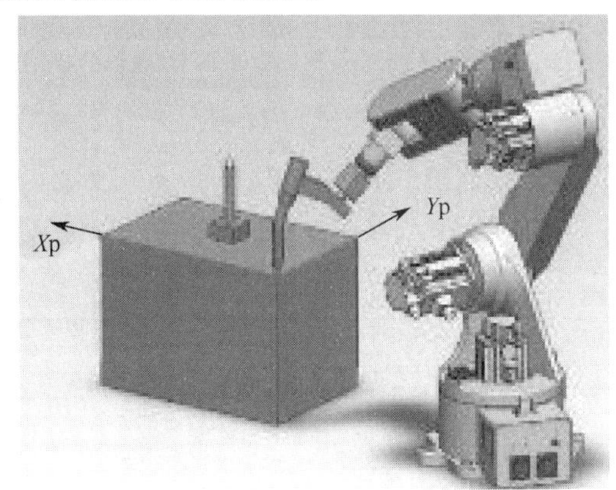

P1点位置

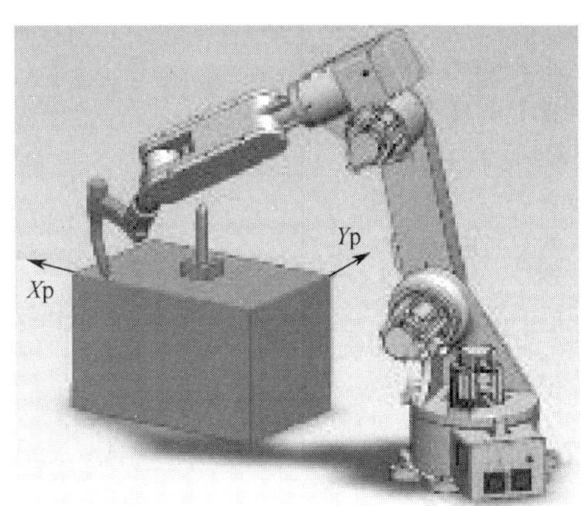

P2点位置

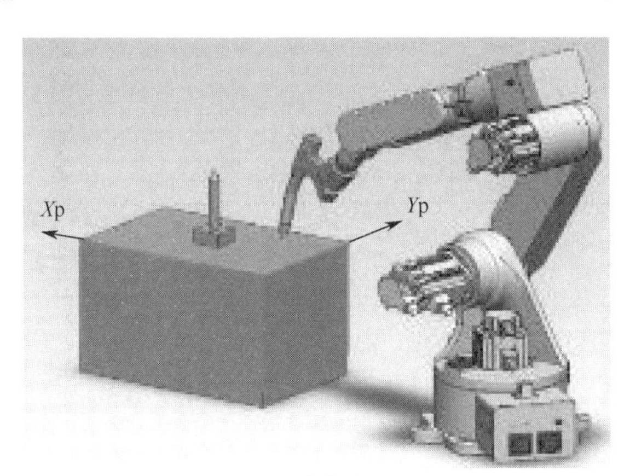

P3点位置

图 7-13　焊接机器人 P1～P3 位置示意图

第四步：单击【计算】按钮，计算坐标系校准数据。校准数据将在右侧 6 个文本框中显示。

第五步：单击【保存】按钮，即可保存计算出的坐标系校准数据。

第六步：单击【返回】按钮，返回到原用户坐标系界面。

第七步：手动输入修改【当前选择坐标系】UCS1 编辑框为 5，单击【设置为当前】按钮，即可完成用户坐标系 5 的标定及设置。

2. 用户坐标系标定方法

用户坐标系标定方法有 9 种，其中不使用坐标系原点的有 3 种，仅使用坐标系原点的有 3 种，使用坐标系原点与方向轴偏置的有 3 种。不同的坐标系标定操作步骤相同，区别在于坐标系标定的位置点不同，见表 7-4。参照坐标系标定位置点，以及前面所述的标定步骤，可实现不同要求的用户坐标系标定。

表 7-4　不同位置点的标定方法

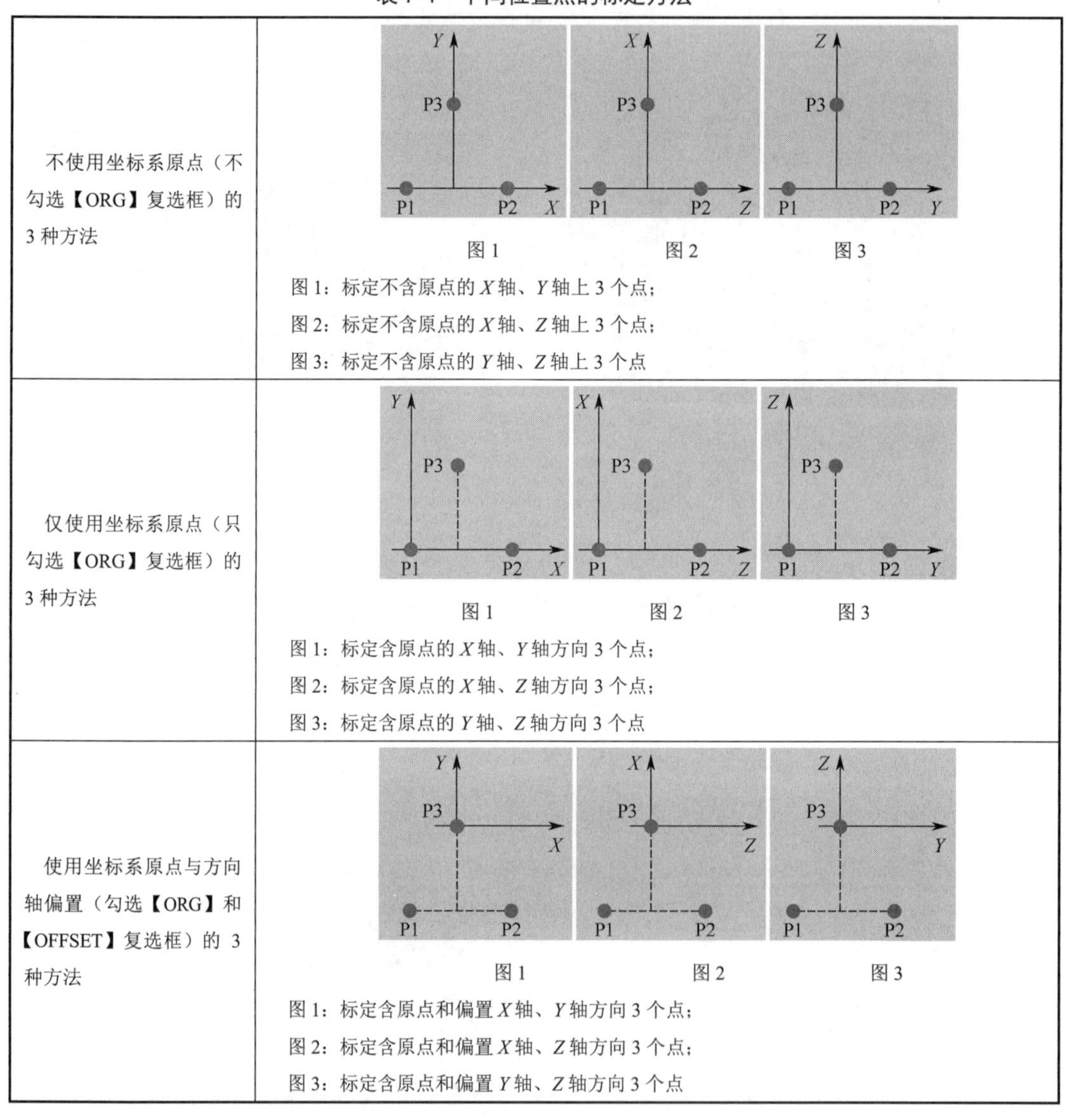

不使用坐标系原点（不勾选【ORG】复选框）的 3 种方法	图 1　图 2　图 3 图 1：标定不含原点的 *X* 轴、*Y* 轴上 3 个点； 图 2：标定不含原点的 *X* 轴、*Z* 轴上 3 个点； 图 3：标定不含原点的 *Y* 轴、*Z* 轴上 3 个点
仅使用坐标系原点（只勾选【ORG】复选框）的 3 种方法	图 1　图 2　图 3 图 1：标定含原点的 *X* 轴、*Y* 轴方向 3 个点； 图 2：标定含原点的 *X* 轴、*Z* 轴方向 3 个点； 图 3：标定含原点的 *Y* 轴、*Z* 轴方向 3 个点
使用坐标系原点与方向轴偏置（勾选【ORG】和【OFFSET】复选框）的 3 种方法	图 1　图 2　图 3 图 1：标定含原点和偏置 *X* 轴、*Y* 轴方向 3 个点； 图 2：标定含原点和偏置 *X* 轴、*Z* 轴方向 3 个点； 图 3：标定含原点和偏置 *Y* 轴、*Z* 轴方向 3 个点

3. 验证标定的用户坐标系

手动输入修改【当前选择坐标系】UCS1（用户坐标系 1）编辑框为 5，单击【设置为当前】按钮，即可完成 UCS1-5 的标定及设置。按示教器上的【坐标系切换】键，将坐标系切换到 UCS1，并把示教速度调整为 25%。

按下决定焊接机器人空间位置数据的【轴动作操作】键，查看焊接机器人末端运动轨迹是否与定义的坐标系三坐标方向一致。按【X+】键查看焊接机器人是否按照定义的 UCS1-5 用户坐标系的 *X* 轴的正方向平行运动，按【X−】键查看焊接机器人是否按照定义的 UCS1-5 用户坐标系的 X 轴的反方向平行运动；按【Y+】键查看焊接机器人是否按照定义的 UCS1-5 用户坐标系的 Y 轴的正方向平行运动，按【Y−】键查看焊接机器人是否按照定义的 UCS1-5 用户坐标系的 Y 轴的反方向平行运动；按【Z+】键查看焊接机器人是否按照定义的 UCS1-5 用户坐标系的 Z 轴的正方向平行运动，按【Z−】键查看焊接机器人是否按照定义的 UCS1-5 用户坐标系的 Z 轴的反方向平行运动。

若【轴动作操作】键运动方向与定义的 X 轴、Y 轴、Z 轴方向一致，则说明标定的 UCS1-5 用户坐标系是正确的。

4. 建立用户坐标系的意义

建立用户坐标系后，可以在用户坐标系下示教编程，所有示教点都必须在对应的用户坐标系中建立。

（1）定义了用户坐标系可以准确地使焊接机器人在焊件对象上的 X 轴、Y 轴、Z 轴方向移动自如。如果不定义用户坐标系，那么由于在一些有繁杂轨迹的焊件上示教点时，在焊件对象上的各方向移动变得困难很多。

（2）再如，在焊件上用直角坐标系建立的示教点，当焊接机器人在搬动后就必须重新示教点，这样才能在原来的焊件上运行。但如果在焊件上，用焊件上定义的用户坐标系建立示教点，则当焊接机器人在搬动后，只要再重新对焊件重新定义用户坐标系，原来的示教点就仍然能用。

注意：

当六关节机器人配置外部轴时，为实现机器人与外部轴的同步协调运动，在外部轴变位机上校准用户坐标系，前提是必须将外部轴回归机械零点再校准用户坐标系，其界面如图 7-14 所示。

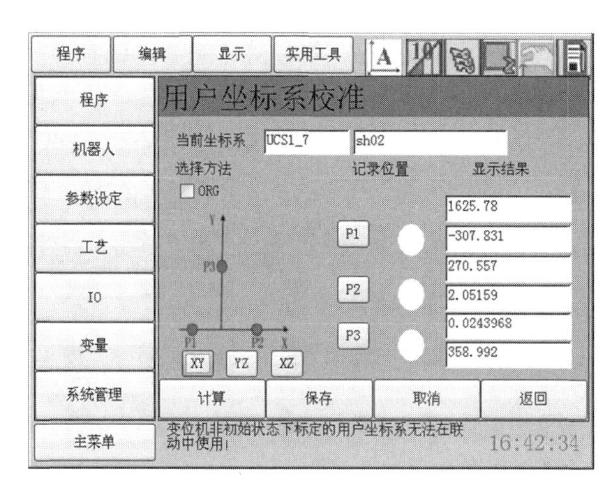

图 7-14　用户坐标系校准界面

项目测评

各小组在任务实施指引完成后，根据学习任务要求，检查各项知识。教师根据各小组的实际掌握情况在表 7-5 中进行评价。

表 7-5　焊接机器人程序编写

序　号	主要内容	考核要求	评分标准	配　分	得　分
1	工具坐标系的标定步骤	说出工具坐标系的标定步骤	准确说出工具坐标系的标定步骤	40	
2	验证 TCP 的精确度	按照规范验证 TCP 的精确度	TCP 精确度正确无误	60	
合计				100	

课 后 练 习

一、填空题

1．工具坐标系的标定可以分为_______法和 _________法。

2．工具坐标系标定方法有___种，包含勾选【位置】复选框的标定方法___种，勾选【姿态】复选框的标定方法___种，同时勾选【位置】和【姿态】复选框的标定方法_____种。

二、问答题

概述当标定工具坐标系 TCP 时，何时适用四点法？何时适用六点法？

7.2　焊接机器人运动指令编写

任务导入

焊接机器人的运动都是按照事先编好的程序来进行的，操作人员按照焊缝形状示教焊接机器人，同时记录运动轨迹而形成程序。本任务首先学习已有程序文件的管理，包括打开程序文件、删除程序文件、重命名程序文件、设置为主程序，然后完成简单示教编程和程序修改。焊接机器人示教器的程序管理界面示意图如图 7-15 所示。

图 7-15　焊接机器人示教器的程序管理界面示意图

任务目标

（1）熟悉程序管理操作；

（2）掌握简单示教编程。

任务实施指引

在教师的安排下，各学习小组进行焊接机器人运动指令编写作业。首先根据教材了解程序管理内容，熟悉打开程序文件、删除程序文件、重命名程序文件、设置为主程序等操作。然后做好工作计划，使用示教器进行简单程序的编写，并且进行示教验证和程序修改作业。通过演示教学法、分组练习的方式帮助学生完成学习任务。各小组学生按照下面的操作步骤完成本任务的学习。

7.2.1　程序管理操作

通过学习教材中的关联知识，说出打开程序文件、删除程序文件、重命名程序文件、设置为主程序等操作方法。然后建立新的示教程序文件，并且进行简单程序处理的操作作业。焊接机器人示教器的程序管理界面如图 7-16 所示。

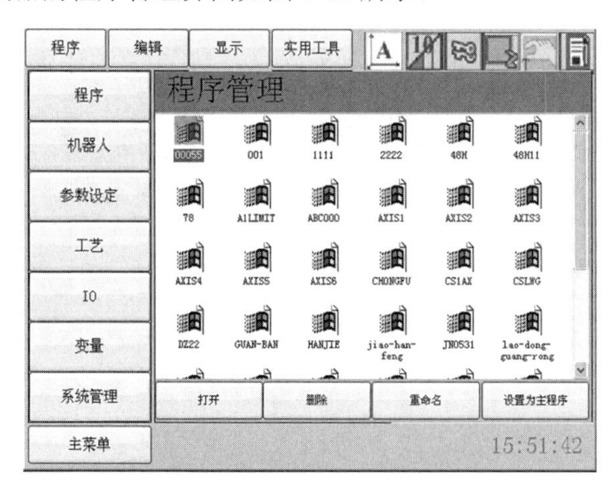

图 7-16　焊接机器人示教器的程序管理界面

首先，各小组讨论并查阅资料，讨论完毕后，将打开程序文件、删除程序文件、重命名程序文件、设置为主程序等操作方法填写到表 7-6 中。

表 7-6　程序管理操作方法

序　　号	操 作 内 容	操 作 方 法
1	打开程序文件	
2	删除程序文件	
3	重命名程序文件	
4	设置为主程序	

然后，各小组讨论并查阅资料，讨论完成新建程序计划之后，将建立新的示教程序文件并进行简单程序处理的操作过程填写到表 7-7 中。

表 7-7　新建程序操作过程

建立新示教程序文件的操作过程

关联知识

1. 已有程序文件的管理

这里主要讲解已有程序文件的管理，包括打开程序文件、删除程序文件、重命名程序文件、设置为主程序。

（1）进入程序管理界面。在触摸屏中单击【程序】→【程序管理】或在示教器中按【菜单】键→【上/下】键使光标置于【程序】按钮→【右】键→【上/下】键使光标置于【程序管理】按钮→【选择】键。

注意：此时，可使用快捷菜单【程序】按钮。

（2）打开程序文件。打开程序文件的程序界面如图 7-17 所示，单击左上方菜单【程序】→【打开】或在主显示区中单击【打开】按钮。

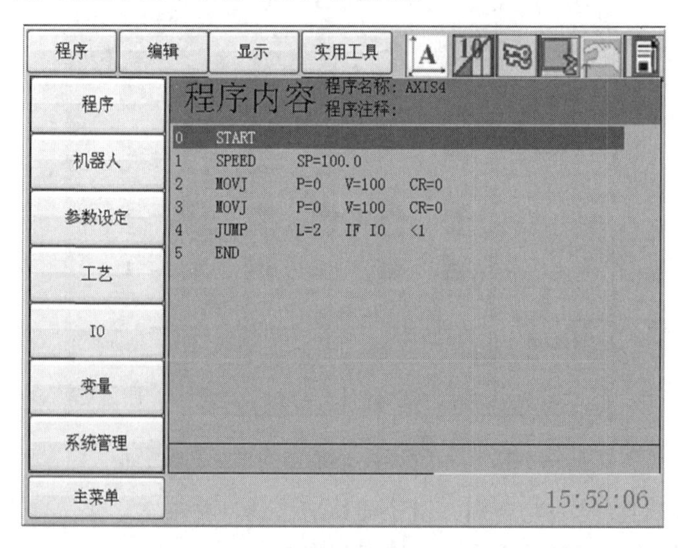

图 7-17　打开程序文件的程序界面

注意：此时，将打开选中的示教文件。

（3）删除程序文件。删除程序文件的程序界面如图 7-18 所示，单击左上方菜单【程序】→【删除】或在主显示区中单击【删除】按钮。

注意：选中的程序文件将从磁盘中彻底删除（慎用）。

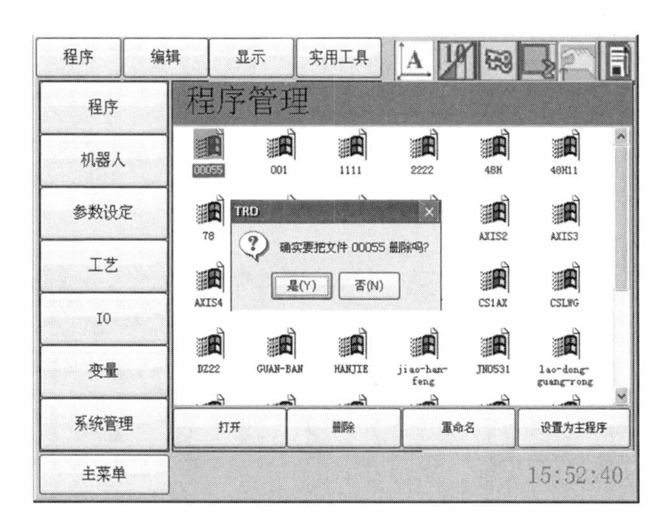

图 7-18　删除程序文件的程序界面

（4）重命名程序文件。重命名程序文件的程序界面如图 7-19 所示，单击左上方菜单【程序】→【重命名】或在主显示区中单击【重命名】按钮，重命名完毕后单击【确认】按钮。

注意：重命名对话框弹出后，快捷菜单不能操作，主菜单可操作；如果文件名为空，将会报错；如果文件名已存在，也会报错；如果修改成功，文件名将改为新文件名，并返回程序管理。

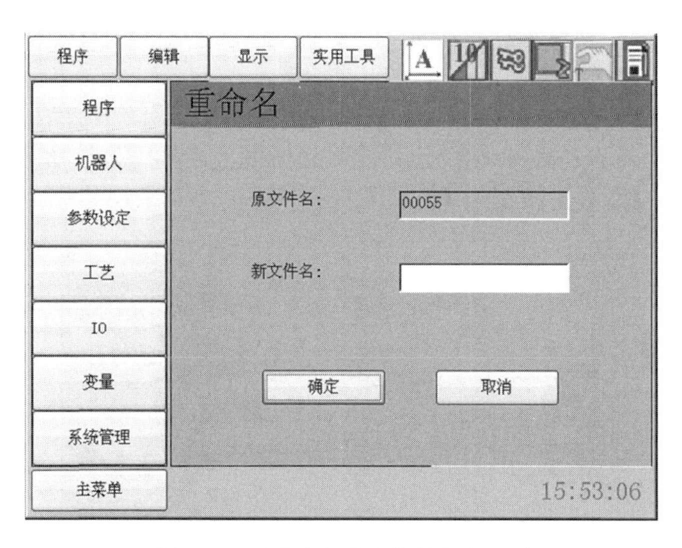

图 7-19　重命名程序文件的程序界面

（5）设置为主程序。设置为主程序文件的程序界面如图 7-20 所示，单击主显示区中的【设置为主程序】按钮或单击左上方菜单【程序】→【设置为主程序】。

注意：【设置为主程序】按钮为灰色不可用，证明选中的文件被设置为主程序。

【主程序】的作用是：将常用程序设置为主程序后，通过单击【主程序】按钮，可以快速打开主程序，以避免在程序列表中查找，方便快捷。

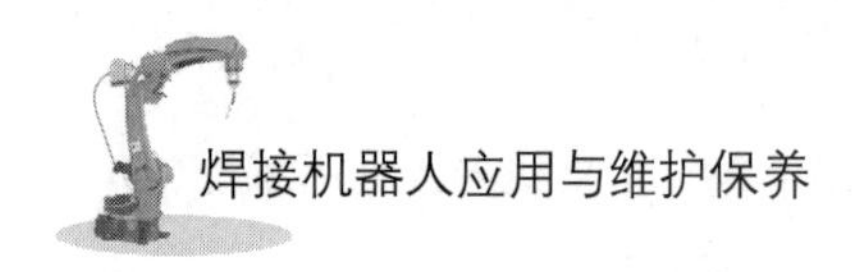

【当前程序】的作用是：焊接机器人编程运动操作后，通过单击【当前程序】按钮，可以快速打开上一次运行的程序，以避免在程序列表中查找，方便快捷。

注意：【当前程序】只在本次焊接机器人开机有编程操作后方可使用，无法在开机后快速打开上一次开机的运动程序；【主程序】设置后，可以在每次开机后都能快速打开相应的程序。

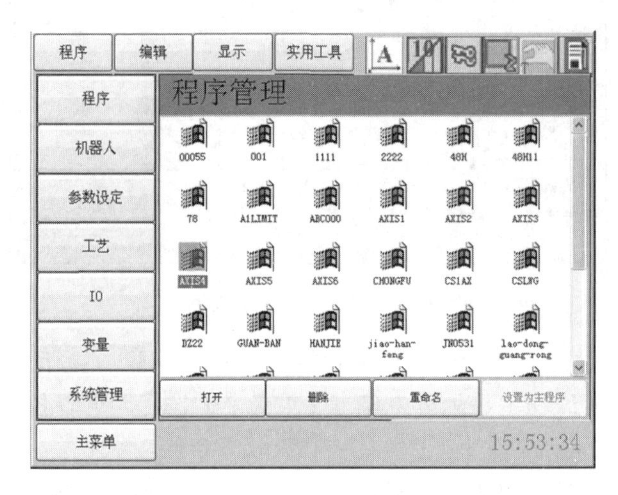

图 7-20　设置为主程序的程序界面

2. 新建程序文件

当我们需要焊接机器人进行某种作业时，需要给它编写相应的程序。下面介绍如何建立新的程序文件。

（1）新建程序文件的程序界面如图 7-21 所示，在触摸屏中单击【程序】→【新建】或在示教器中按【菜单】键→【上/下】键使光标置于【程序】按钮→【右】键→【上/下】键使光标置于【新建】按钮→【选择】键。

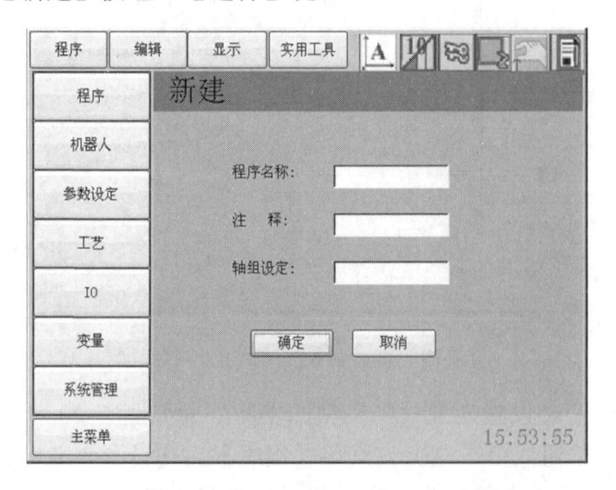

图 7-21　新建程序文件的程序界面

（2）新建程序文件名的输入界面如图 7-22 所示，在触摸屏中单击程序名称对应的文本框→弹出软键盘→在软键盘中输入文件名。使用同样的方法输入注释【轴组设定】。

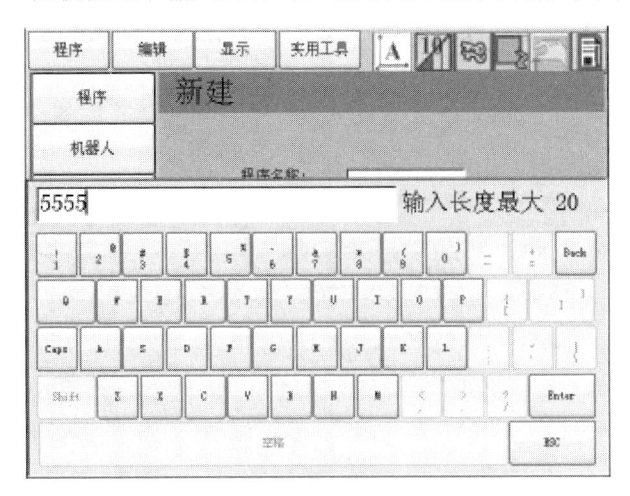

图 7-22　新建程序文件名的输入界面

注意：

程序名不能为空、不能与已有文件重复；程序名由英文大小写、数字构成，最长 20 个字符；注释由英文大小写、数字构成，最长 30 个字符；轴组设定由数字构成，最大长度为 2。

此时，如果单击【取消】按钮，则退出新建界面，回到首页。

（3）新建程序创建成功界面如图 7-23 所示，单击【确认】按钮，建立新的程序文件。空的程序文件由 START 和 END 两行构成；同时显示文件名和注释。

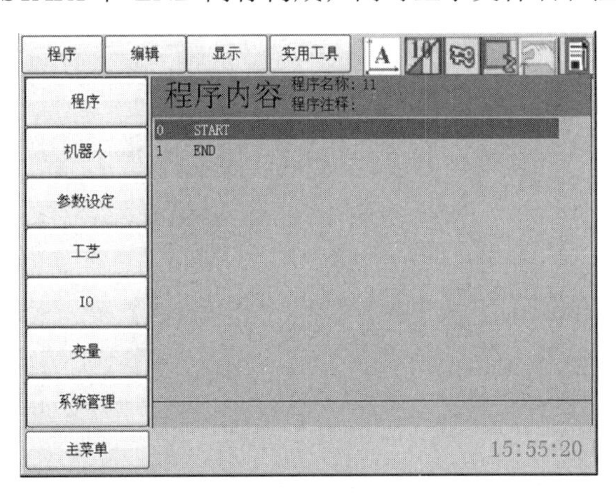

图 7-23　新建程序创建成功界面

注意：如果文件名为空，则会报错；如果该文件已存在，则也会报错；如果文件创建失败，则还会报错；如果文件创建成功，则跳转到新建程序内容界面。

3. 简单程序处理

在使用程序时，我们有时需要适当地修改程序，有时需要将不用的程序删除。所以我们还要学会对程序进行相应的处理工作。下面介绍一些常用的程序处理方法。

（1）在触摸屏中单击【程序】→【主程序】或在示教器中按【菜单】键→【上/下】键使光标置于【程序】按钮→【右】键→【上/下】键使光标置于【主程序】按钮→【选择】键。

这样就可以看到程序的相关信息了，包括程序名和注释等。图 7-24 所示为主程序显示界面。

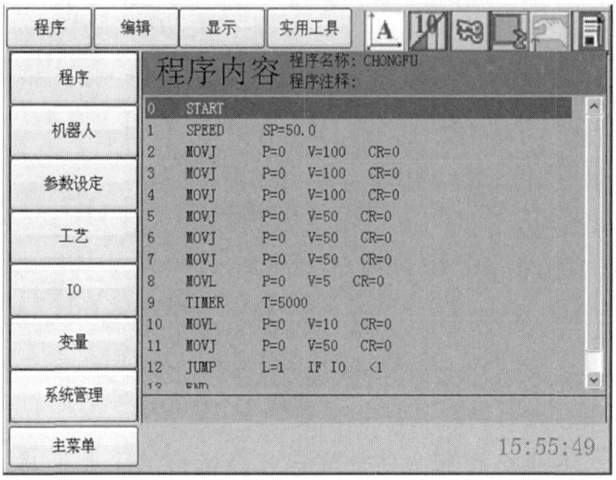

图 7-24　主程序显示界面

（2）单击【实用工具】→【命令一览】或按【命令】键弹出命令一览对话框→【上/下】键选择指令类别→【右】键打开子命令对话框→【选择】键选择指令。被选中的指令将显示在指令缓冲区中，可进行参数编辑。图 7-25 所示为程序指令编辑界面。

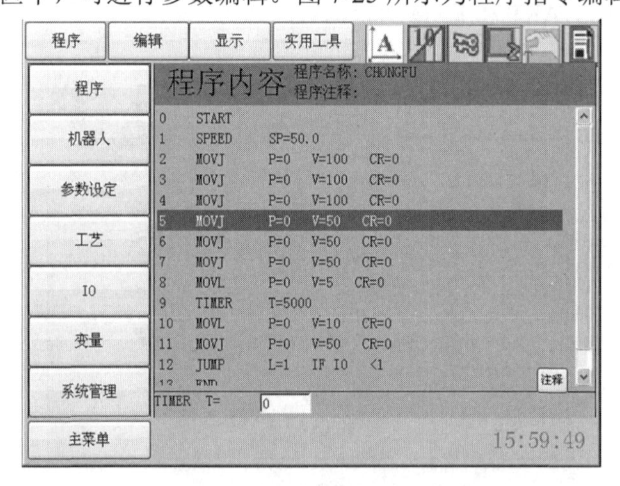

图 7-25　程序指令编辑界面

4. 指令插入和修改。

（1）自动行指令插入。编辑完毕，确认无误后，单击【确认】按钮，该指令自动加载到程序的最后一行。

（2）指定行指令插入。编辑完毕，确认无误后，依次单击【插入】按钮和【确认】按钮，该指令自动插入到光标当前所在行的下一行。

（3）指定行指令修改。将光标移至需修改的指令行。指定行指令修改有以下多种情况。

① 附加项的修改，选中后对速度、转弯半径等参数进行修改，修改后确定即可。

② 指令修改，调出新指令后，依次单击【修改】按钮和【确认】按钮进行指令的替换。

③ 移动指令当前位置的修改，将焊接机器人移动到指定位置，光标处于移动指令上，依次单击【修改】按钮和【确认】按钮，移动指令的位置变量修改为当前位置，并且参数变为 P=0。

④ 指定行指令删除。将光标移至需要删除的指令行，单击【删除】按钮，指示灯亮，单击【确认】按钮，实现该指令行的删除。

注意：在【主程序/程序内容】界面下，快捷菜单的【编辑】下拉菜单可用。图 7-26 所示为程序指令处理界面。

图 7-26　程序指令处理界面

（4）进入【程序管理】界面→单击【打开】按钮或在快捷菜单中选择【打开】选项，此时显示的不是主程序，而是程序内容。图 7-27 所示为程序内容显示界面。

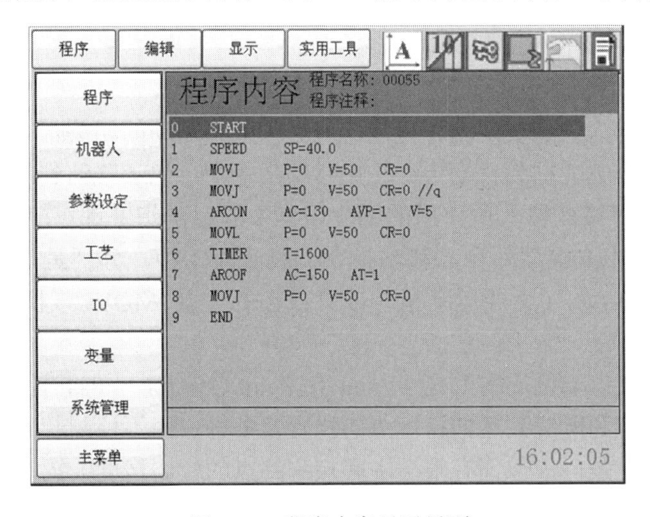

图 7-27　程序内容显示界面

7.2.2 简单示教编程

通过学习教材中的关联知识，用示教的方法编写一个简单的程序。要求程序必须包括直线插补、圆弧插补、关节插补的指令。各种插补指令示意图如图 7-28 所示。

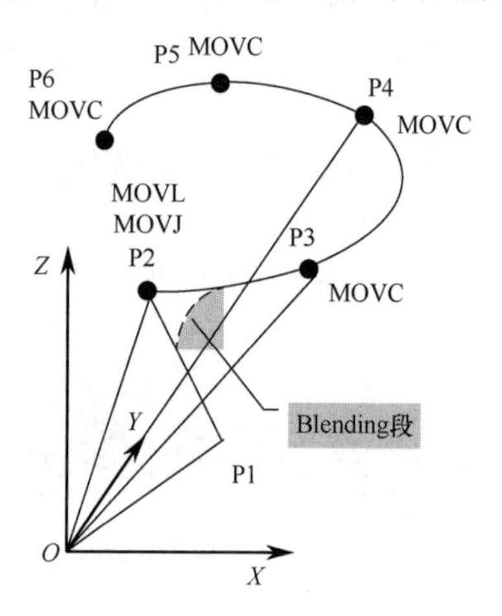

图 7-28　各种插补指令示意图

各小组讨论并查阅资料，进行相关讨论，将各种不同插补指令的特点填写到表 7-8 中。

表 7-8　插补指令的特点

序　号	插 补 指 令	特　点
1	直线插补	
2	圆弧插补	
3	关节插补	

最后将本组编写的程序记录下来。

1. 示教编程的概念

为了使焊接机器人能够实现动作再现，就必须把其运动的相关指令编成程序。控制焊接机器人运动的指令一般称为移动指令。在移动指令中，记录移动到的位置、插补方式、回放速度等参数。焊接机器人所使用的编程语言中的运动指令都以“MOV”开头，所以也把运动指令叫作“MOV”命令。移动指令一般分为 3 种，分别是 MOVJ（关节运动指令或关节插补）、MOVL（直线运动指令或直线插补）及 MOVC（圆弧运动指令或圆弧插补）。

MOVJ 运动模式：点位控制模式（Point To Point Control， PTP 控制），这种模式仅控制焊接机器人起始点和所应到达的目标点的位置及姿态，而不控制起始点到目标点所经过的运动轨迹。其特点是：仅保证有限个中间点和终点的位姿精度，控制方式简单，运动速度较快。采用该运动控制模式的焊接机器人大多用于点焊、物料搬运等作业以及焊接机器人的空行程运动。

MOVL、MOVC 运动模式：连续轨迹控制（Continuous Path Control， CP 控制），这种方式按照连续运动所经过的运动轨迹来控制，焊接机器人可按规定的速度、规定的路线实现平稳而正确的运动。其特点是：能够保证所规划的路径上各点的位姿精度，运动平稳，但控制方式相对复杂。采用该运动控制模式的焊接机器人大多用于弧焊、切割等作业。

示教（Teach）：通过操作手持示教器移动焊接机器人，形成焊接机器人运动轨迹等信息，并加以存储，生成一个焊接机器人作业程序（包括完成某项作业所需的运动轨迹、运动速度、作业顺序等信息）。

以下面一段简单示教程序为例说明命令行，如图 7-29 所示。

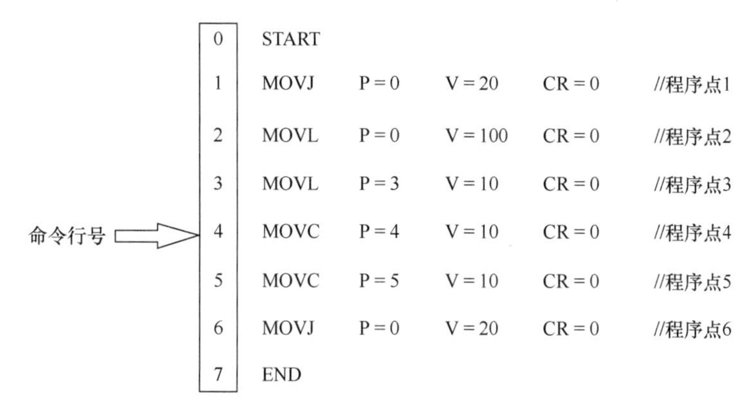

图 7-29　某程序指令说明

每条程序指令前的数字为命令行号，也可以说是命令行地址。

程序中的 MOVJ、MOVL、MOVC 是焊接机器人的运动指令；P=0 是指运动过程中直接在程序里插入的临时点，P=3、P=4、P=5 是通过位置型变量保存的点；V 是指最大速度的百分比，取值范围为 1%～100%。

CR 为运动轨迹提前过渡规划的倒圆半径，单位是 mm。焊接机器人末端没有拐角路径时，参数 CR=0。焊接机器人末端的运动路径存在拐角时，通过在转弯点设定过渡半径 CR 值，提前规划焊接机器人末端的转弯运动，实现运动轨迹圆滑处理。

焊接机器人程序可对每一条指令进行单独的注释，注释语句出现在指令的最后面，以“//”符号隔开。最多可输入 36 个字符。

添加注释的方法如下。

方法 1：选择一条指令，当指令出现在下方编辑框中时，在下方的最右侧会出现一个【注释】按钮，单击该按钮，出现一个输入对话框，输入注释后，按【Enter】键，保存注释。再按示教器上的【确认】键，完成指令的输入，同时注释也会显示在指令中。

方法 2：在手动状态下，按示教器上的【·】键，出现当前指令行的注释输入对话框，输入后按【Enter】键，保存注释即可。

2. 编写程序内容

开始示教前，做好以下准备工作。

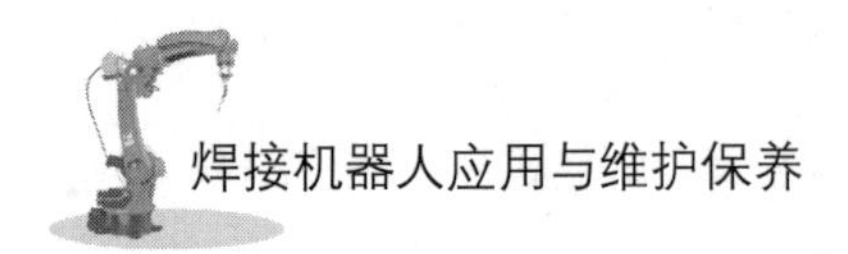

（1）把示教器的钥匙开关拨到手动模式。

（2）在示教器主菜单中单击【程序】按钮，出现程序子菜单，在子菜单中单击【新建程序】按钮。

（3）显示新建程序界面后，单击程序名称文本框，可以输入程序名。在触摸屏中单击程序名称对应的文本框→弹出软键盘→在软键盘中输入文件名，输入完成后，按【Enter】键确认。

（4）输入程序名后，示教器界面会自动进入新建程序内容界面。程序中的“0 START”和“1 END”这两行是自动生成的，如图 7-30 所示。

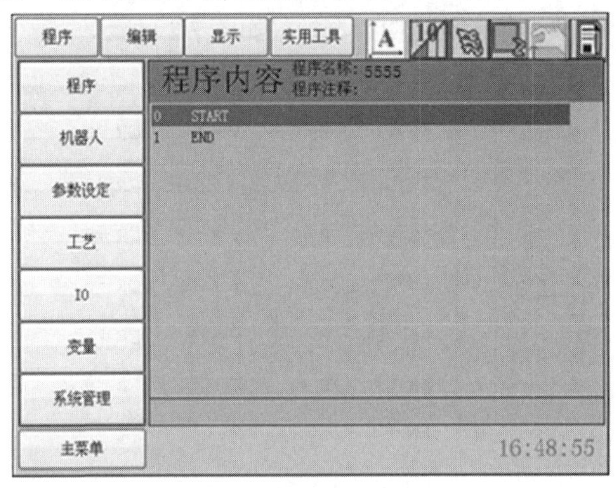

图 7-30 新建程序内容界面

3. 示教编程

下面通过示教一个简单的程序，来说明示教编程的具体过程。示教编程轨迹示意图如图 7-31 所示。

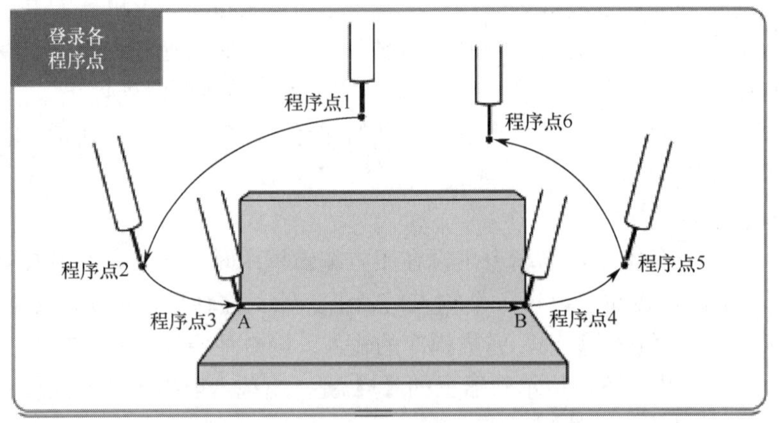

图 7-31 示教编程轨迹示意图

（1）程序点 1。

开始位置：建议将焊接机器人开始位置程序点设置为【第二原点】位置。把焊接机器人移到完全离开周边物体的安全位置上，输入程序点 1，如图 7-32 所示。

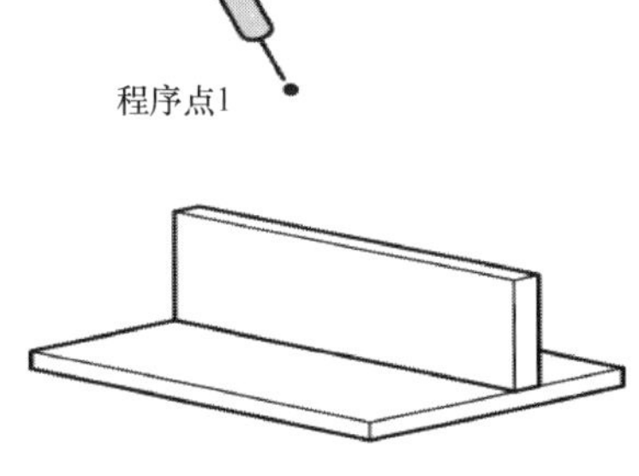

图 7-32　示教编程程序点 1 位置

① 如前所述，新建一个程序，进入程序内容界面。新建的程序只有 START、END 两行。

```
0    START   //开始
1    END     //结束
```

② 按住【伺服准备】键，同时轻握【使能开关】，接通伺服电源，焊接机器人进入可动作状态。

③ 使用【轴动作操作】键把焊接机器人移至开始位置程序点 1。

④ 此时光标在行号为 0 处；按【插补方式】按钮，选择插补方式为【关节插补 MOVJ】；单击【插入】按钮，【插入】按钮左上角灯亮，再单击【确认】按钮，此时【插入】按钮左上角灯灭，说明运动指令已经插入到程序中。新增的命令行都是插入到光标所在行之后。

```
0    START    //开始
1    MOVJ     P=0     V=50     CR=0     //程序点 1
2    END      //结束
```

⑤ 若要修改插入命令行的参数信息，则把光标移到行 1，单击【选择】按钮，在命令编辑区中就会显示选中命令行的信息“MOVJ　P=0　V=50　CR=0”。在命令编辑区中用触摸屏单击各参数的白色内容框，选中后可对位置型变量、速度、转弯半径等参数进行修改，修改后单击【确认】按钮即可。示教编程命令编辑界面如图 7-33 所示，图中将速度由 50 修改为 25。

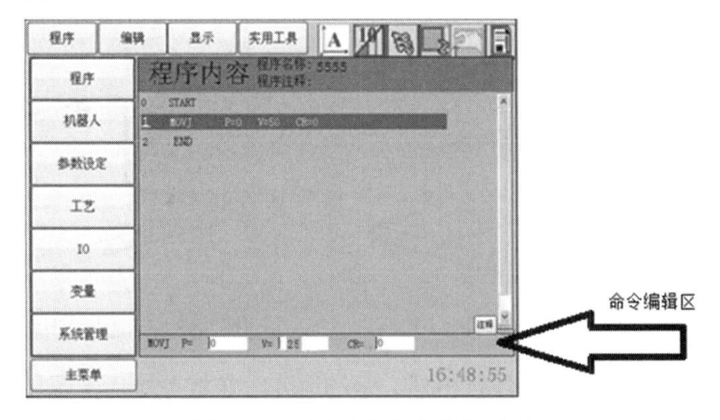

图 7-33　示教编程命令编辑界面

当要修改程序点 1 的插补方式时，将光标移动到程序点 1 的命令行，单击【插补方式】按钮可以循环切换插补方式 MOVJ-MOVL-MOVC，程序点 1 最好采用 MOVJ 插补方式，单击【修改】按钮，【修改】按钮左上角灯亮，再单击【确认】按钮，【修改】按钮左上角灯灭，说明完成命令行修改。

当要修改程序点 1 的位置时，将光标移到程序点 1 的命令行中，并将焊接机器人移至作业想要的合适位置，之后单击【修改】按钮，【修改】按钮左上角灯亮，再单击【确认】按钮，【修改】按钮左上角灯灭，说明命令行空间位置修改完成。

```
0    START   //开始
1    MOVJ    P=0    V=25    CR=0    //程序点 1
2    END     //结束
```

（2）程序点 2。

程序点 2 在作业开始位置附近，决定焊接机器人的作业姿态，因此在程序点 2 就需要确认焊接机器人的作业姿态，在靠近焊件时不建议再大幅度修改姿态，程序点 2 位置如图 7-34 所示。

① 使用【轴动作操作】键将焊接机器人姿态调整为作业姿态。

② 光标处在行号 1 处，单击【插补方式】按钮选定插补方式路径轨迹，单击【插入】按钮，【插入】按钮左上角灯亮，再单击【确认】按钮，此时【插入】按钮左上角灯灭，说明运动指令已经插入到程序中。

```
0    START   //开始
1    MOVJ    P=0    V=25    CR=0    //程序点 1
2    MOVJ    P=0    V=20    CR=0    //程序点 2
3    END     //结束
```

注意：当插入新程序命令行时，若单击【插入】按钮，再单击【确认】按钮，则新的命令行将被插入到光标所在的高亮行之后；若直接单击【确认】按钮，则新的命令行将被插入到 END 结束行之前。这一点很重要，编程的时候一定要认真仔细！

（3）程序点 3。

程序点 3 是焊接机器人的作业开始位置。保持焊接机器人的姿态不变，将它移至程序点 3，程序点 3 位置如图 7-35 所示。

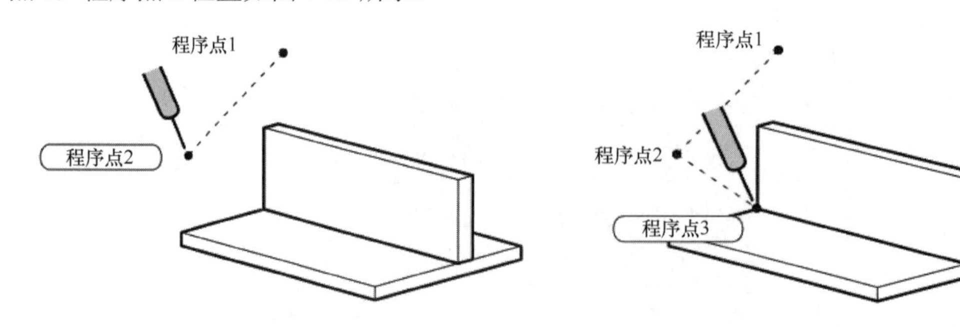

图 7-34　示教编程程序点 2 位置　　　图 7-35　示教编程程序点 3 位置

① 单击【速度】按钮，调整焊接机器人运动速度，在状态显示区域显示当前示教速度。

注意：【速度】按钮只影响示教时焊接机器人的运动速度。程序【单步运行】和【自动运行】的运行速度，由程序命令行中设定的速度指令【SPEED】(程序里不加 SPEED 指令时，默认为最大速度的 10%) 和插补指令中“V”的乘积决定。

② 保持程序点 2 的姿态，单击【坐标切换】按钮，设定焊接机器人坐标系为直角坐标系 KCS，使用【轴动作操作】键将焊接机器人移至作业开始位置。

③ 单击【方向】按钮或手指单击触摸屏上的相应命令行，把光标放在行号 2 处，单击【插入】按钮，【插入】按钮左上角灯亮，再单击【确认】按钮，此时【插入】按钮左上角灯灭，说明运动指令已经插入到程序中。

```
0    START    //开始
1    MOVJ    P=0    V=25    CR=0    //程序点 1
2    MOVJ    P=0    V=20    CR=0    //程序点 2
3    MOVJ    P=0    V=20    CR=0    //程序点 3
4    END      //结束
```

(4) 程序点 4。

程序点 4 是焊接机器人的作业结束位置，程序点 4 位置如图 7-36 所示。

① 使用【轴动作操作】键把焊接机器人移至作业结束位置。从作业开始位置到结束位置，焊接机器人末端不必精确沿作业轨迹移动，为了不碰撞焊件，移动轨迹可以稍微远离焊件。

② 把光标放到行号 3 处，单击【插补方式】按钮，将插补方式设定为【直线插补 MOVL】；然后设置焊接机器人的运动速度为 5；最后单击【插入】按钮，【插入】按钮左上角灯亮，再单击【确认】按钮，此时【插入】按钮左上角灯灭，说明运动指令已经插入到程序中。

```
0    START    //开始
1    MOVJ    P=0    V=25    CR=0    //程序点 1
2    MOVJ    P=0    V=20    CR=0    //程序点 2
3    MOVJ    P=0    V=20    CR=0    //程序点 3
4    MOVL    P=0    V=5    CR=0    //程序点 4
5    END      //结束
```

(5) 程序点 5。

程序点 5 处于远离焊件的位置，程序点 5 位置如图 7-37 所示。

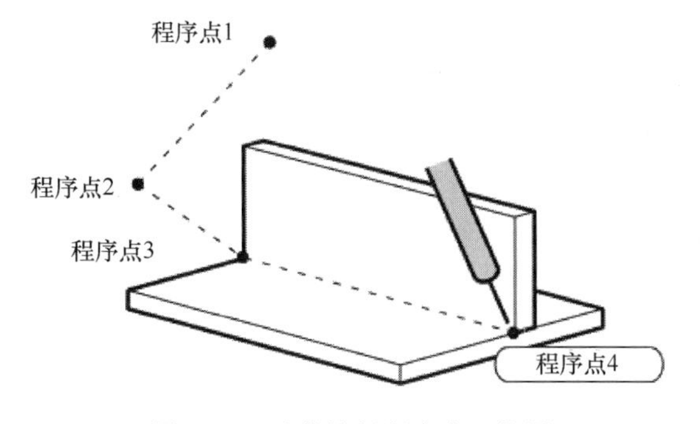

图 7-36　示教编程程序点 4 位置

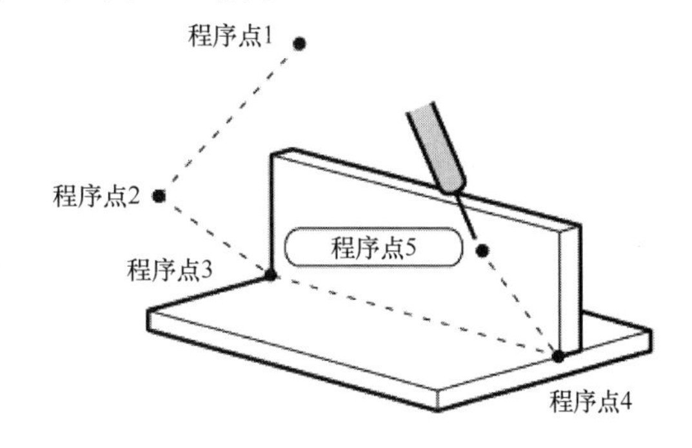

图 7-37　示教编程程序点 5 位置

① 单击【速度】按钮，调整焊接机器人运动速度，在状态显示区域会显示当前示教速度。

② 使用【轴动作操作】键把焊接机器人移至不碰触焊件的位置。

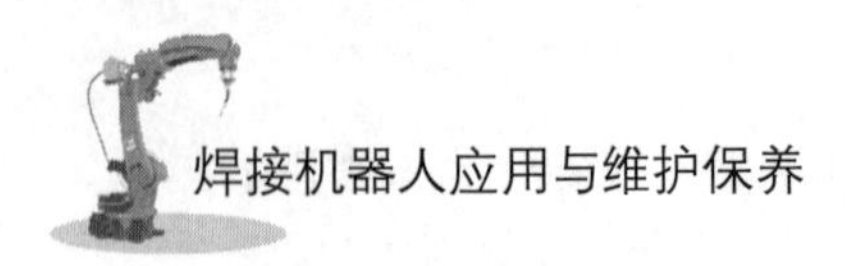

③ 把光标放到行号 4 处，单击【插补方式】按钮，将插补方式设定为【关节插补 MOVJ】；然后单击【插入】按钮，【插入】按钮左上角灯亮，再单击【确认】按钮，此时【插入】按钮左上角灯灭，说明运动指令已经插入到程序中。

```
0    START   //开始
1    MOVJ    P=0    V=25    CR=0    //程序点 1
2    MOVJ    P=0    V=20    CR=0    //程序点 2
3    MOVJ    P=0    V=20    CR=0    //程序点 3
4    MOVL    P=0    V=5     CR=0    //程序点 4
5    MOVJ    P=0    V=20    CR=0    //程序点 5
6    END     //结束
```

（6）程序点 6。

程序点 6 处于开始位置附近，程序点 6 位置如图 7-38 所示。

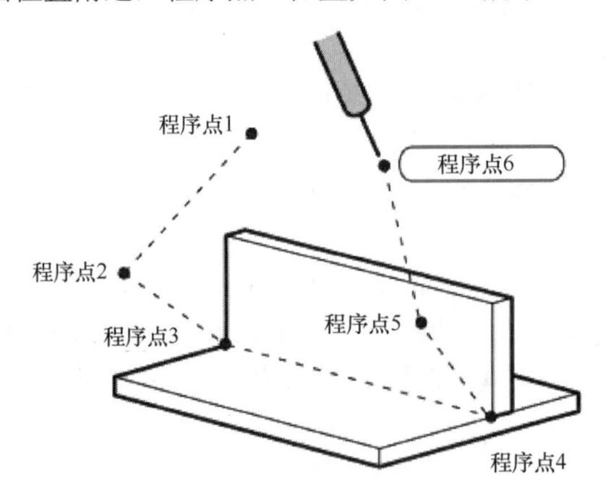

图 7-38　示教编程程序点 6 位置

① 使用【轴动作操作】键将机器人移至不碰触焊件的位置。

② 光标放到行号 5 处，单击【插补方式】按钮，将插补方式设定为【关节插补 MOVJ】；再单击【插入】按钮，此时【插入】按钮左上角灯亮，最后单击【确认】按钮，此时【插入】按钮左上角灯灭，说明运动指令已经插入到程序中。

```
0    START   //开始
1    MOVJ    P=0    V=25    CR=0    //程序点 1
2    MOVJ    P=0    V=20    CR=0    //程序点 2
3    MOVJ    P=0    V=20    CR=0    //程序点 3
4    MOVL    P=0    V=5     CR=0    //程序点 4
5    MOVJ    P=0    V=20    CR=0    //程序点 5
6    MOVJ    P=0    V=20    CR=0    //程序点 6
7    END     //结束
```

（7）将最初的程序点 1 和最终的程序点 6 重合。

当前焊接机器人停在程序点 1 附近的程序点 6 处。如果焊接机器人能从作业结束位置的程序点 5 直接移到程序点 1 的位置，就可以立刻开始下一个焊件的作业，从而提高工作效率。示教编程程序点位置示意图如图 7-39 所示。

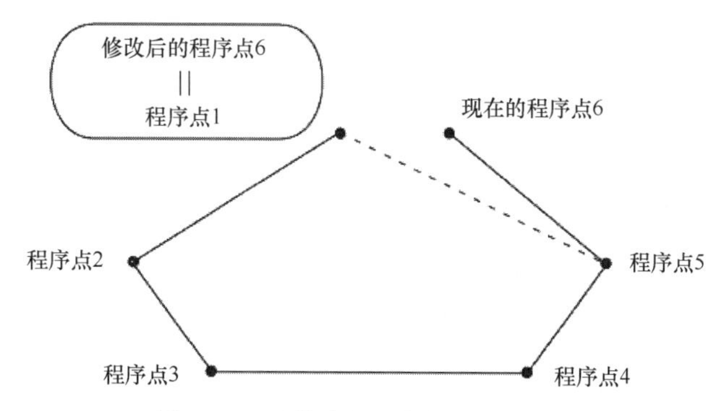

图 7-39　示教编程程序点位置示意图

① 把光标移至程序点 1（程序行号为 1 处）。

```
0   START   //开始
1   MOVJ    P=0   V=25   CR=0   //程序点 1
2   MOVJ    P=0   V=20   CR=0   //程序点 2
3   MOVJ    P=0   V=20   CR=0   //程序点 3
4   MOVL    P=0   V=5    CR=0   //程序点 4
5   MOVJ    P=0   V=20   CR=0   //程序点 5
6   MOVJ    P=0   V=20   CR=0   //程序点 6
7   END     //结束
```

② 握住【使能开关】，伺服电机上电，长按【前进】键，将焊接机器人移至程序点 1。

③ 把光标移至程序点 6（程序行号为 6 处），单击【修改】按钮，再单击【确认】按钮，此时程序点 6 和程序点 1 的位置就重合了。

```
0   START   //开始
1   MOVJ    P=0   V=25   CR=0   //程序点 1
2   MOVJ    P=0   V=20   CR=0   //程序点 2
3   MOVJ    P=0   V=20   CR=0   //程序点 3
4   MOVL    P=0   V=5    CR=0   //程序点 4
5   MOVJ    P=0   V=20   CR=0   //程序点 5
6   MOVJ    P=0   V=20   CR=0   //程序点 6
7   END     //结束
```

项目测评

各小组在任务实施指引完成后，根据学习任务要求，检查各项知识。教师根据各小组的实际掌握情况在表 7-9 中进行评价。

表 7-9　焊接机器人运动指令编写

序　号	主要内容	考核要求	评分标准	配　分	得　分
1	程序管理操作	正确进行程序的新建、修改、删除等管理	程序的新建、修改、删除等管理	40	
2	简单示教编程	正确完成示教编程	能够使用常用指令进行示教编程	60	
合计				100	

课 后 练 习

一、填空题

常见的焊接机器人编程方法有__________和__________两种。

二、简答题

自拟编写一个简单程序示例，要求分别包含关节插补指令、圆弧指令和直线指令。

7.3 焊接机器人焊接工艺指令编写

任务导入

焊接机器人通常可以广泛地应用在汽车行业、通用机械、造船行业、航空航天及轨道交通等领域。一般情况下，焊接机器人能够适应多品种中小批量生产，而且对环境的变化也有一定范围的适应性调整。焊接工艺指令是在焊接机器人的示教指令上增加一些焊接参数。本任务以弧焊为例，说明焊接机器人的焊接工艺指令编写。图 7-40 所示是焊接机器人弧焊仿真示意图。

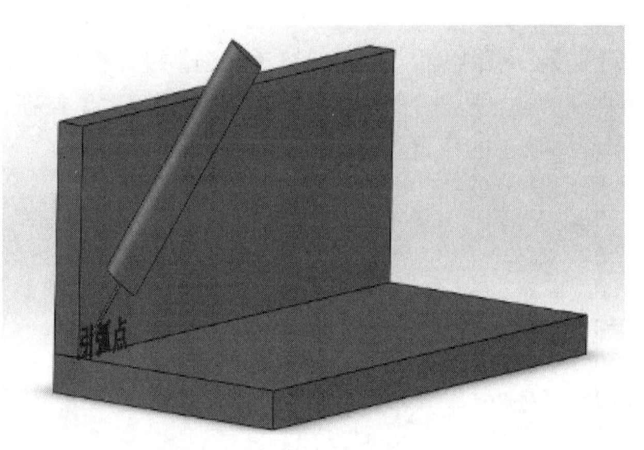

图 7-40 焊接机器人弧焊仿真示意图

任务目标

（1）了解弧焊工艺参数设置。

（2）了解弧焊焊接工艺程序。

任务实施指引

在教师的安排下，各学习小组进行焊接机器人焊接工艺指令编写作业。首先根据教材了解焊接机器人焊接工艺指令的相关内容，用示教器编辑弧焊指令。通过演示教学、分组练习的方式帮助学生完成学习任务。各小组学生按照下面的操作步骤完成本任务的学习。

7.3.1　弧焊工艺参数设置

通过学习教材中的关联知识，各小组讨论并查阅资料，将弧焊工艺参数设置填写到表 7-10 中。

表 7-10　弧焊工艺参数设置

序　　号	弧焊工艺参数设置	参数设置说明
1	焊机特性设置	
2	引弧设置	
3	熄弧设置	
4	其他设置	
5	摆焊设置	

关联知识

1. 弧焊工艺指令

在进行焊接程序编写时，会用到一些焊接工艺指令。下面我们以弧焊焊接工艺为例，说明焊接指令的功能和使用方法。在示教器编程时，单击【命令】按钮，通过示教器的【上/下】键或在示教器编程页面中单击【作业】按钮，就可以找到弧焊工艺指令，该指令参数及功能说明如表 7-11 所示。

表 7-11　弧焊工艺指令参数及功能说明

指令及功能说明	使 用 举 例	参 数 说 明
ARCON：焊接电源引弧，开始焊接	ARCON ASF = 1/AC = 100 表示：焊接机器人开始焊接时，调用的焊接工艺文件序号为 1/调用的焊接电流为 100A	ARCON ASF=*1/AC= *1 其中：ASF/AC 为引弧预设条件文件序号/电流；*1 为序号值/变量值
ARCSET：修改焊接电流、焊接电压	ARCSET AC=150 AVP=20 表示：焊接过程中焊接电流转换为 150A，焊接电压设置为 20V	ARCSE AC=*1 AVP=*2 其中：AC 为电流；AVP 为电压；*1、*2 为相应变量值
ARCOF：焊接电源收弧，结束焊接	ARCOF AEF=1/AC=100 AT=1 表示：焊接收弧时，焊接收弧工艺文件序号为 1/收弧电流为 100A；收弧时间为 1s	ARCOF AEF=*1/AC=*1 AT=*2 其中：AEF/AC 为收弧预设条件文件序号/电流；AT 为时间；*1 为序号值/变量值；*2 为时间值
WAVON：焊枪摆动开始	WAVON ASF=1 表示：焊枪焊接时，调用的摆动工艺文件序号为 1	WAVON ASF=*1 其中：ASF 为引弧预设条件文件序号；*1 为序号值
WAVOF：焊枪摆动结束	WAVOF 焊接摆动结束，与 WAVON 配合使用	WAVOF 焊接摆动结束，与 WAVON 配合使用
SENDWIRE：送丝	SDWIR T=500 表示：焊接时送丝时间为 500 ms	SDWIR T=*1 其中：T 为时间；*1 为时间量（单位为 ms）

编写焊接程序时，要在示教程序的基础上加入相应的焊接指令。同时注意焊机特性设置、引弧设置、熄弧设置、其他设置、摆焊设置。

可以通过触摸屏单击【工艺】按钮→【弧焊】按钮或在示教器上按【菜单】键→【上/下】键使光标置于【工艺】按钮→【右移】键→【上/下】键使光标置于【弧焊】按钮→【选择】键，然后进行相应的设置。

焊机特性设置：设置弧焊工作参数，包括焊丝材料、焊丝直径、保护气体、操作方式、输出控制、最大焊接电压、最大焊接电流等。

引弧设置：设置引弧相关参数，包括初期电流、初期时间、初期弧长调节、焊接速度等。

熄弧设置：设置收弧参数，包括收弧电流、收弧时间、滞后送气时间、回烧电压调节和回烧时间调节等。

其他设置：设置再启动功能参数，包括返回速度、返回长度、重焊电流、重焊电压、退丝时间、报警处理、再启动次数。

摆焊设置：设置摆焊相关参数，包括摆弧类型、摆动形态、行进角、摆动频率和停止时间等。

2. 焊机特性设置

在进行焊机特性设置时，可按照以下操作方法进行。在触摸屏中单击【工艺】按钮→【弧焊】按钮→【预设条件】按钮，或者在示教器中按【菜单】键→【上/下】键使光标置于【工艺】按钮→【右移】键→【上/下】键使光标置于【弧焊】按钮→【焊机特性设置】按钮→【选择】键。焊机特性设置界面如图 7-41 所示。

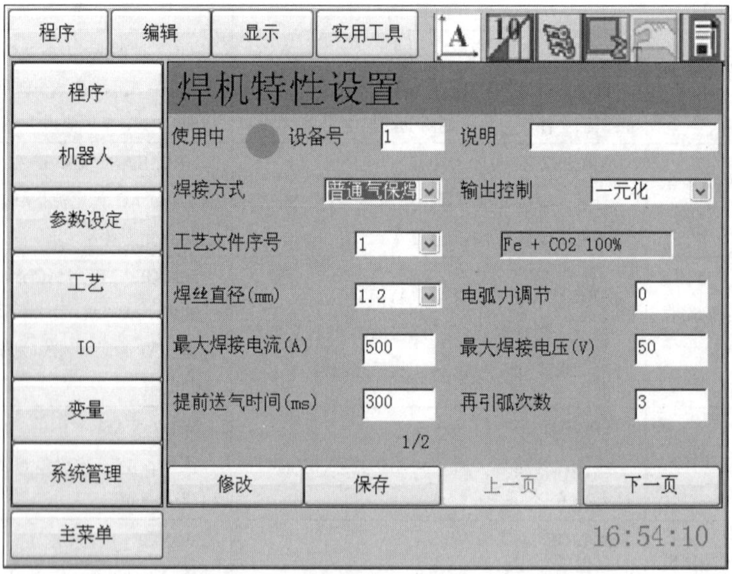

(a)

图 7-41　焊机特性设置界面

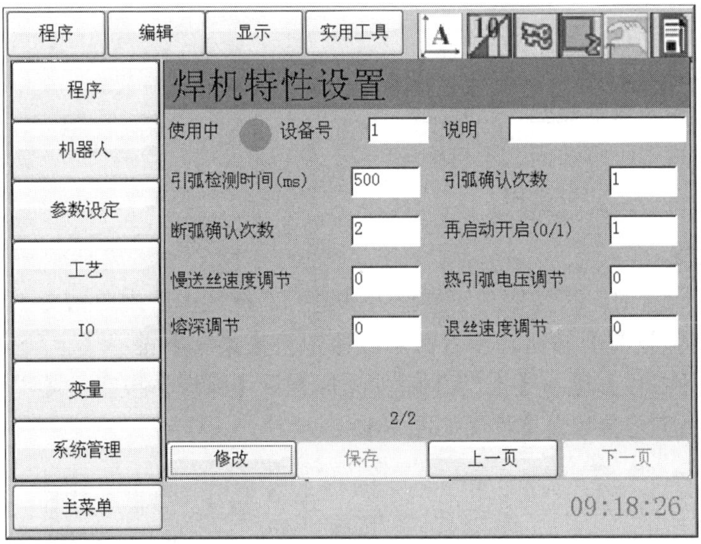

(b)

图 7-41　焊机特性设置界面（续）

接下来对各个参数进行简要说明。

焊接方式：所用焊接电源类型，包括普通气保焊、脉冲气保焊、直流氩弧焊、脉冲氩弧焊等。

工艺文件序号：配置的焊接程序文件序号，范围为[1,20]。

电弧力调节：作用在电弧上的作用力，范围为[−9,9]。

最大焊接电流：对应焊接电源的最大电流。

最大焊接电压：对应焊接电源的最大电压。

提前送气时间：焊接电源的提前送气时间。

再引弧次数：焊接电源的再引弧次数。

引弧检测时间：焊接电源的引弧检测时间。

引弧确认次数：焊接电源的引弧确认次数。

断弧确认次数：焊接电源的断弧确认次数。

再启动开启：焊接电源再启动功能开启。

慢送丝速度调节：焊接电源慢送丝。

热引弧电压调节：焊接电源引弧电压。

熔深调节：焊接电源熔深。

退丝速度调节：焊接电源退丝速度。

焊接参数选择：通常通过查阅焊接电源手册，对各个参数进行选取和修改。

焊丝材质：①无；②碳钢；③药芯碳钢；④不锈钢；⑤药芯不锈钢。

焊丝直径：①无；②0.8 mm；③1.0 mm；④1.2 mm；⑤1.4 mm；⑥1.6 mm。

保护气体：①无；②CO_2；③MAG；　④MIG。

操作方式：①无；②二步；③四步；　④初期四步；⑤点焊。

输出控制：①无；②一元化；③分别。

注意：①【保存】按钮默认为无效。

②输入方式为示教器键盘、软键盘。

操作、编辑权限：可访问、不可编辑。

管理权限：可访问、可编辑。

3. 引弧设置

在进行引弧设置时，可按照以下操作方法进行。在触摸屏中单击【工艺】按钮→【弧焊】按钮→【引弧设置】按钮，或者在示教器中按【菜单】键→【上/下】键使光标置于【工艺】按钮→【右移】键→【上/下】键使光标置于【弧焊】按钮→【引弧设置】按钮→【选择】键。引弧工艺参数设置界面如图 7-42 所示。

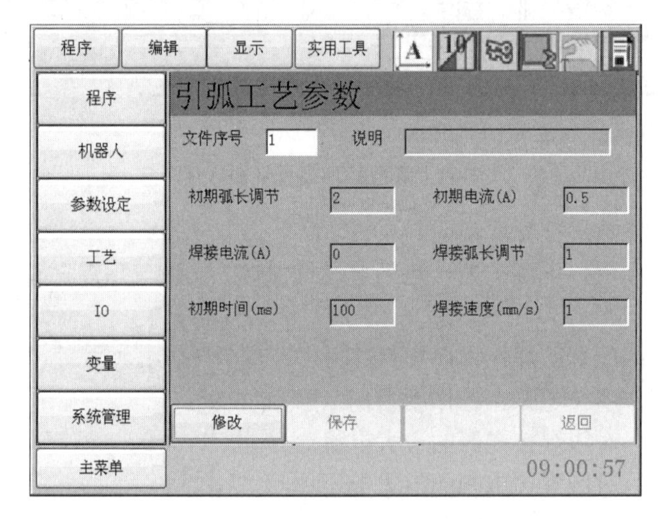

图 7-42　引弧工艺参数设置界面

下面介绍引弧工艺参数。

文件序号：当前焊接电源使用的引弧工艺参数索引号，范围为[1,20]。

初期弧长调节：焊接电源的初期弧长。

初期电流：焊接引弧电流大小，结合焊接工艺和焊接电源进行设置，不能超出焊接电源的最大值。

焊接电流：焊接过程中电流，结合焊接工艺和焊接电源进行设置，不能超出焊接电源的最大值。

焊接弧长调节：焊接电源的焊接弧长。

初期时间；焊接电源的初期时间。

焊接速度：焊接过程的运行速度。

注意：①【保存】按钮默认为无效。

②输入方式为示教器键盘、软键盘。

操作、编辑权限：可访问、不可编辑。

管理权限：可访问、可编辑。

4. 熄弧设置

在进行熄弧（即收弧）设置时，可按照以下操作方法进行。在触摸屏中单击【工艺】按钮→【弧焊】按钮→【熄弧设置】按钮，或者在示教器中按【菜单】键→【上/下】键使光标置于【工艺】按钮→【右移】键→【上/下】键使光标置于【弧焊】按钮→【熄弧设置】按钮→【选择】键。熄弧工艺参数设置界面如图 7-43 所示。

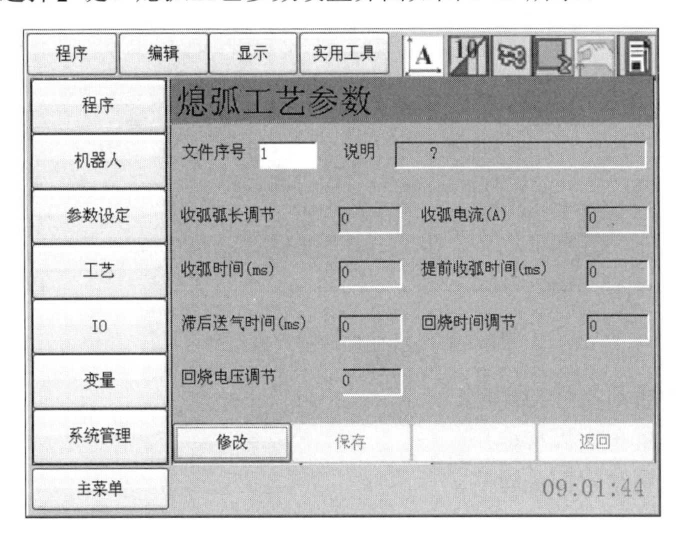

图 7-43　熄弧工艺参数设置界面

下面介绍熄弧工艺参数。

文件序号：当前焊接电源使用的熄弧工艺参数索引号，范围为[1,20]。

收弧弧长调节：焊接电源的收弧弧长。

收弧电流：收弧时焊接电源输出电流，结合焊接工艺和焊接电源进行设置，不能超出焊接电源的最大值。

收弧时间：焊接过程的收弧时间。

提前收弧时间：收弧时的提前收弧时间。

滞后送气时间：收弧后的送气时间。

回烧电压调节：为防止出现粘丝现象，焊接结束前焊接电源输出电压，范围为[−20,20]。

回烧时间调节：焊接输出防粘丝电压的持续时间，范围为[−20,20]。

5. 其他设置

在进行其他设置时，可按照以下操作方法进行。在触摸屏中单击【工艺】按钮→【弧焊】按钮→【其他参数设置】按钮，或者在示教器中按【菜单】键→【上/下】键使光标置于【工艺】按钮→【右移】键→【上/下】键使光标置于【弧焊】按钮→【其他参数设置】按钮→【选择】键。其他焊接参数设置界面如图 7-44 所示。

下面介绍其他焊接参数。

返回速度：设置从当前位置返回到断弧处的速度。

返回长度：设置从当前位置返回到断弧处的距离。

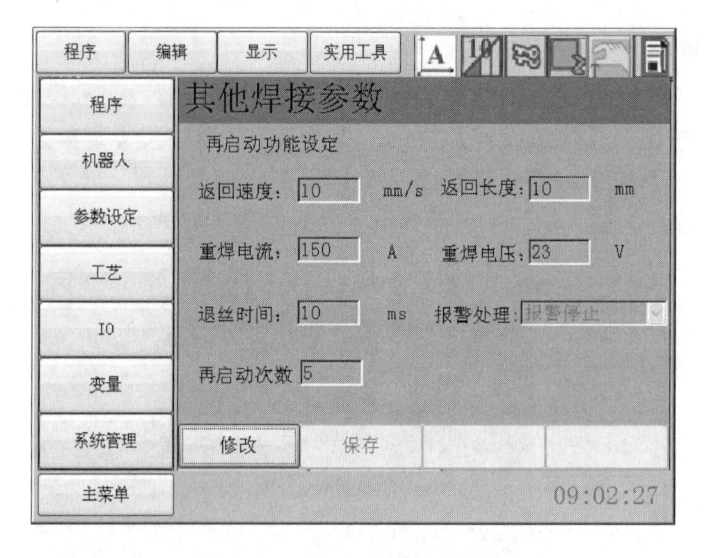

图 7-44　其他焊接参数设置界面

重焊电流：设置再次焊接电流。

重焊电压：设置再次焊接电压。

退丝时间：设置焊丝回抽时间。

报警处理：默认。

再启动次数：设置再启动次数。

6. 摆焊设置

在进行摆焊设置时，可按照以下操作方法进行。在触摸屏中单击【工艺】按钮→【弧焊】按钮→【摆焊设置】按钮，或者在示教器中按【菜单】键→【上/下】键使光标置于【工艺】按钮→【右移】键→【上/下】键使光标置于【弧焊】按钮→【摆焊设置】按钮→【选择】键。摆焊参数设置界面如图 7-45 所示。

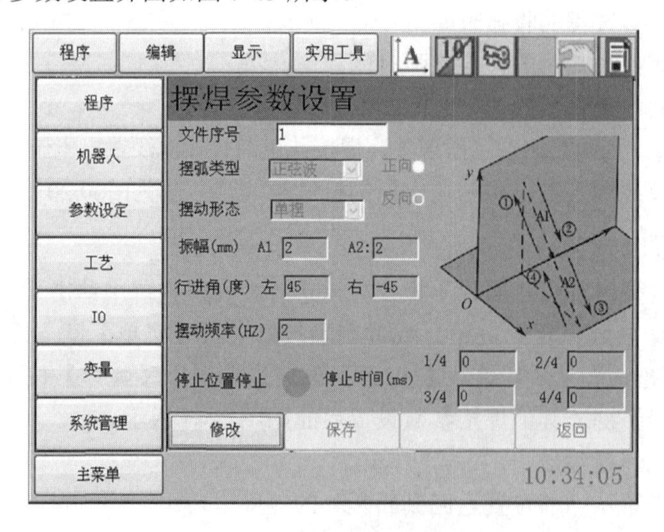

图 7-45　摆焊参数设置界面

下面介绍摆焊参数。

文件序号：当前摆焊参数设置文件的索引号，范围为[1,30]。

振幅：焊枪摆动的最大幅度，范围为[0.1,30]。当摆弧类型选择为正弦波或三角波时，需要设置左/右振幅，即摆焊时从焊缝中心往左/右偏的最大距离。振幅示意图如图 7-46 所示。单位是毫米（mm），默认是 1 mm，范围是 0.1～25 mm。

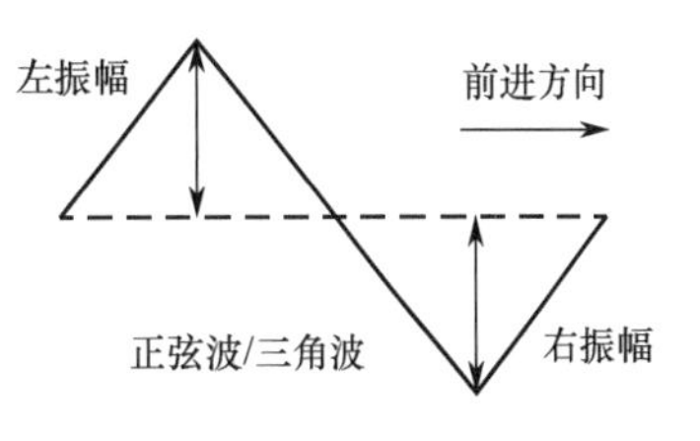

图 7-46　振幅示意图

注：左/右振幅的值差别越大，对焊接机器人本体和电机承受的冲击也越大。

行进角：摆动方向与前进方向的垂线之间的夹角。正向、反向选择可改变夹角正负，范围为[−80,80]。

摆动频率：焊枪的摆动频率，范围为[0.1,5]。

注意：频率设置得越大，摆动越快，焊接机器人本体和电机承受的冲击也越大。

停止时间：停止时间是指在每个周期的 1/4、2/4、3/4 处摆弧停止的时间，单位是秒（s）。默认停止时间是 1/4 周期处为 0.1 s，2/4 周期处为 0 s，3/4 周期处为 0.1 s，范围都是 0～32 s。停止时间示意图如图 7-47 所示。

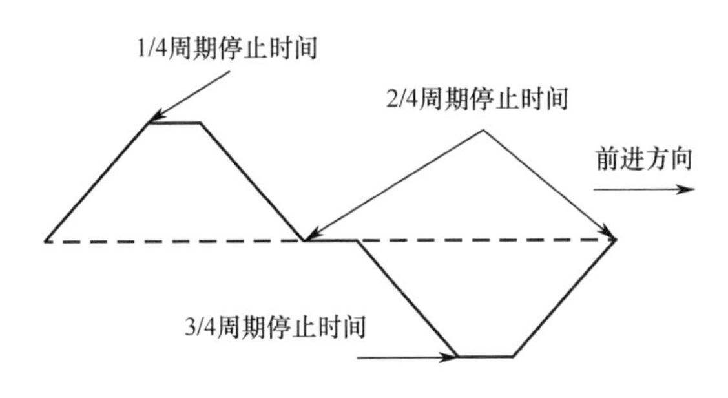

图 7-47　停止时间示意图

摆弧类型：正弦波、三角波、圆形波（暂未开放）。

摆动形态：单摆、L 形摆、三角摆。

停止位置停止：每个摆弧周期的左右顶点与中间可以设置停留时间。选中表示前进与摆动都停止，不选则表示只停止摆动，不停止前进。停止位置停止示意图如图 7-48 所示。

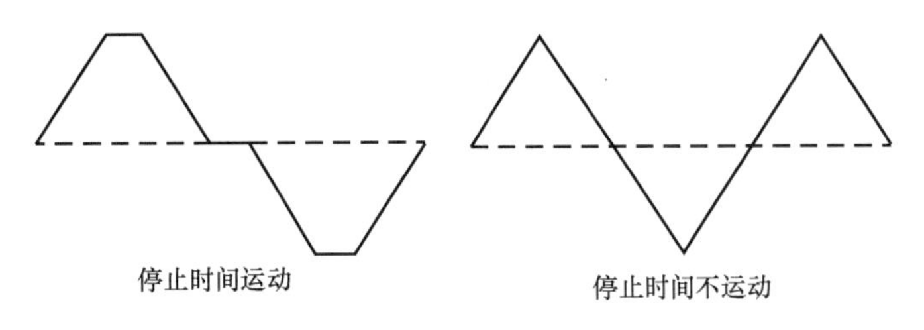

图 7-48　停止位置停止示意图

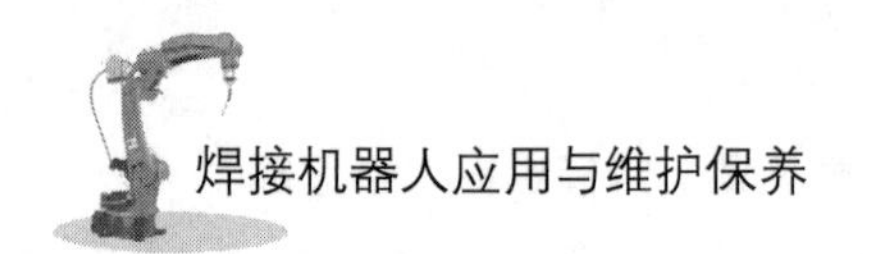

7.3.2 弧焊焊接工艺程序

通过学习教材中的关联知识，用示教的方法编写一个简单的弧焊焊接工艺程序，然后将本组编写的程序记录下来。

关联知识

弧焊焊接工艺指令如下。

```
0   START
1   SPEED SP=20.0                 //设置速度至最高速的20%，对所有运动指令有效
2   MOVJ P=0 V=20 CR=0            //焊接机器人零点位置，程序点1
3   MOVJ P=0 V=20 CR=0            //移到焊接开始位置附近并调整焊接姿态，程序点2
4   MOVJ P=0 V=5 CR=0             //移到焊接开始位置，程序点3
5   ARCON AC=180 AVP=1 V=0        //设置焊接电流、电压，焊接引弧
6   WAVON ASF=1                   //调用摆焊参数设置文件1，焊缝采用摆动焊接
7   MOVL P=0 V=5 CR=0             //移到焊缝终点位置，程序点4
8   WAVOF                         //焊接结束，关闭摆动焊接功能
9   ARCSET AC=140                 //转换焊接电流
10  TIMER 1000                    //焊接等待1000 ms
11  ARCOF AC=140 AT=1             //收弧，程序点4
12  MOVJ P=0 V=10 CR=0            //焊枪离开焊接位置
13  MOVJ P=0 V=20 CR=0            //移到待机位置
14  END
```

焊接程序实例示意图如图7-49所示。

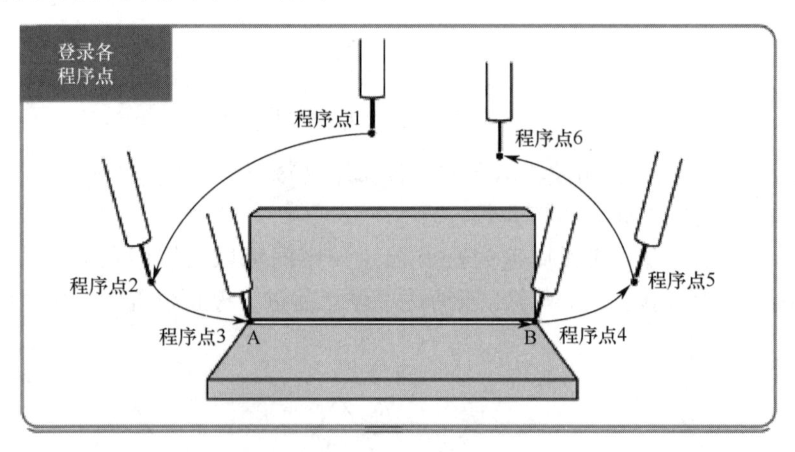

图7-49 焊接程序实例示意图

项目测评

各小组在任务实施指引完成后，根据学习任务要求，检查各项知识。教师根据各小组的实际掌握情况在表7-12中进行评价。

表 7-12　焊接机器人焊接工艺指令编写

序　号	主 要 内 容	考 核 要 求	评 分 标 准	配分	得分
1	编写焊接工艺程序	正确完成焊接工艺程序的编写	能够正确使用焊接工艺编程中的各项指令	60	
2	焊接工艺的主要参数	口述出焊接工艺的主要参数	能够准确说出影响焊接工艺的主要参数	40	
合计				100	

课 后 练 习

简答题

描述焊接机器人引弧和收弧工艺中需要关注的各项参数。

7.4　焊接机器人程序测试

任务导入

为了使焊接机器人能够进行再现，就必须把焊接机器人运动命令编成程序。控制焊接机器人运动的命令就是运动指令，在运动指令中，记录有需要移动到的位置、插补方式、再现速度等。在完成了焊接机器人动作程序输入后，运行这个程序，以便检查各程序点是否有不妥之处。本任务将完成一个程序的轨迹确认。如果出现不妥的地方，则及时修改程序。图 7-50 所示是焊接机器人焊接示例。

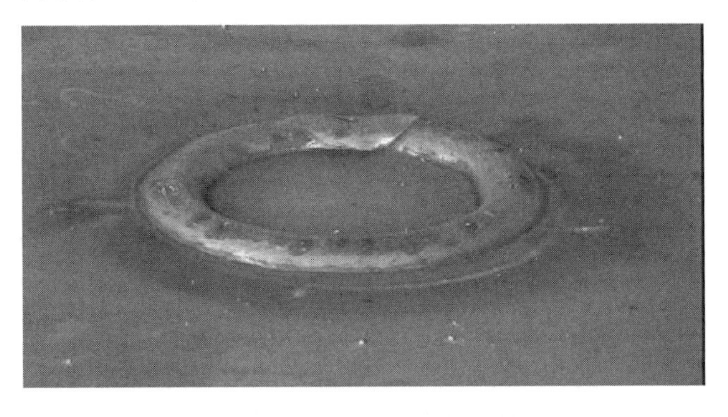

图 7-50　焊接机器人焊接示例

任务目标

（1）能够示教程序，并进行轨迹确认；

（2）能够对程序进行修改。

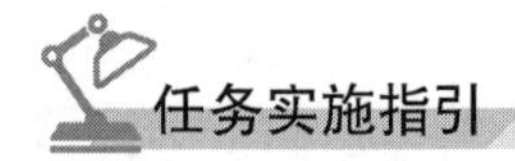

任务实施指引

在教师的安排下，各学习小组进行焊接机器人程序测试作业。首先根据教材了解焊接机器人程序测试的相关内容，用示教器手动操作进行一个程序轨迹确认。然后，修改程序内容，完成程序点的位置和速度改变。通过演示教学法、分组练习的方式帮助学生完成学习任务。各小组学生按照下面的操作步骤完成本任务的学习。

7.4.1　轨迹确认的方法

通过学习教材中的关联知识，用示教的方法编写一个简单的程序，运行这个程序进行轨迹确认。各小组进行相关讨论，将程序运行的步骤填写到表 7-13 中，然后将本组编写的程序记录下来。

表 7-13　程序运行的步骤

序　号	操 作 内 容
1	
2	
3	
4	

关联知识

1. 解析移动指令各参数

因为焊接机器人所使用的语言主要是运动指令，都以“MOV”开头，所以也把运动指令叫作“MOV”指令。

例如：

```
1   MOVJ   P=0   V=100   CR=0
2   MOVL   P=1   V=10    CR =0
3   MOVJ   P=2   V=10    CR =0
4   MOVC   P=3   V=10    CR =0
5   MOVC   P=4   V=10    CR =0
```

命令行中的 MOVJ、MOVL、MOV 是移动到位置点的插补方式； P=0 是指运动过程中直接插入的临时点，P=1 是指通过位置型变量保存的点，通常位置型变量可以保存 1～999 个点；V 是指最大速度的百分比；CR 是指运动轨迹提前过渡规划的倒圆半径，单位是 mm。

2. 示教程序

机器人程序是为使焊接机器人完成某种任务而设置的动作顺序描述。建立一个新程序的程序名。单击【主菜单】按钮→【程序】按钮→【新建】按钮。在弹出的【新建】对话框中输入程序名、注释等信息，然后单击【确定】按钮。新建的程序自动生成开始和结束两行。

现在我们为焊接机器人输入从焊件 A 点到 B 点的加工程序，此程序由 1～6 个程序点组成，其轨迹如图 7-51 所示。

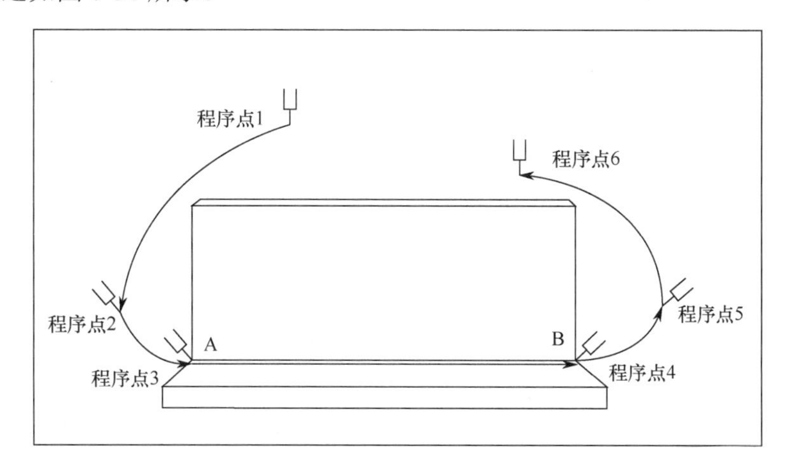

图 7-51　焊接机器人轨迹

程序示例如下。

```
0    START    //开始
1    MOVJ    P=0    V=25    CR=0    //程序点 1
2    MOVJ    P=0    V=20    CR=0    //程序点 2
3    MOVJ    P=0    V=20    CR=0    //程序点 3
4    MOVL    P=0    V=5     CR=0    //程序点 4
5    MOVJ    P=0    V=20    CR=0    //程序点 5
6    MOVJ    P=0    V=20    CR=0    //程序点 6
7    END      //结束
```

3. 运行程序进行轨迹确认

轨迹示教结束后，必须进行轨迹确认，并且在轨迹确认的过程中清除焊接机器人周围的任何障碍物。随时保持警觉状态，确保出现故障时，能够及时按【急停】按钮。

（1）把光标移动到程序点 1（命令行 1）或手指触摸相应命令行。

```
0    START    //开始
1    MOVJ    P=0    V=25    CR=0    //程序点 1
2    MOVJ    P=0    V=20    CR=0    //程序点 2
3    MOVJ    P=0    V=20    CR=0    //程序点 3
4    MOVL    P=0    V=5     CR=0    //程序点 4
5    MOVJ    P=0    V=20    CR=0    //程序点 5
6    MOVJ    P=0    V=20    CR=0    //程序点 6
7    END      //结束
```

（2）按【前进】键，通过焊接机器人的动作确认各程序点的位置。一直按住示教器上的【前进】键，焊接机器人会执行选中行指令（本程序点未执行完成前，松开该键则停止运动，按下该键继续运动），通过焊接机器人的动作确认各程序点是否正确。执行完一行后先松开【前进】键然后再按下，焊接机器人开始执行下一个程序点。每按一次【前进】键，焊接机器人移动一个程序点位置，命令行光标自动跳到下一行指令。

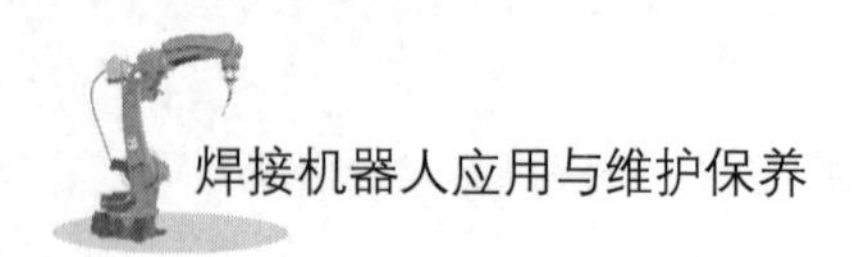

（3）程序点确认完成后，用方向键把光标移到程序起始处，或者手指触摸相应命令行。

（4）最后我们试一试所有程序点的连续动作。按住组合键【转换】+【前进】，焊接机器人连续回放所有程序点，一个循环后停止运行。

焊接机器人的运动和我们想象的运动一致吗？如果实际运行轨迹和预期的一致，就说明程序正确，否则需要进行相应的更正。

7.4.2 如何修改程序

通过学习教材中的关联知识，对某个程序进行修改，运行修改后的新程序并与修改前的程序进行轨迹对比。各小组进行相关讨论，将修改程序步骤填写到表 7-14 中。

表 7-14 修改程序步骤

序 号	操作内容
1	
2	
3	
4	

然后将本组修改前后的程序记录下来，填入表 7-15 中。

表 7-15 程序对照表

修改前的程序	修改后的程序

经过修改的程序，要务必重新进行轨迹确认。

1. 修改前

确认了在各程序点焊接机器人的动作后，当有必要进行位置修改、程序点插入或删除时，应按以下步骤对程序进行编辑。

在主菜单中单击【程序】按钮，在子菜单中单击【程序管理】按钮，选择需要修改的程序名，单击【打开】按钮，进入程序内容界面。下面以图 7-52 中的示教程序为例，详细阐述如何改变程序点的位置和速度。

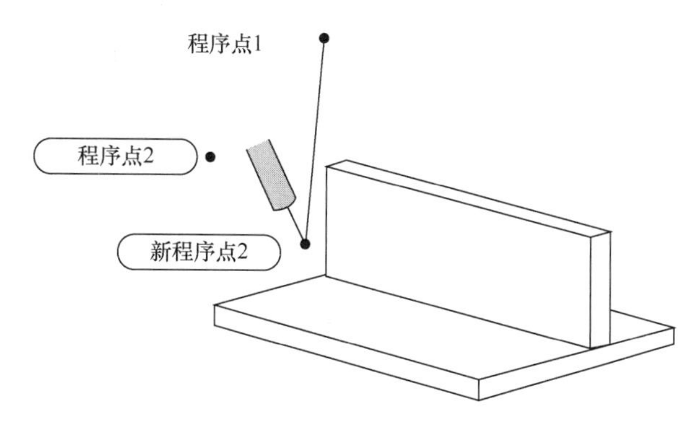

图 7-52　焊接机器人示教程序点更改位置示意图

2. 修改程序点的位置数据

下面我们把程序点 2 的位置稍做修改。

（1）按【前进】键，将光标移至待修改的程序点 2 处，每按一次【前进】键，焊接机器人就向前移动一个程序点。

（2）使用【轴动作操作】键将焊接机器人移至程序点 2 修改后的位置。

（3）此时，光标处于程序命令的第 2 行，焊接机器人的位置已经移动到新程序点 2，按【修改】键。此时【修改】键左上角绿色指示灯亮起。

（4）按【确认】键，此时【修改】键左上角绿色指示灯灭。这说明程序点的位置数据已被修改。

```
0    START   //开始
1    MOVJ    P=0    V=25    CR=0    //程序点 1
2    MOVJ    P=0    V=20    CR=0    //程序点 2
3    MOVJ    P=0    V=20    CR=0    //程序点 3
4    MOVL    P=0    V=5     CR=0    //程序点 4
5    MOVJ    P=0    V=20    CR=0    //程序点 5
6    MOVJ    P=0    V=20    CR=0    //程序点 6
7    END     //结束
```

3. 插入程序点

焊接机器人示教程序插入程序点示意图如图 7-53 所示，试着在程序点 5、程序点 6 之间插入新的程序点。

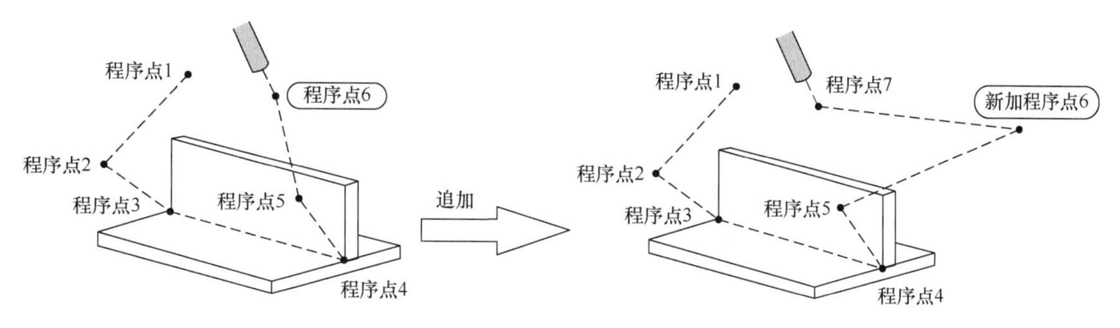

图 7-53　焊接机器人示教程序插入程序点示意图

（1）按【前进】键，逐步将焊接机器人移动到程序点 5。每按一次【前进】键，焊接机器人就向前移动一个程序点位置，并且命令行光标自动跳到下一行指令。

```
0    START    //开始
1    MOVJ    P=0    V=25    CR=0    //程序点 1
2    MOVJ    P=0    V=20    CR=0    //程序点 2
3    MOVJ    P=0    V=20    CR=0    //程序点 3
4    MOVL    P=0    V=5     CR=0    //程序点 4
5    MOVJ    P=0    V=20    CR=0    //程序点 5
6    MOVJ    P=0    V=20    CR=0    //程序点 6
7    END      //结束
```

（2）当光标移动到第 5 行时，按住【前进】键，使焊接机器人到达程序点 5 的位置。焊接机器人到达程序点 5 后，光标自动跳到第 6 行，此时将光标上移到程序第 5 行。

（3）光标在第 5 行时，按【插补方式】键，选定插补方式，按【插入】键，【插入】键左上角指示灯亮，再按【确认】键，此时【插入】键左上角指示灯灭，说明运动指令已经插入到程序中。

（4）完成程序点的插入后，所插入的程序点之后的各程序点命令行自动加 1。

```
0    START    //开始
1    MOVJ    P=0    V=25    CR=0    //程序点 1
2    MOVJ    P=0    V=20    CR=0    //程序点 2
3    MOVJ    P=0    V=20    CR=0    //程序点 3
4    MOVL    P=0    V=5     CR=0    //程序点 4
5    MOVJ    P=0    V=20    CR=0    //程序点 5
6    MOVJ    P=0    V=20    CR=0    //程序点 6
7    MOVJ    P=0    V=20    CR=0    //程序点 7
8    END      //结束
```

4. 删除程序点

我们试着删除刚刚插入的程序点。焊接机器人示教程序删除程序点示意图如图 7-54 所示。

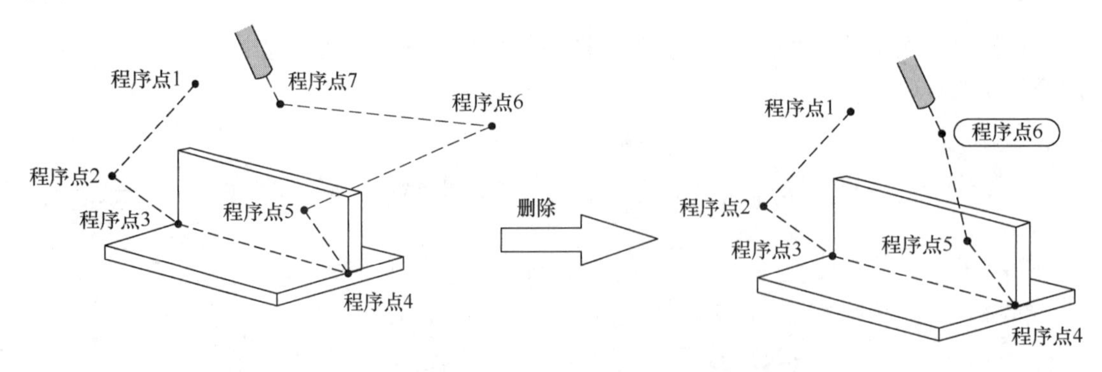

图 7-54　焊接机器人示教程序删除程序点示意图

（1）将光标移动到要删除的程序点所在的命令行 6，或者手指触摸命令行 6。

```
0    START   //开始
1    MOVJ    P=0    V=25    CR=0    //程序点 1
2    MOVJ    P=0    V=20    CR=0    //程序点 2
3    MOVJ    P=0    V=20    CR=0    //程序点 3
4    MOVL    P=0    V=5     CR=0    //程序点 4
5    MOVJ    P=0    V=20    CR=0    //程序点 5
6    MOVJ    P=0    V=20    CR=0    //程序点 6
7    MOVJ    P=0    V=20    CR=0    //程序点 7
8    END     //结束
```

（2）确认光标位于要删除的程序点处，按【删除】键，此时【删除】键左上角指示灯亮，再按【确认】键，此时【删除】键左上角指示灯灭，程序点已被删除。

```
•  0    START   //开始
•  1    MOVJ    P=0    V=25    CR=0    //程序点 1
•  2    MOVJ    P=0    V=20    CR=0    //程序点 2
•  3    MOVJ    P=0    V=20    CR=0    //程序点 3
•  4    MOVL    P=0    V=5     CR=0    //程序点 4
•  5    MOVJ    P=0    V=20    CR=0    //程序点 5
•  6    MOVJ    P=0    V=20    CR=0    //程序点 6
•  7    END     //结束
```

项目测评

各小组在任务实施指引完成后，根据学习任务要求，检查各项知识。教师根据各小组的实际掌握情况在表 7-16 中进行评价。

表 7-16　焊接机器人程序编写

序　　号	主 要 内 容	考 核 要 求	评 分 标 准	配分	得分
1	轨迹确认	正确进行程序验证	能够熟练完成示教程序的轨迹确认	50	
2	焊接程序测试	正确完成焊接程序测试	能够验证程序的准确性，并进行程序的修改	50	
合计				100	

课 后 练 习

简答题

编写一个焊接程序，要求包含焊接点和空走点。

____

____

第 8 章 焊接机器人程序运行和应用

项目描述

焊接机器人可以按照给定的程序完成相应的焊接工作任务。在自动运行的模式下，焊接机器人可以运行事先编写好的程序，但是任何程序都需要先加载到内存中才能运行。

图 8-1　变位机实物图

在焊接机器人工作过程中，往往需要调整焊件的位置，使焊缝处在较好的位置（姿态）下焊接。这时就需要变位机来改变焊件的位置。变位机是焊接机器人焊接生产线及焊接柔性加工单元的重要组成部分，其作用是将焊件旋转（平移）到最佳的焊接位置。在焊接作业前和焊接过程中，变位机通过夹具装卡和定位焊件。变位机实物图如图 8-1 所示。

本项目按照焊接机器人变位机的结构和选择、焊接机器人和变位机坐标系标定、焊接机器人手动模式和自动模式、焊接机器人焊接准备状态检查四个任务，让学生系统掌握焊接机器人程序运行和应用方面的知识技能。

8.1　焊接机器人变位机的结构和选择

任务导入

一般情况下，变位机既可以与焊接机器人分别运动，即变位机变位后焊接机器人再焊接；变位机也可以与焊接机器人同时运动，也就是说变位机一边变位，焊接机器人一边进行焊接工作。变位机与焊接机器人同时运动就是人们常说的变位机与焊接机器人协调运动。这时变位机的运动及焊接机器人的运动复合，使焊枪相对于焊件的运动既能满足焊缝轨迹，又能满足焊接速度及焊枪姿态的要求。图 8-2 所示为带变位机的焊接机器人。

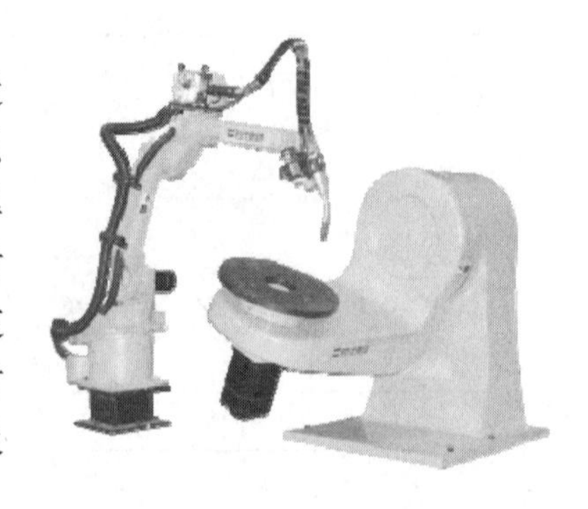

图 8-2　带变位机的焊接机器人

本任务通过认识变位机的工作过程，讨论选择变位机的原则来学习变位机的结构和选用。

任务目标

认识变位机的结构。

任务实施指引

在教师的安排下，各学习小组进行变位机的认识和选择操作。首先根据教材内容了解变位机的结构和作用，然后根据不同的应用场合选择合适的变位机。通过演示教学法、讨论教学法帮助学生完成学习任务。各小组学生按照下面的操作步骤完成本任务的学习。

首先，学生需要通过学习教材中的关联知识，说出常用变位机的结构特点，并填入表 8-1 中。

表 8-1　常用变位机的结构特点

序　号	变 位 机	说　明
1		
2		
3		

关联知识

在焊接工作过程中，我们经常会遇到焊接角度的选择问题，需要调整焊件或焊接电源的位置，实现理想的焊接位置。这时我们就需要变位机来满足这一要求。变位机可以通过工作台的回转或翻转，使焊件待焊的部位处置于合适位置，从而保证和焊接设备合理配合，实现焊接的自动化，获得更高的生产效率和焊接质量。因此，变位机就是移动焊件，使之待焊部位处于适合易焊接的位置，是焊接辅助设备。

1. 变位机的类型和特点

常用的变位机按结构形式可分为三类。

1）伸臂式变位机

伸臂式变位机的回转工作台安装在伸臂一端，伸臂一般相对于某倾斜轴成角度回转，而此倾斜轴的位置多是固定的，但有的也可在小于 100°的范围内上下倾斜。这种变位机能实现的变位范围大，作业适应性好，但整体稳定性差。其适用范围为 1 t 以下中小焊件的翻转变位。因此，它在手工焊中的应用较多。

L 形变位机是常见的伸臂式变位机，如图 8-3 所示，它可使焊件上平行回转主轴的焊缝变位到船形焊位置，其他焊缝变位到平焊位置，适用于复杂和特殊形状构件的焊接，并可配合自动化焊接。

2）座式变位机

座式变位机的工作过程一般是通过工作台的回转或倾斜，从而使得焊件翻转到理想的焊接位置进行焊接。工作台的旋转可以进行无级调速，一般通过扇形齿轮或液压系统实现工作台的倾斜，座式变位机如图 8-4 所示。座式变位机通常可以实现与操作机或焊接电源联控。因此，座式变位机可以广泛应用于各种盘类、轴类、筒体等回转体焊件的焊接，是目前应用最广泛的变位机结构形式之一。

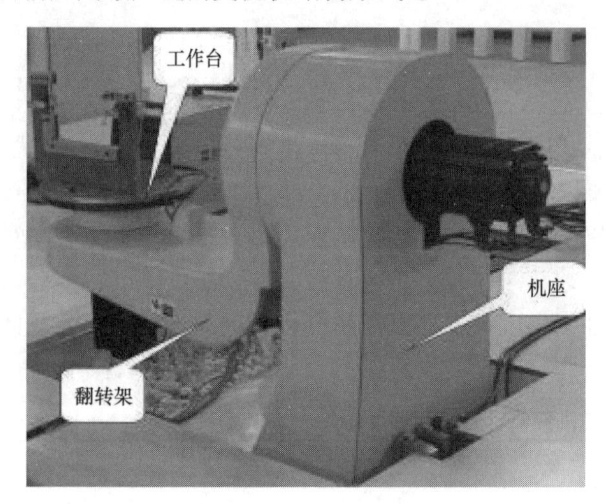

图 8-3　L 形变位机

图 8-4　座式变位机

座式变位机按照回转轴线的位置不同又可以分为立式单回转变位机和卧式单回转变位机。它们的结构特点见表 8-2。

表 8-2　座式变位机的结构特点

	立式单回转变位机	卧式单回转变位机
结构特点	（1）工作台面通常采用铸件精加工而成，因此台面不易受焊接飞溅的损伤。同时台面上均刻有能够准确定位的定位线，并设有若干 T 形槽或螺栓孔，从而实现快速装夹定位。 （2）工作台能够进行无级调速，按焊接速度回转，调速范围宽，运行稳定。 （3）机体采用座式结构，这样该变位机的整体稳定性好，而且不用固定在地基上，搬移方便	（1）机架可实现快速安装定位装夹，工作台回转可进行无级调速，运行平稳。 （2）机架夹持焊件能够在 0～360°范围内实现恒速翻转或按焊接速度转动，翻转力矩大，自锁功能强，定位可靠。 （3）机体采用座式结构，该变位机的整体稳定性好，一般固定在地基上

在立式单回转变位机中，焊件绕垂直轴或倾斜轴回转。它常与伸缩臂式焊接操作机配合使用。立式单回转变位机主要适用于各种轴类、盘类、筒体等回转体焊件的焊接，尤其是高度不高，具有环形焊缝焊件的焊接或筒体封头的切割工作。

卧式单回转变位机是将焊件绕水平轴翻转或倾斜，使之处于有利装焊位置的变位机。它适用于各种轴类、盘类、筒体、机架等焊件的焊接。一般情况下，短小焊件装焊时使用单座；焊件较长时使用双座（头尾架式）。

3）双座式变位机

双座式变位机能够将翻转和回转功能集于一体。双座式变位机的翻转和回转分别由两根轴驱动，装夹焊件的工作台除了能绕自身轴线回转外，还能绕另一根轴做倾斜或翻转。因此它可以将焊件上各种位置的焊缝很方便地调整到水平或“船形”理想位置进行焊接作业，广泛用于框架型、箱型、盘型等焊件的焊接。

双座式变位机如图 8-5 所示，工作台座在翻转架上，它能够实现以所需的焊接速度进行回转运动，翻转架装在两侧的机座上，通常以恒速或所需焊速绕水平轴线转动。双座式变位机不仅整体稳定性好，而且焊件倾斜运动的重心将通过或接近倾斜轴线，而使倾斜驱动力矩大大减少，因此，重型变位机多采用这种结构。其适用范围为 50 t 以上重型大尺寸焊件的翻转变位，多与大型门式焊接操作机或伸缩臂式焊接操作机配合使用。

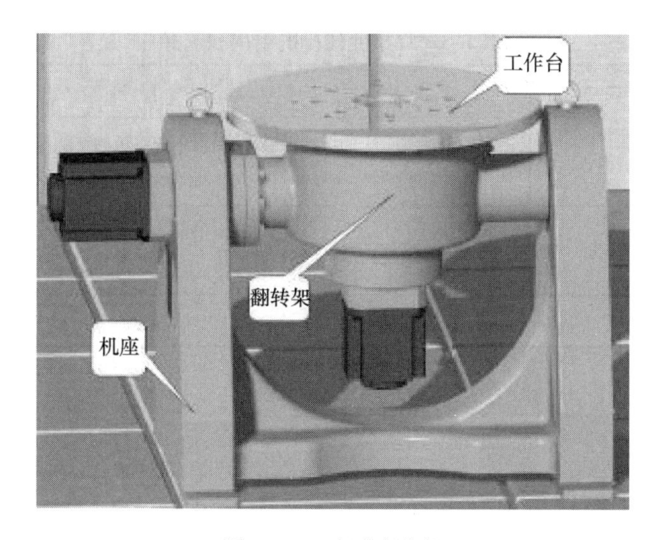

图 8-5　双座式变位机

2. 变位机应具备的性能

变位机要实现与焊接机器人同步协调工作，在焊接过程中需要不断依据程序设置的位置做调整，使焊接机器人焊接姿态达到最佳。因此，变位机应具备相应的性能，具体要求如下。

（1）变位机要有良好的结构刚度，对尺寸和形状各异的焊件要有一定的适用性。其整体结构要有良好的密闭性，以免被焊接飞溅物损伤，对散落在其上的焊渣，要容易被清除。

（2）工作台面上应刻有安装基线，以便于安装各种定位焊件和夹紧机构，并且设有安装槽孔，能方便地按其工作台面要求有较高的强度和抗冲击性能。

（3）变位机要有较宽的调速范围以适应不同的焊接运行速度，回程速度要快，但应避免产生冲击和振动。在传动链中，应具有一级反行程自锁传动，以免动力源突然被切断时，焊件因重力作用而发生事故。

（4）与焊接机器人和精密焊接作业配合使用的焊件变位机，视焊件大小和工艺方法的不同，其到位精度（点位控制）和运行轨迹精度（轮廓控制）应控制在 0.1～2 mm，最高精度应达 0.01 mm。

（5）变位机要有联动控制接口和相应的自保护功能集中控制和相互协调动作。

（6）用于电子束焊、等离子弧焊、激光焊和钎焊的焊件变位机，应满足导电、隔磁、绝缘等方面的特殊要求。

（7）有良好的接电、接水、接气设施，以及导热和通风性能。

项目测评

各小组在完成本项目的任务实施指引后，根据学习任务要求，检查各项知识。教师根据各小组的实际掌握情况在表 8-3 中进行评价。

表 8-3　焊接变位机的结构和选择

序　　号	主 要 内 容	考 核 要 求	评 分 标 准	配　　分	得　　分
1	变位机结构认识	正确说明变位机的结构特点及功能	准确描述变位机的结构特点及功能	70	
2	变位机的选择	正确进行变位机的选择	根据指定情形，合理选择变位机结构形式	30	
合计				100	

课 后 练 习

一、填空题

1．变位机与焊接机器人同时运动就是人们常说的变位机与焊接机器人__________。

2．常用的变位机按结构形式可分为_________、_________和_________三类。

3．双座式变位机，它能够将__________和__________功能集于一体。

二、简答题

简述座式变位机的特点。

8.2　焊接机器人和变位机坐标系标定

任务导入

变位机系统是除机器人系统插补轴之外的辅助轴所组成的附加插补系统，辅助轴系统在与机器人系统插补轴进行同步插补运动的同时，还能保证焊接机器人末端在辅助轴坐标系统下的精确轨迹。接下来，我们一起学习如何进行变位机坐标系标定。图 8-6 所示是焊接机器人外部轴设置界面。

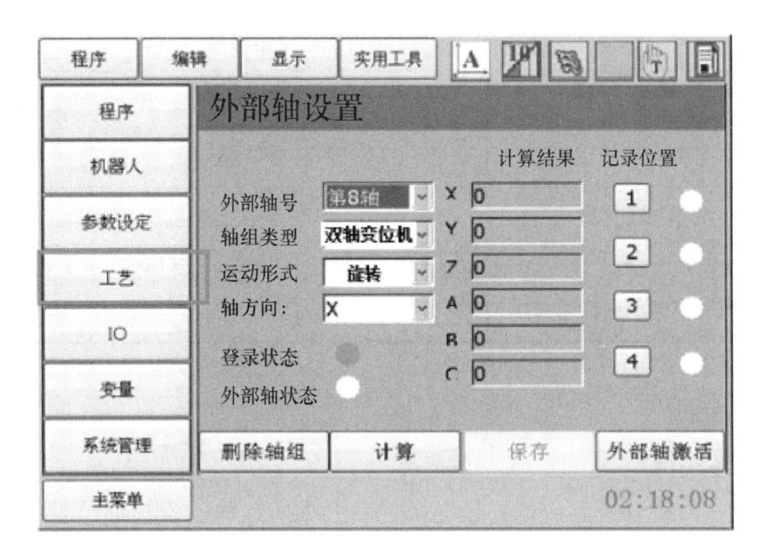

图 8-6　焊接机器人外部轴设置界面

任务目标

了解变位机坐标系标定。

任务实施指引

在教师的安排下，各学习小组进行变位机坐标系标定作业。首先根据教材内容了解变位机坐标系的标定步骤，然后做好工作计划，进行单轴变位机和双轴变位机坐标系的标定，并比较它们的不同。通过演示教学法帮助学生完成学习任务。各小组学生按照下面的操作步骤完成本任务的学习。

8.2.1　变位机坐标系标定

通过学习教材中的关联知识，进行单轴变位机和双轴变位机坐标系的标定，比较它们的不同。各小组讨论并查阅资料，将单轴变位机的标定步骤填写到表 8-4 中，双轴变位机的标定步骤填写到表 8-5 中。

表 8-4　单轴变位机的标定步骤

序　号	操 作 步 骤	说　明
1		
2		
3		
4		
5		

表 8-5　双轴变位机的标定步骤

序　号	操 作 步 骤	说　明
1		
2		
3		
4		
5		
6		

关联知识

1. 变位机系统标定

变位机系统是除机器人系统插补轴之外的辅助轴所组成的附加插补系统，辅助轴系统在与机器人系统插补轴进行同步插补运动的同时，还能保证焊接机器人末端在辅助轴坐标系统下的精确轨迹。

变位机系统在使用前必须先进行标定，其步骤如下。

（1）在触摸屏中单击【变位系统】按钮：单击【工艺】按钮→【变位系统】按钮。

（2）“变位系统”是在机器人本体外，增加的配合机器人运动，使机器人能达到更大运动自由度的设备。本产品采用的是双轴变位机系统，通过对外部轴的设置，配合机器人运动，使机器人更加灵活，变位机外部轴设置界面如图 8-7 所示。

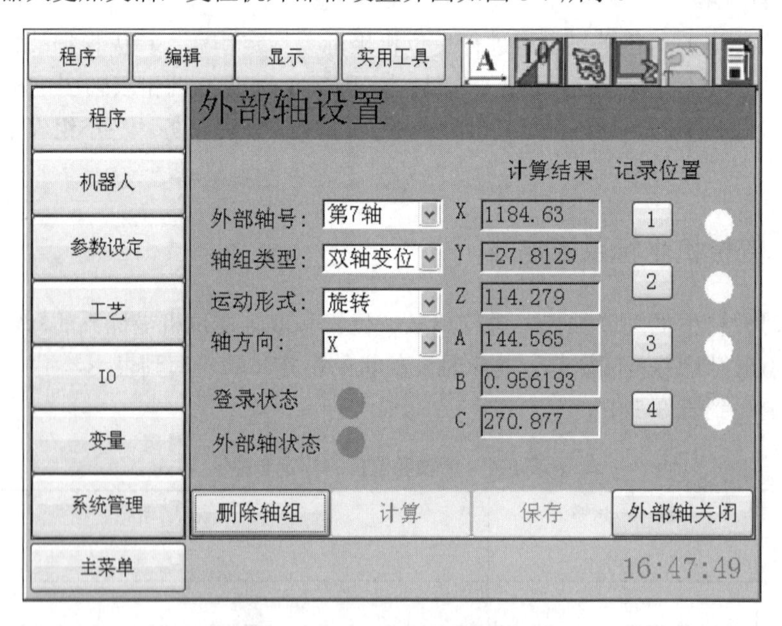

图 8-7　变位机外部轴设置界面

（3）需要操作外部轴时，按示教器上【外部轴】键，【外部轴】键灯亮，此时可通过【轴动作操作】中【X+】、【X−】键来实现第 7 轴平移（单轴变位机）或翻转（双轴变位机）；可通过【轴动作操作】中【Y+】、【Y−】键来实现第 8 轴旋转（双轴变位机）。

2. 单轴变位机（第 7 轴）标定

单轴变位机（第 7 轴）的标定步骤见表 8-6。

表 8-6　单轴变位机（第 7 轴）的标定步骤

标定步骤	标定内容
1	单击【工艺】按钮→【变位系统】按钮进入外部轴设置界面
2	依次选择【外部轴号】为第 7 轴，【轴组类型】为单轴变位机，【运动形式】为直线，【轴方向】为【X】，单击【登录轴组】按钮
3	单击【机器人】按钮→【仿真】按钮，进入机器人仿真界面；单击【全轴】按钮，打开外部轴伺服
4	单击【参数设定】按钮→【运动学参数】按钮→【轴关节参数】按钮，进入轴关节参数设置界面，设置第 7 轴运动学参数
5	单击【参数设定】按钮→【电机控制参数】按钮，进入电机控制参数设置界面，设置第 7 轴电机控制参数
6	（1）标定第 7 轴。在焊件平台上标记任意一点为标定基准点 A，【外部轴号】选择第 7 轴。 （2）操作焊接机器人，使其工具末端尖点运动到焊件平台上的标定基准点 A，单击【记录位置】中的【1】按钮，白灯变绿灯。 （3）然后点亮【外部轴】键灯，操作第 7 轴，控制焊接机器人整体移动一段距离。 （4）关闭外部轴，再次操作焊接机器人，使焊接机器人工具末端尖点再次接触上次的标定基准点 A，单击【记录位置】中的【2】按钮，白灯变绿灯。（与双轴旋转变位机类似，但这里只需要标定两个点。） （5）至此，两组白灯变绿灯，依次单击【计算】按钮、【保存】按钮
7	单击【外部轴激活】按钮，标定完成

注意：激活外部轴，进行外部轴运动验证。按【使能】键，操作焊接机器人运动，查看外部轴运动时，焊接机器人末端位置是否保持不动。如果末端位置不能保持，则修改外部轴参数，在【参数界面】→【轴操作数据】中查看第 7 轴，查看第二页的轴方向，修改为相反，即原来为 0，就修改为 1；原来为 1，就修改为 0。

3. 双轴变位机（第 7 轴和第 8 轴）标定

双轴变位机（第 7 轴和第 8 轴）的标定步骤见表 8-7。

表 8-7　双轴变位机（第 7 轴和第 8 轴）的标定步骤

标定步骤	标定内容
1	单击【工艺】按钮→【变位系统】按钮进入外部轴设置界面
2	依次选择【外部轴号】为第 7 轴，【轴组类型】为双轴变位机，【运动形式】为旋转，【轴方向】为【X】，单击【登录轴组】按钮
3	依次选择【外部轴号】为第 8 轴，【轴组类型】为双轴变位机，【运动形式】为旋转，【轴方向】为【Y】，单击【登录轴组】按钮。至此，外部轴第 7 轴、第 8 轴已登录（开启外部轴功能）
4	单击【机器人】按钮→【仿真】按钮，进入焊接机器人仿真界面；单击【全轴】按钮，打开外部轴伺服
5	单击【参数设定】按钮→【运动学参数】按钮→【轴关节参数】按钮，进入轴关节参数设置界面，设置第 7 轴、第 8 轴运动学参数
6	单击【参数设定】按钮→【电机控制参数】按钮，进入电机控制参数设置界面，设置第 7 轴、第 8 轴电机控制参数

（续表）

标定步骤	标定内容
7	（1）标定第 8 轴。在外部轴变位机平台上标记任意一点为标定基准点，【外部轴号】选择第 8 轴，标定顺序为：先标定第 8 轴再标定第 7 轴。（注：此界面下，第 7 轴运动默认被屏蔽。） （2）将变位机回零位，操作焊接机器人本体，使其工具末端尖点运动到变位机平台上的标定基准点 A，单击【记录位置】中的【1】按钮，白灯变绿灯。 （3）保持第 7 轴不动，旋转第 8 轴超过 40º，操作焊接机器人本体，使其工具末端尖点运动到变位机平台上的标定基准点 A，单击【记录位置】中的【2】按钮，白灯变绿灯。 （4）保持第 7 轴不动，继续旋转第 8 轴超过 40º，操作焊接机器人本体，使其工具末端尖点运动到变位机平台上的标定基准点 A，单击【记录位置】中的【3】按钮，白灯变绿灯。 （5）使用同样方法操作变位机及焊接机器人本体，末端记录第 4 点。 （6）至此，四组白灯变绿灯，依次单击【计算】按钮、【保存】按钮
8	（1）标定第 7 轴。第 8 轴原点位置不动（此界面下，第 8 轴运动被屏蔽）。 （2）操作焊接机器人本体，使其工具末端尖点运动到变位机平台上的标定基准点 A，单击【记录位置】中的【1】按钮，白灯变绿灯。 （3）保持第 8 轴不动，翻转第 7 轴超过 40º，操作焊接机器人本体，使其工具末端尖点运动到变位机平台上的标定基准点 A，单击【记录位置】中的【2】按钮，白灯变绿灯。 （4）保持第 8 轴不动，继续翻转第 7 轴超过 40º，操作焊接机器人本体，使其工具末端尖点运动到变位机平台上的标定基准点 A，单击【记录位置】中的【3】按钮，白灯变绿灯。 （5）使用同样方法操作变位机及机器人本体，末端记录第 4 点。 （6）至此，四组白灯变绿灯，依次单击【计算】按钮、【保存】按钮
9	单击【外部轴激活】按钮，标定完成
10	验证标定的效果，激活外部轴，进行外部轴运动验证。使能外部轴，查看外部轴变位机是否与焊接机器人能够精确同步协调运动，方向一致

注意：在激活外部轴时，需要进行外部轴与机器人本体的同步协调运动验证。

按【使能】键，操作焊接机器人运动，查看外部轴运动时，焊接机器人末端位置是否保持同步协调运动。如果末端位置不能保持，则修改外部轴参数，在参数界面的轴操作数据中查看第 7 轴，查看第二页的轴方向，修改为相反，即原来为 0，就修改为 1；原来为 1，就修改为 0。

按【使能】键，操作焊接机器人运动，查看外部轴运动时，焊接机器人末端位置是否保持同步协调运动。如果末端位置不能保持，则修改外部轴参数，在参数界面的轴操作数据中查看第 8 轴，查看第二页的轴方向，修改为相反，即原来为 0，就修改为 1；原来为 1，就修改为 0。

8.2.2 知识拓展——变位系统菜单介绍

变位系统的使用相对而言并不是很复杂的，可按以下步骤进行操作。

变位系统菜单如图 8-8 所示，在触摸屏中单击【工艺】按钮→【变位系统】按钮，或者在示教器中按【菜单】键→【上/下】键使光标置于【工艺】按钮→【右移】键→【上/下】键使光标置于【变位系统】按钮→【选择】键。

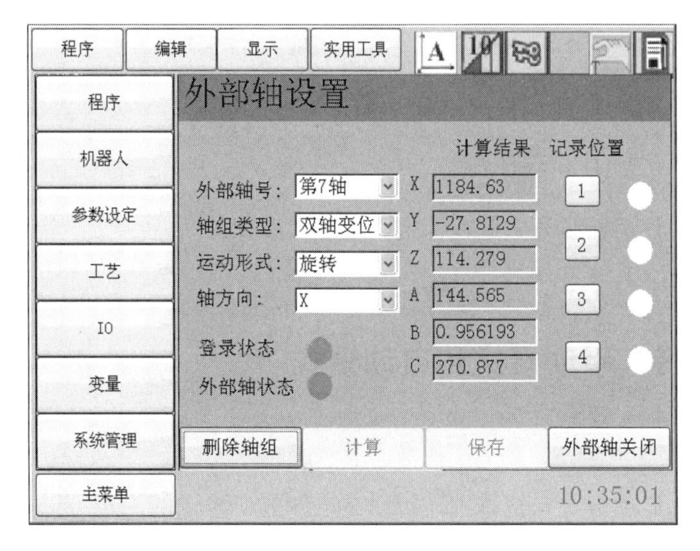

图 8-8　变位系统菜单

下面介绍登录外部轴参数的选择。

外部轴号：第 7 轴；第 8 轴。

轴组类型：扩展轴；单轴变位机；双轴变位机。

运动形式：直线；旋转。

轴方向：X 轴；Y 轴；Z 轴。

说明：

登录轴组：登录当前轴，登录状态图标变为绿色，外部轴单轴操作时不需要标定。

外部轴激活：外部轴可联动状态，外部轴状态图标变为绿色。

外部轴关闭：外部轴不可联动状态，外部轴状态图标变为白色。

删除轴组：登录轴组后，单击【删除轴组】按钮，可删除登录轴相关信息，并退出登录，登录状态图标变为白色。

项目测评

各小组在完成本项目的任务实施指引后，根据学习任务要求，检查各项知识。教师根据各小组的实际掌握情况在表 8-8 中进行评价。

表 8-8　焊接机器人和变位机坐标系标定

序　号	主 要 内 容	考 核 要 求	评 分 标 准	配　分	得　分
1	变位机坐标系标定	正确完成变位机坐标系标定	能够进行变位机坐标系标定	60	
2	双轴变位机和单轴变位机	口述单轴变位机和双轴变位机的区别	准确说出双轴变位机坐标系标定和单轴变位机坐标系标定的区别	40	
合计				100	

课 后 练 习

问答题

变位机系统在使用前必须先进行标定，说明其步骤。

8.3 焊接机器人手动模式和自动模式

任务导入

焊接机器人的运动方式有很多种，可以是连续的、步进的，也可以是单轴独立的或多轴联动的。焊接机器人的运动有手动模式、自动模式和远程模式三种，可以使用示教器上的模式旋钮来进行切换。图 8-9 所示为模式旋钮位置示意图。

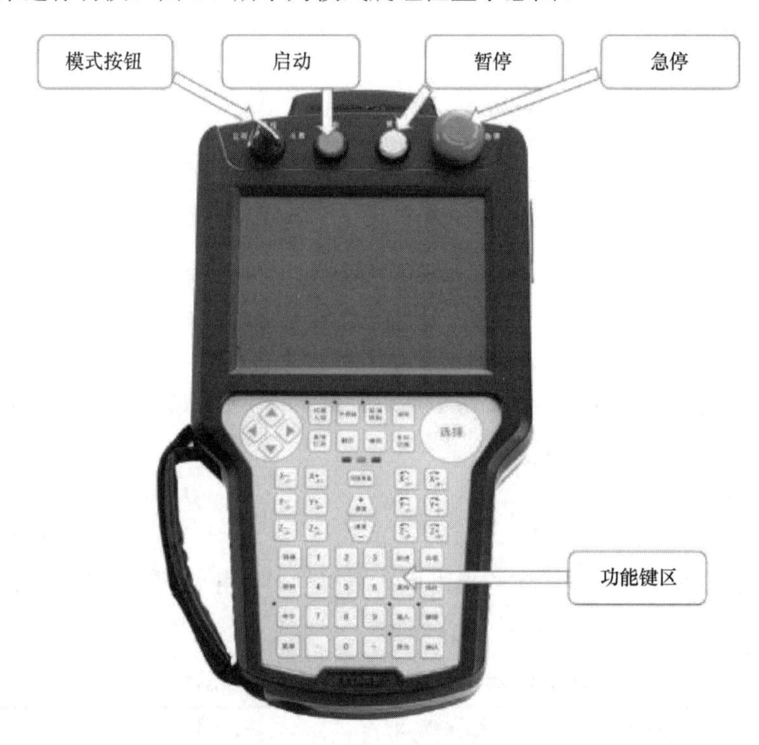

图 8-9 模式旋钮位置示意图

本任务通过编写或调用一个程序，先进行手动模式运行，观察焊接机器人的动作，然后再切换成自动模式运行，观察两种运动模式的不同。

任务目标

（1）了解焊接机器人手动模式和自动模式的区别；

（2）掌握焊接机器人手动模式和自动模式的切换。

任务实施指引

在教师的安排下，各学习小组进行手动模式和自动运行模式的切换操作。首先根据教材内容了解手动模式下的工作特点以及自动运行模式的操作步骤，然后做好工作计划。比较手动模式和自动运行模式之间的不同。通过演示教学法帮助学生的完成学习任务。各小组学生按照下面的操作步骤完成本任务的学习。

8.3.1　焊接机器人手动模式和自动模式的区别

通过学习教材中的关联知识，说出手动模式和自动模式各自的特点和彼此的区别，并填入表 8-9 中。

表 8-9　手动模式和自动模式的区别

手 动 模 式	自 动 模 式

关联知识

1. 接通电源

（1）接通主电源：将控制柜面板上的隔离开关转到接通（ON）的位置，再按下控制柜面板上的绿色启动按钮，此时控制柜主电源被接通。

（2）接通伺服电源：示教模式、自动模式、远程模式的伺服电源接通步骤是不一样的。

① 在示教模式下，按手持操作示教器上的【伺服准备】键，此时伺服准备指示灯闪烁，轻握手持操作示教器背面的【使能开关】，这时手持操作示教器上的伺服准备指示灯常亮，表示伺服电源被接通。

② 在自动模式和远程模式下，按手持操作示教器上的【伺服准备】键，这时手持操作示教器上的伺服准备指示灯常亮，表示伺服电源被接通。

2. 切断电源

（1）切断伺服电源。

示教模式、自动模式、远程模式的伺服电源切断步骤也是不一样的。

① 在示教模式下，释放或用力握紧手持操作示教器背面的【使能开关】，这时手持操作示教器上的伺服准备指示灯熄灭，表示伺服电源被切断。

② 在自动模式和远程模式下，再次按手持操作示教器上的【伺服准备】键，这时手

持操作示教器上的伺服准备指示灯熄灭，表示伺服电源被切断。

③ 按控制柜面板上的【急停】键。一旦伺服电源被切断，则制动装置启动，焊接机器人就被制动而不能再进行任何操作。

可在任何模式（示教模式、自动模式或远程模式）下的任何时候进入紧急停止状态。

（2）切断主电源。

切断伺服电源后，再切断主电源。按控制柜上红色按钮，将控制柜面板上的隔离开关转至切断（OFF）的位置，主电源被切断。

8.3.2 焊接机器人手动模式和自动模式的切换

通过学习教材中的关联知识，完成某个程序的手动模式和自动模式的切换，说出切换到自动模式的步骤，并填入表 8-10 中。

表 8-10 手动模式切换到自动模式的步骤

序 号	操作步骤	说 明
1		
2		
3		
4		
5		

1. 自动运行基本步骤

“自动运行”是让手动操作的程序再次运行的过程。

进行自动运行前，首先确认焊接机器人周边是否有人，确认周边无人后，再开始操作。自动运行前建议把焊接机器人运动回到零点（长按组合键【转换】+【清除】）。

具体操作步骤如下。

（1）轻握【使能开关】，伺服上电，长按组合键【转换】+【清除】，将焊接机器人回归零点。

（2）将光标移至程序第一行，按【前进】键，执行焊接机器人运动程序的单步运行，检验是否存在错误（注意，在单步运行过程中，松开【使能开关】，焊接机器人将停止运动）。将手动示教的程序逐条检查完毕，确认各示教点无误。

（3）单步运行无误后，旋转钥匙开关，对准【自动】挡位，按【伺服准备】键，伺服准备指示灯常亮后，单击控制柜上的【自动确认】按钮，再按示教器上的【开始】键，焊接机器人按照编好的程序连续运动；按【暂停】键，焊接机器人可暂停运动；按【急停】键，焊接机器人可紧急停止。

2. 远程模式基本步骤

远程模式是通过外部 I/O 或 TCP 协议给焊接机器人下达运动指令的。

具体操作步骤如下。

（1）将光标移至程序第一行，按【前进】键，执行焊接机器人运动程序的单步运行，检验是否存在错误（注意，在单步运行过程中，松开【使能开关】，焊接机器人将停止运动）。将手动示教的程序逐条检查完毕，确认各示教点无误。

（2）旋转钥匙开关，对准【远程】挡位。

（3）程序左上角状态显示图标自动切换为【远程】。

（4）通过按下外部和控制柜连接具有伺服使能功能的按键或开关，示教器上的伺服准备指示灯亮起，确保焊接机器人准备就绪。

（5）焊接机器人进入远程模式，通过外部 I/O 或 TCP 协议给焊接机器人下达运动指令。在远程模式下，示教器上的【开始】键和【暂停】键均不起作用，远程模式下 I/O 配置的相应信号起作用。

项目测评

各小组在完成本项目的任务实施指引后，根据学习任务要求，检查各项知识。教师根据各小组的实际掌握情况在表 8-11 中进行评价。

表 8-11　焊接机器人手动模式和自动模式

序　号	主要内容	考核要求	评分标准	配　分	得　分
1	手动模式和自动模式的区别	口述手动模式和自动模式的区别	准确说出手动模式和自动模式的区别	40	
2	手动模式和自动模式的切换	正确完成手动模式和自动模式的切换	能够熟练进行手动模式和自动模式的切换	60	
合计				100	

课 后 练 习

问答题

说明焊接机器人示教模式和远程模式下接通电源有什么不同。

____

____

8.4　焊接机器人焊接准备状态检查

任务导入

焊接机器人工作时一般都会选择效率高的自动模式。在自动模式下，我们需要对焊接机器人焊接准备状态进行相应的检查，通常，主要包括焊接设备的检查和焊接程序中参数的设置，同时还要求进行焊接作业的规范检查。图 8-10 所示为焊接机器人焊接准备开始作业。

图 8-10　焊接机器人焊接准备开始作业

任务目标

能够对焊接设备准备状态进行相应的检查。

任务实施指引

在教师的安排下，各学习小组对焊接机器人焊接准备状态进行相应的检查作业。首先根据教材了解焊接准备状态检查的具体内容，然后做好工作计划，记录检查结果。通过演示教学法、分组练习的方式帮助学生完成学习任务。各小组学生按照下面的操作步骤完成本任务的学习。

通过学习教材中的关联知识，说出焊接准备状态检查的具体内容以及对应的操作方法。各小组讨论并查阅资料，将检查内容和操作方法填写到表 8-12 中。

表 8-12　焊接准备状态检查

序　号	检查内容	操作方法
1		
2		
3		
4		
5		
6		
7		
8		
9		
10		
11		
12		
13		

关联知识

1. 焊接电源的检查

（1）检查焊接电源内部是否脏污，如有脏污要及时清洁电源内部。

（2）检查主变压器接线和安装螺钉的紧固状态。

（3）磁性开关的接点有无损坏或异常，如有损坏应及时更换。

（4）1 次电缆和 2 次电缆接线的安装螺钉是否松动，如松动要进行紧固。

（5）检查冷却风扇和其他部件的连接是否异常。

2. 焊接准备状态的检查

（1）检查焊接电源的输入电缆和焊接电源输出电缆与焊接电源输入端、输出端的连接是否可靠。机壳接地要牢靠。接线处屏护罩要完好。

（2）检查接线螺帽、螺栓、垫圈及其他部件是否完好齐全，无松动或损坏，无氧化和局部烧毁现象。裸露在外的接头要用绝缘包布包好。

（3）检查焊枪的安装螺钉及焊接地线、保护地线是否紧固可靠。

3. 检查焊接程序中的参数设置

焊接程序中的参数设置会直接影响焊接的质量，所以在焊接准备时要注意检查程序中的相应参数，主要包括焊机特性设置、引弧设置、熄弧设置、其他设置及摆焊设置。

4. 焊接准备时的安全规范检查

1）自动运行前检查

（1）检查确认安全栅栏内有无人员。

（2）检查确认焊接机器人是否在正常的动作位置。

（3）检查确认示教器是否在合适的位置。

（4）检查确认焊接机器人动作范围内有无工具等遗留物品。

（5）检查确认焊接机器人的动作速度（超越速度等）是否合适。

（6）检查确认操作安全装置（紧急停止等）时，焊接机器人能否紧急停止。

（7）检查确认如果需要焊接，那么在焊接前是否准备焊接用的防护面罩。

2）自动运行时的注意事项

（1）一旦有异常或感觉不安全时，应该立即按下紧急停止按钮。

（2）严格禁止站立在安全栅栏内、焊接机器人工作范围内。

（3）严格禁止从安全栅栏的缝隙将手或工具伸入。

项目测评

各小组在完成本项目的任务实施指引后，根据学习任务要求，检查各项知识。教师根据各小组的实际掌握情况在表 8-13 中进行评价。

表 8-13　焊接机器人焊接准备状态检查

序　号	主要内容	考核要求	评分标准	配分	得分
1	焊接准备状态检查	正确进行焊接准备状态检查	能够熟练完成焊接准备状态检查	100	
合计				100	

课后练习

填空题

1．在焊接准备时要注意检查程序中的相应参数，主要包括焊机特性设置、________、熄弧设置、________及__________。

2．一旦伺服电源被切断，则________启动，焊接机器人就被制动而不能再进行任何操作了。

第9章

焊接机器人维护保养

项目描述

为了确保焊接机器人处于良好的技术状态，随时可以投入运行，减少故障停机，提高设备完好率、利用率，减少磨损，延长使用寿命，降低焊接机器人运行和维修成本，确保安全生产，焊接机器人的维护保养必不可少。

焊接机器人工作现场环境恶劣，设备在长期、不同环境的使用过程中，焊接机器人的各部件磨损、间隙增大，配合改变，直接影响焊接机器人的原有性能。焊接机器人的稳定性、可靠性、使用效益均会降低，甚至会导致焊接机器人丧失其固有的基本性能，无法正常运行。因此，设备就要进行大修或更换，这样无疑增加了企业成本，影响了企业资源的合理配置。为此，必须建立科学的、有效的设备管理机制，制定焊接机器人的维护、保养计划。

本项目的前半部分内容是通过文字、图片、视频、实物等展示焊接机器人的维护保养基本组成，并且通过图表、符号等直观方式介绍焊接机器人的维护保养；后半部分内容通过理论讲解什么是焊接机器人的维护保养，并且通过自己动手动脑，完成焊接机器人的日常维护保养，直观感受焊接机器人的维护保养工作过程，对焊接机器人维护保养整体有直观和完整的认知。

9.1 焊接机器人本体和控制柜的维护保养

任务导入

焊接机器人的日常维护保养是从事焊接机器人作业的操作人员日常必须做的工作。焊接机器人的维护保养通常由以下 4 部分组成：焊接机器人本体和控制柜的维护保养、焊接电源的维护保养、焊枪的维护保养、送丝机构的维护保养。焊接机器人系统组成如图 9-1 所示。接下来，我们一起认识焊接机器人维护保养的各基本组成。

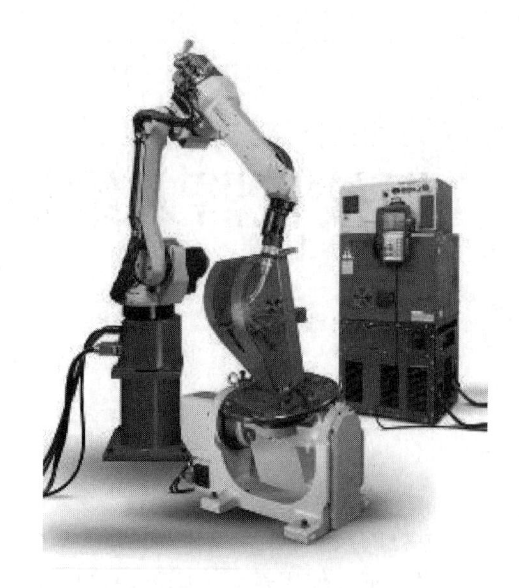

图 9-1　焊接机器人系统组成

任务目标

（1）能够掌握焊接机器人本体维护和保养的组成；

（2）认识常用工具的名称和作用；

（3）掌握各主要部件维护保养的步骤。

任务实施指引

在教师的安排下，各学习小组观察现场焊接机器人设备，并结合教材内容了解焊接机器人本体维护保养的组成。

9.1.1　焊接机器人本体维护保养的组成

通过观察教室中的焊接机器人，了解焊接机器人本体维护保养的组成部分，说出图 9-2 所示部件的名称及保养内容，并填写到表 9-1 中。

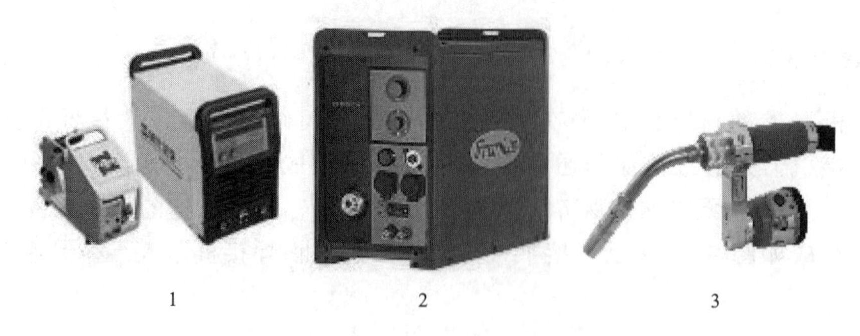

图 9-2　焊接机器人本体维护保养的组成

表 9-1　焊接机器人本体维护保养的组成

序　号	名　称	功　能
1		
2		
3		

关联知识

1. 安全须知

焊接机器人维护保养的危险与注意事项的安全标识如图 9-3 所示。

危 险

- 保养、检修作业及配线作业，必须在切断电源，并贴上如“禁止通电”标志后进行。
  否则有可能发生触电、人身伤害等事故。

注 意

- 保养、检修作业由指定的专业人员完成。
  否则有可能发生触电、人身伤害等事故。
- 拆卸、修理请与我公司联系。
- 保养检修作业时，拆下编码器插头前请装上电池组。
  否则原点位置数据将消失。

图 9-3　安全标识

保养时手动操作焊接机器人的人员均应遵循下述规则。

（1）按规定穿戴工作服、工作鞋、安全头盔、护目镜等安全防护用品。

（2）不得戴手表、手镯、项链、领带，也不得穿宽松的衣服，这是因为它们可能会卡到运动的机器中。

（3）如果是在危险环境下工作，务必了解是否使用了本质上十分安全的示教器。

（4）应对焊接机器人和工作区域进行肉眼检查，工作区域是根据焊接机器人的最大移动范围决定的区域，包括附着在腕上的工具所需的延伸区域。

（5）焊接机器人附近的区域必须是干净的，不能存在油、水或碎片。如果发现不安全的工作状况，则应立刻通知主管人员或安全部门。

（6）不要进入正在运行的焊接机器人的工作区域，但在执行焊接机器人示教操作时例外，仅允许带有示教器的人员进入工作区域。

（7）熟悉能够逃离运动中焊接机器人的应急路径，确保逃离通道未堵塞。

（8）在提供示教数据时，将焊接机器人与所有可能造成焊接机器人移动的远程控制信号隔开。

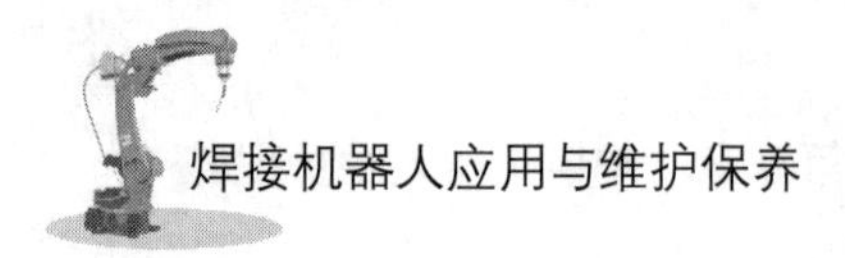

2. 日常保养内容

焊接机器人日常保养内容见表 9-2。

表 9-2 焊接机器人日常保养内容

检修部位		检修间隔						方法	检修处理内容	检修人员		
		日常	间隔 1000 h	间隔 6000 h	间隔 12 000 h	间隔 24 000 h	间隔 36 000 h			专业人员	有资格者	制造公司
1	原点标记	▲						目测	与原点姿态标记一致	▲	▲	▲
2	外部导线	▲						目测	检查有无损伤	▲	▲	▲
3	整体外观	▲						目测	清扫灰尘、焊接飞溅，检查各部分有无龟裂损伤	▲	▲	▲
4	1～4 轴电机	▲						目测	有无漏油	▲	▲	▲
5	底座螺钉		▲					扳手	检查有无缺少、松动，补缺、拧紧	▲	▲	▲
6	盖类螺栓		▲					螺丝刀扳手	检查有无缺少、松动，补缺、拧紧	▲	▲	▲
7	底座插座		▲					手触	检查有无松动、插紧	▲	▲	▲
8	56 同步带及导线				▲			手触	（1）检查同步带的张紧力与磨损程度； （2）检查 4 轴及小臂内处导线的磨损情况		▲	▲

（续表）

检修部位		检修间隔						方法	检修处理内容	检修人员		
		日常	间隔 1000 h	间隔 6000 h	间隔 12 000 h	间隔 24 000 h	间隔 36 000 h			专业人员	有资格者	制造公司
9	机内导线（1～6轴）				▲			目测万用表	检测底座的主插座与中间插座的导通实验（确认时用手摇动导线），检查保护弹簧的磨损		▲	▲
10	电池组				▲			万用表			▲	▲

3. 本体各保养部位介绍

本体清洁介绍如下。

工人用抹布对焊接机器人本体进行清洁，如图 9-4 所示。

图 9-4 用抹布对焊接机器人本体进行清洁

对焊接机器人本体进行清洁需注意以下事项。

（1）不能在通电情况下进行清洁。

（2）穿戴防护用品。

（3）严禁高空作业。

（4）不得按压松抱闸按钮。

（5）使用专用无水清洁剂。

紧固位置检查如下。

（1）检查焊接机器人各连接螺栓是否松动。

（2）检查焊接机器人底座连接螺栓是否松动。

对焊接机器人本体各处进行限位检查的注意事项如下。

（1）检查焊接机器人各轴限位功能是否完好。

（2）电缆状态检查。

（3）检查焊接机器人各外部电缆是否完好，连接是否松动。

（4）密封状态检查。

（5）检查焊接机器人各密封圈是否完好，是否漏油。

对焊接机器人本体进行机械零位检查的注意事项。

（1）焊接机器人在零位状态下检查机械零位是否完好。

（2）SMB 电池检查。

（3）测量 SMB 电池是否正常。

（4）抱闸检查。

（5）检查焊接机器人抱闸状态是否完好。

（6）电机噪声检查。

（7）检查焊接机器人电机噪声是否正常。

（8）油品检查及更换。

（9）放油进行油品检查，若不合格则进行油品更换。

对控制柜各保养部位检查的注意事项如下。

（1）备份检查：检查焊接机器人备份文件是否完好，并做好新的备份。

（2）磁盘空间检查：检查焊接机器人磁盘空间是否足够。

（3）示教器功能检查：手动检查示教器各功能状态是否完好。

（4）控制柜通电检查：在无电状态下进行焊接机器人通电测试，检查各开关及显示灯是否正常。

（5）控制柜断电检查：在上电状态下进行焊接机器人断电测试，检查各开关及显示灯是否正常。

对散热器检查及清洁的注意事项如下。

检查控制器各散热器是否正常工作并进行清洁。

9.1.2 常用工具的名称和作用

通过观察教室中的常用工具，认识工具的作用，说出图 9-5 所示工具的名称及作用，并填写到表 9-3 中。

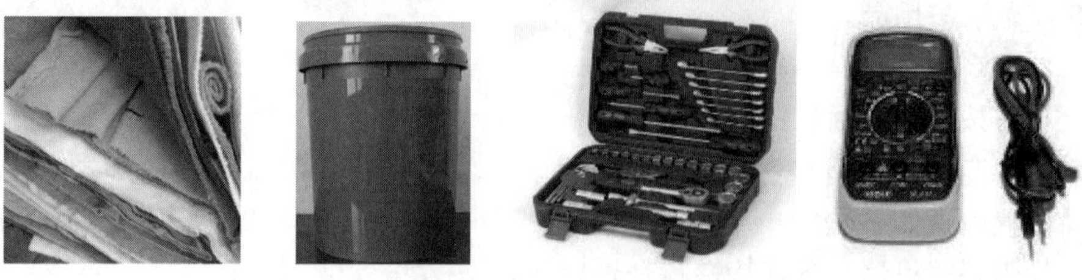

1

2

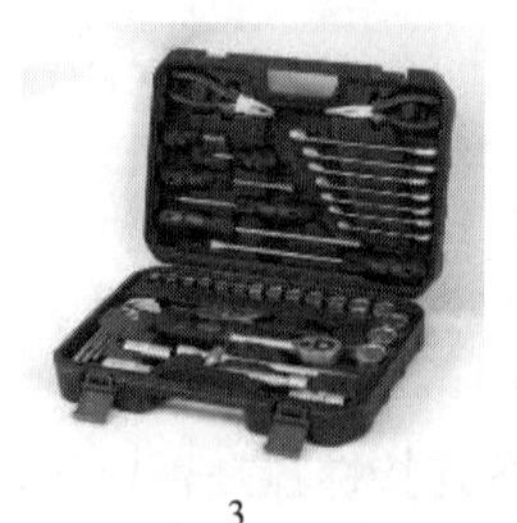

3

4

图 9-5 常用工具

表 9-3　常用工具

序　号	名　称	功　能
1		
2		
3		
4		

关联知识

（1）抹布：主要用于清洁焊接机器人本体及吸油，如图 9-6 所示。

（2）常用工具箱：用于拆装焊接机器人各部件，如图 9-7 所示。

图 9-6　抹布

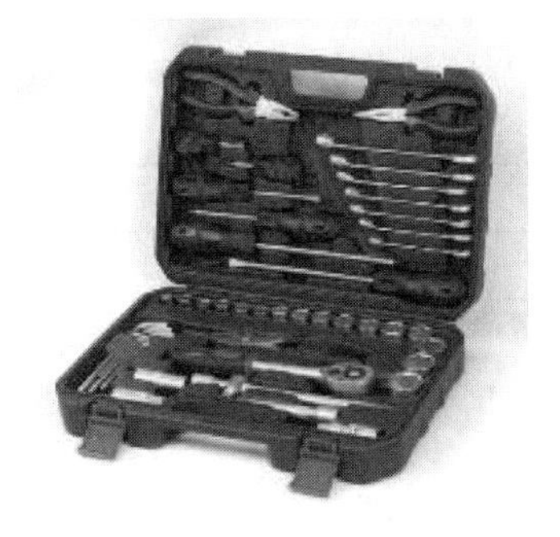

图 9-7　常用工具箱

（3）放油桶：用于放置废油，如图 9-8 所示。注意，请按焊接机器人公司要求进行废油处理。

（4）加油枪：用于加注各类液态油，如图 9-9 所示。

图 9-8　放油桶

图 9-9　加油枪

（5）油脂枪：用于加注润滑脂，如图 9-10 所示。

（6）万用表：用于测量电流电压，如图 9-11 所示。

（7）小储物箱：用于放置各类拆卸的小零件及螺钉、螺母等，如图 9-12 所示。

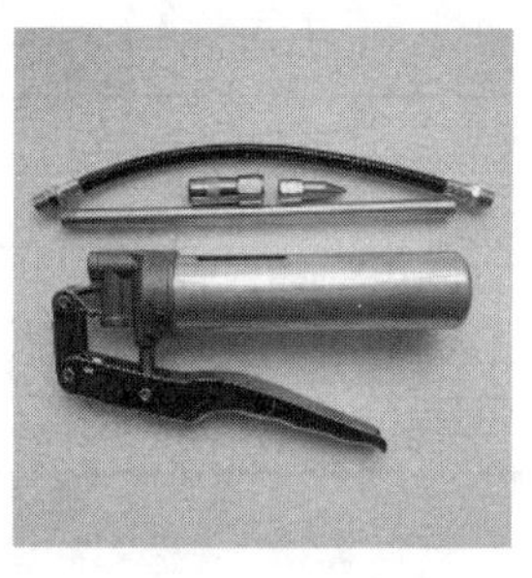
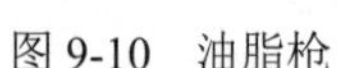
图 9-10　油脂枪

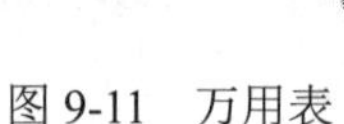
图 9-11　万用表

图 9-12　小储物箱

9.1.3　各主要部件维护保养的步骤

请学生认真阅读教材内容，找出描述各主要部件保养的工作步骤。

____

____

____

关联知识

1. 电池更换步骤

焊接机器人电池位置如图 9-13 所示，图中显示了电池组的安装位置。

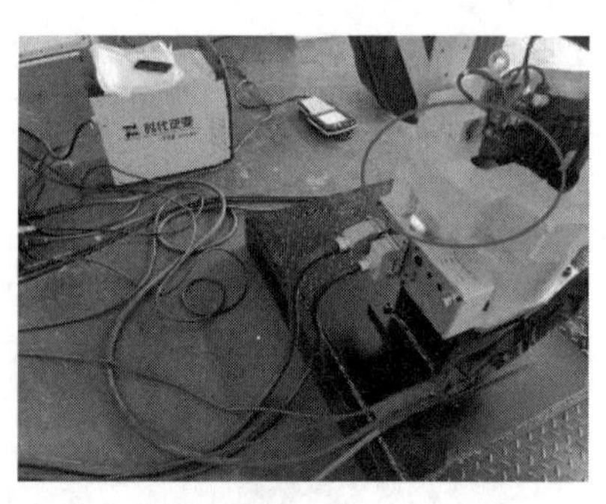
图 9-13　焊接机器人电池位置

当控制柜显示电池报警时，按以下步骤更换电池。

（1）关闭控制柜主电源。

（2）拆下盖板，拉出电池组，以便更换。

（3）把电池组从支架上取下。

（4）把新的电池组插在支架原来的位置上。

（5）重新装好盖板。

（6）打开控制柜主电源。

（7）利用示教器进入管理员模式，重新标定焊接机器人原点。

注意：更换新的电池组后，必须重新标定机械原点，否则会发生严重事故。安装盖板时，注意不要挤压电缆。

2. 油脂补充和更换的注意事项

进行油脂补充和更换时要注意以下事项，错误的操作会引起电机和减速机故障。注油时如果没有取下排油口的堵塞/螺钉，油脂会进入电机或减速机，从而引起电机故障，务必取下排油口的堵塞。不要在排油口安装连接件、管子等，否则会引起油封脱落，造成电机故障。使用专用油泵注油。设定油泵压力在 0.3 MPa 以下，注油速度在 8 g/s 以下。务必在注油前把注油侧的管内填充油脂，以防止减速机内进入空气，各轴出油孔和进油孔位置示意图如图 9-14～图 9-18 所示。

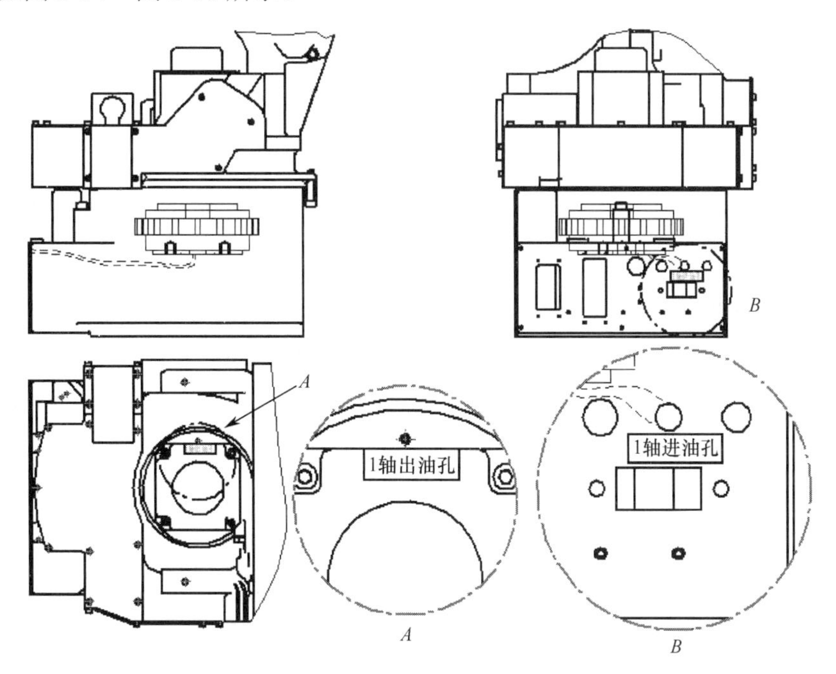

图 9-14　1 轴出油孔和进油孔位置示意图

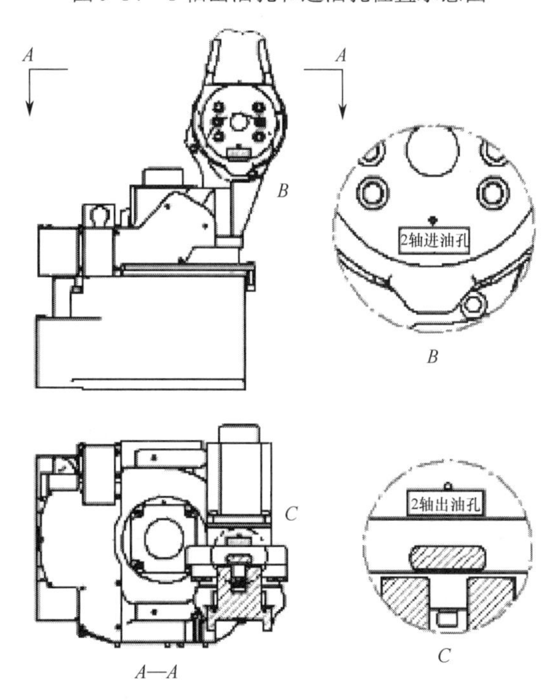

图 9-15　2 轴出油孔和进油孔位置示意图

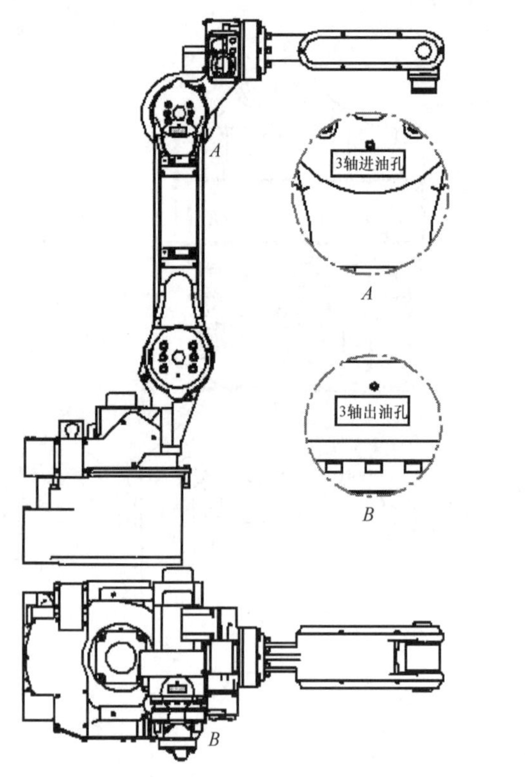

图 9-16　3 轴出油孔和进油孔位置示意图

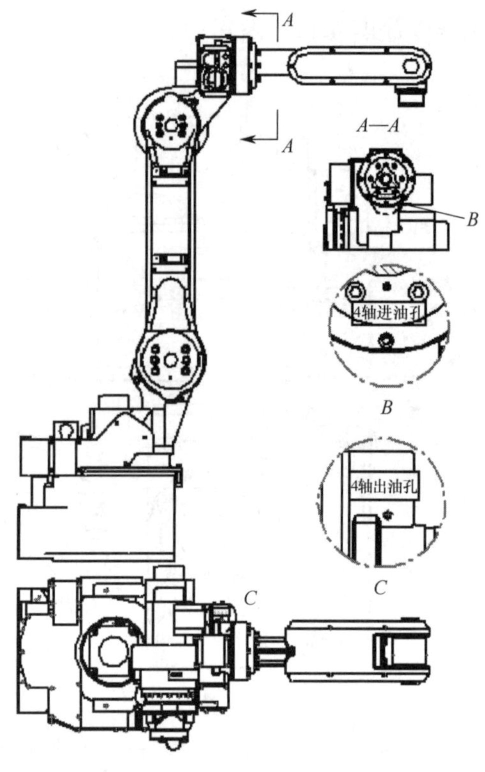

图 9-17　4 轴出油孔和进油孔位置示意图

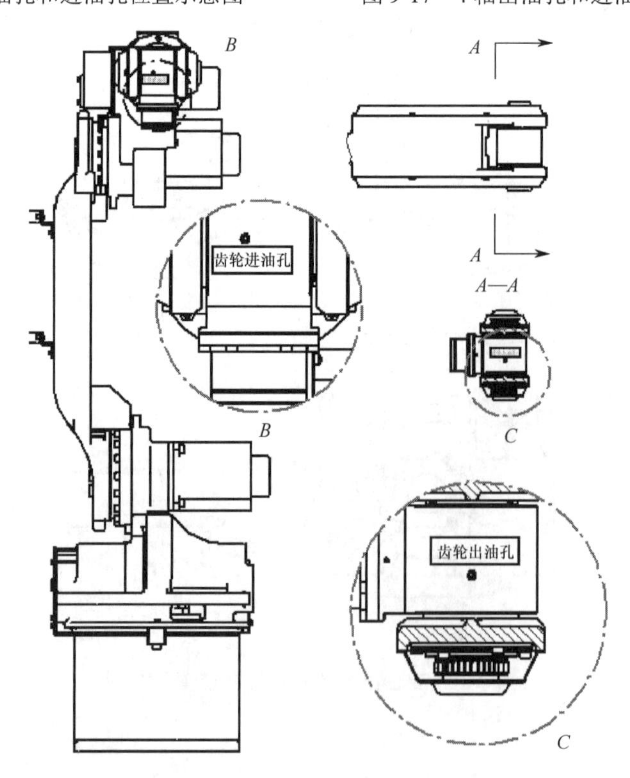

图 9-18　5 轴、6 轴出油孔和进油孔位置示意图

3. 油脂补充步骤

油脂补充步骤如下。

分别取下进油口的堵塞和出油口的螺钉堵。如果不取下堵塞，则注油时油脂会进入电机，引起故障。不要在出油口安装连接件、管子等，否则会引起油封脱落，造成电机故障。用油枪从进油口注油。

（1）油脂种类：VIGO Grease RE No.0。

（2）注入量：70 ml（第 1 次需要注入 180 ml）。

（3）油泵压力：0.3 MPa 以下。

（4）注油速度：8g/s 以下。

安装出油口堵塞前，运动 1 轴几分钟，使多余的油脂从出油口排出。

用抹布擦净从出油口排出的多余油脂，在进油口和出油口安装堵塞，并用扳手把堵塞拧紧。

堵塞的螺纹处要用生胶带密封。

4. 油脂更换步骤

油脂更换步骤如下。

取下进油口和出油口的堵塞。如果不取下堵塞，则注油时油脂会进入电机，引起故障。不要在出油口安装连接件、管子等，否则会引起油封脱落，造成电机故障。用油枪从进油口注油。

（1）油脂种类：VIGO Grease RE No. 0。

（2）注入量：约 450 ml。

（3）油泵压力：0.3 MPa 以下。

（4）注油速度：8 g/s 以下。

从出油口完全排出旧油，开始排出新油时，说明油脂更换结束。注意，旧油与新油可通过颜色判别。

安装出油口堵塞前，运动 1 轴几分钟，使多余的油脂从出油口排出。

用抹布擦净从出油口排出的多余油脂，在进油口和出油口安装堵塞，并用扳手拧紧。

堵塞的螺纹处要用生胶带密封。

项目测评

各小组在完成本项目的任务实施指引后，根据学习任务要求，检查各项知识。教师根据各小组的实际掌握情况在表 9-4 中进行评价。

表 9-4　焊接机器人本体和控制柜的维护保养

序　号	主 要 内 容	考 核 要 求	评分标准	配　分	得　分
1	焊接机器人本体维护保养	正确说明焊接机器人本体维护保养的内容	准确描述焊接机器人本体维护保养的内容	30	
2	维护保养工具的选择	正确选择维护保养工具	根据工作内容，合理选择维护保养工具	20	

（续表）

序　号	主要内容	考核要求	评分标准	配　分	得　分
3	焊接机器人维护保养的步骤	正确完成焊接机器人维护保养的步骤	能够正确完成焊接机器人维护保养	30	
4	课堂纪律	遵守课堂纪律	按照课堂纪律细则评分	10	
5	工位 7S 管理	正确管理工位 7S	按照工位 7S 管理要求评分	10	
合计				100	

课后练习

一、填空题

1．焊接机器人本体维护保养常用工具有抹布、放油桶、__________、__________、__________、__________和__________。

2．焊接机器人维护保养的步骤从更换电池开始，然后__________和__________。

二、问答题

焊接机器人本体维护保养时需要更换电池，说明其步骤。

____

____

9.2　焊接电源的维护保养

为了长期保持焊接电源的性能稳定，需要对设备进行定期检查。

（1）定期检查主要包括产品内部的检查和清洁。

（2）定期检查的周期正常为 6 个月一次。当设备所处工作场所的细小粉尘较多，或者油性烟雾等较大时，定期检查的周期应缩短为 3 个月一次。

（3）设备正式开始使用前应做好定期检查计划，并做好定期检查记录。

（4）在定期检查过程中，更换部件时应使用指定规格型号的部件。

（5）定期检查的内容包括以下几个方面，也可以根据设备的使用情况增加检查项目。

① 常规检查。

拆下顶盖、侧面板，检查连接部位有无松动，检查主要部件有无异味、变色、过热损坏的痕迹。

② 电缆及气体软管的检查。

按照日常检查中的相关要求进行，重点检查接地线、输入电缆及输出电缆的连接是否紧固。

③ 清除内部灰尘。

拆卸顶盖及侧面板，清除电路板、散热器及主要功率器件上的污垢或异物。在清除内部灰尘时，应使用干燥的压缩空气进行。使用含水分过高的压缩空气可能会破坏机器内部的绝缘。

④ 绝缘检测。

绝缘检测需要专业的电工人员或在专业人员的指导下进行。使用 500 V DC 的绝缘摇表进行检测，重点检测设备输入回路对输出回路的绝缘阻抗。在绝缘检测不达标的情况下禁止继续使用设备，以免发生触电的危险。

任务目标

（1）能够完成焊接电源的日常检查；

（2）能够完成焊接电缆的日常检查。

任务实施指引

在教师的讲解和演示下，各学习小组检查并了解焊接电源保养的内容和步骤，并结合教材内容知道焊接电源保养的功能和目的。

9.2.1　焊接电源的日常检查

通过教师讲解焊接电源日常检查，说出焊接电源日常检查步骤，并填写到表 9-5 中。图 9-19 所示为焊接电源日常检查注意事项，可参考。

表 9-5　焊接电源日常检查步骤

序　　号	检 查 步 骤
1	
2	
3	
4	

警告

接触任何带电部件都可能引起致命的电击或严重的烧伤。

为避免触电、烧伤等人身事故，请遵守以下事项。

日常检查时，务必关闭本产品及配电箱（用户设备）电源。

（不需要接触或接近带电体的外观检查除外）

图 9-19　焊接电源日常检查注意事项

焊接电源的检查要点见表 9-6。

表 9-6　焊接电源的检查要点

项　　目	检 查 要 点	备　　注
前面板	• 各机械器具是否受损或安装松动。 • 下部各端子罩是否用螺钉固定。 • 冷却风扇的进风口是否有异物阻塞	下部端子罩内要作为定期检查项目。如果出现不合格情况，则需要内部检查、补充紧固或更换部件
后面板	• 是否安装了输入电缆保护罩，保护罩是否破损或松动。 • 冷却风扇的出风口是否附着了异物	
顶盖 底板 侧面板	• 检查紧固螺栓是否松动或脱落。 • 检查脚轮是否破损或安装松动。 • 检查侧面板进风口是否有异物阻塞，安装是否松动	出现不合格情况需要内部检查、补充紧固或更换部件
常规	• 检查部件外观是否有脱色或者过热现象。 • 打开电源后检查。 • 冷却风扇运转是否平稳；机器内部部件在焊接时是否出现异味、异常的震动和噪声	如果出现异常现象，则需要进行内部检查

9.2.2　焊接电缆的日常检查

通过教师讲解焊接电缆日常检查，说出焊接电缆日常检查步骤，并填写到表 9-7 中。图 9-20 所示为焊接电缆日常检查注意事项，可参考（同焊接电源日常检查）。

表 9-7　焊接电缆日常检查步骤

序　　号	检 查 步 骤
1	
2	
3	

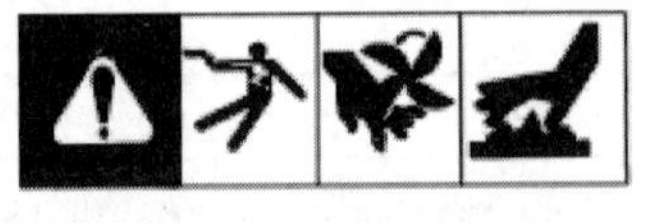

接触任何带电部件都可能引起致命的电击或严重的烧伤。
为避免触电、烧伤等人身事故，请遵守以下事项。

日常检查时，务必关闭本产品及配电箱（用户设备）电源。
（不需要接触或接近带电体的外观检查除外）

图 9-20　焊接电缆日常检查注意事项

焊接电缆的检查要点见表 9-8。

表 9-8　焊接电缆的检查要点

项　目	检查要点	备　注
接地电缆	• 电源输入电缆接地线是否脱落，连接是否可靠。 • 母材接地电缆连接是否可靠紧固	为避免发生人身触电事故，务必进行此项检查
电缆	• 检查电缆是否受到异常外力作用。 • 连接母材的电缆是否紧固可靠。 • 检查电缆绝缘层是否有磨损或其他损坏情况，是否存在导电部位裸露的现象	为确保人身安全，应根据作业现场的情况采取合适的方法进行检查

9.2.3　知识拓展——焊接电源的安装、使用与维护保养

1. 焊接电源的安装

（1）距墙壁 20 cm 以上，两台并排放相隔 30 cm 以上。

（2）放在避免阳光直射、避雨、湿度和灰尘小的房间里。

（3）焊接电源外壳必须接地，电缆直径应大于 14 mm^2。

（4）焊接电源输入、输出的连接必须牢固，并加以绝缘防护。

（5）焊接电源的输入、输出电缆截面积应符合要求，不要过长。

2. 焊接电源的使用

（1）焊接前应将相应的功能旋钮、开关置于正确位置。

（2）焊接电源开关打开后，电源指示灯亮，冷却风扇转动，焊接电源即进入准备焊接状态。

3. 焊接电源的维护保养

（1）每 6 个月用干燥的压缩空气清除一次焊接电源内部的灰尘。

（2）注意焊接电源不受外物的挤压、砸碰。

（3）焊接电源超载异常报警后，不要关闭电源开关，利用冷却风扇进行冷却，恢复正常后降低负载，再重新焊接。

项目测评

各小组在任务实施指引完成后，根据学习任务要求，检查各项知识。教师根据各小组的实际掌握情况在表 9-9 中进行评价。

表 9-9　焊接电源维护保养

序　号	主要内容	考核要求	评分标准	配　分	得　分
1	焊接电源日常检查	正确实施焊接电源日常检查	按照检查步骤的合理性和完整性评分	40	
2	焊接电缆日常检查	正确实施焊接电缆日常检查	按照检查步骤的合理性和完整性评分	40	
3	课堂纪律	遵守课堂纪律	按照课堂纪律细则评分	10	

（续表）

序　号	主要内容	考核要求	评分标准	配　分	得　分
4	工位7S管理	正确管理工位7S	按照工位 7S 管理要求评分	10	
合计				100	

课后练习

一、填空题

1．焊接电源定期检查包括焊接电源内部的________和__________。

2．日常检查时，务必关闭___________及___________电源。

3．焊接电源的检查项目，包括前面板、___________、___________、________、________和________。

二、问答题

1．焊接电源常规的检查要点是什么？

____

____

2．焊接电缆的检查要点是什么？

____

____

9.3　焊枪的维护保养

焊接机器人焊枪为了长期保持性能稳定，需要对焊枪进行定期检查和维护保养。在焊枪的维护保养之前，我们必须先明确焊枪使用的注意事项，只有在使用时做了这些预防和注意事项，才能够在维护保养时事半功倍。

这些注意事项如下。

（1）每次使用焊枪前，要检查喷嘴、导电嘴、导电嘴座、喷嘴绝缘套是否安装正确及完好，有没有缺失，若有问题应及时更换。

（2）更换送丝管时，检查是否为原厂送丝管。送丝管的长度为：导电嘴拧到导电嘴座上后，刚好顶到送丝管。如果送丝管长度不够，则在焊枪的拐弯处，由于没有送丝管的保护，容易造成焊丝将焊枪磨坏而漏水，使焊枪报废；如果送丝管没有顶到导电嘴，则在导电嘴座里积累焊丝的杂质会将导电嘴座的孔洞堵塞，容易造成保护气体流量减少。

（3）焊枪安装时要注意，焊枪和电缆一定要轻柔顺畅地拧紧，确保枪颈和电缆的导电面紧密接触。如果没有拧紧，则枪颈和电缆的导电面就会有间隙，由于电流较大会出现间隙放电，破坏导电面，从而使枪颈和电缆同时损坏或报废。可通过枪颈锁母的观察孔进行观察，确认两贴合面贴合紧密。

（4）焊接过程中如果送丝不畅，则应更换送丝管等，并检查送丝机构的送丝轮压力是否合理：压力过小会影响送丝，压力过大会伤害焊丝表面，影响引弧稳定；送丝轮是否磨损，造成送丝不顺，如果磨损，则要及时更换。

任务目标

能够对焊枪进行日常检查与维护保养。

任务实施指引

在教师的讲解和演示下，各学习小组检查并了解焊枪电源保养的内容和步骤，并结合教材内容知道焊枪保养的功能和目的。通过启发式教学法激发学生的学习兴趣与学习主动性。

9.3.1　TBi 焊枪维护保养

通过教师讲解焊枪日常检查内容，说出焊枪日常检查步骤，并填写到表 9-10 中。

表 9-10　焊枪日常检查步骤

序　号	检 查 步 骤
1	
2	
3	
4	

关联知识

TBi 焊枪维护保养主要包括以下几个方面的内容。

（1）每天每班将喷嘴、导电嘴、导电嘴座、喷嘴绝缘套清理一到两次。喷嘴、导电嘴、导电嘴座将焊渣清理干净；喷嘴绝缘套是易碎的，不能使用钳子或螺丝刀，以免损坏，应该用压缩空气将飞溅彻底清理干净。

（2）每次拧下喷嘴时，应该清理喷嘴座和喷嘴螺纹里的焊渣，这样可以减少螺纹磨损，延长焊枪使用寿命。喷嘴座的螺纹磨损会造成喷嘴和喷嘴座拧不紧、松动，容易造成喷嘴发热。

（3）定期用压缩空气吹扫送丝管和焊枪，防止焊屑影响送丝，损坏焊枪。

（4）定期检查水箱里的冷却水是否在规定范围内，冷却水是否循环。水箱有问题会影响焊枪的冷却，甚至造成水电缆和水管因冷却不足导致干烧而损坏，从而出现漏水现象。

（5）焊接工作前后，都需保证焊枪冷却 5 min 以上，以确保焊枪足够冷却。

（6）对于水冷焊枪，由于间断焊接导致铜锁和电缆出现间隙而放电烧损，所以应每周定期检查并拧紧塑料锁母，但注意不要用力过大导致滑丝。

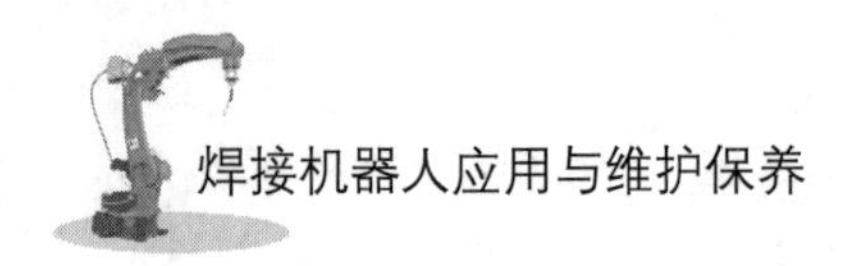

（7）定期检查吹扫气管是否绑紧。因为吹扫气管和保护气是通路，如果不绑紧，则保护气会从吹扫气管流走，造成保护气流量不足，焊接质量下降。

9.3.2　知识拓展——焊接机器人焊枪的维护保养

1. TBi 机器人焊枪使用说明

TBi 机器人焊枪系统，已与 KUKA、MOTOMAN、ABB、FANUC、PANASONIC、REIS、OTC 和神钢等厂商的机器人成功配套了多个汽车、重卡、工程机械、钢结构以及铝和不锈钢制品焊接项目。

TBi 机器人水冷焊枪系统简介如下。

水冷焊枪结构如图 9-21 所示，80 W 水冷枪颈技术参数见表 9-11。

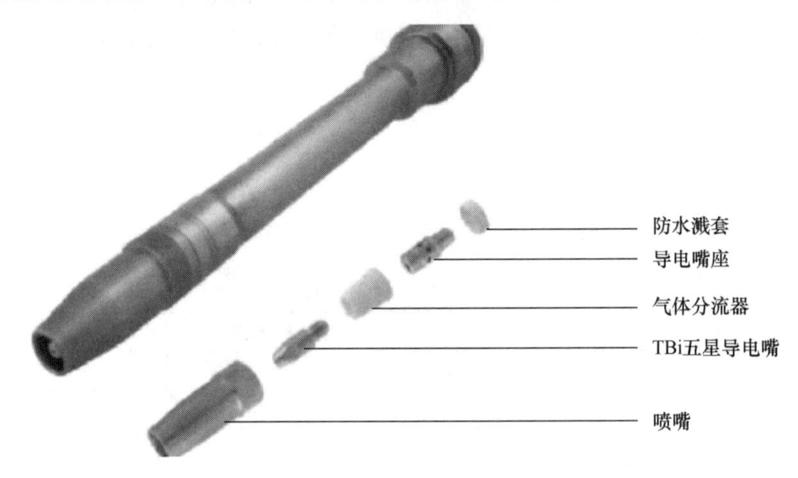

图 9-21　水冷焊枪结构

表 9-11　80 W 水冷枪颈技术参数

项　　目	技 术 参 数
冷却方式	双路循环水冷
暂载率	100%（10 min 考核周期）
混合气时电流	370～500 A
焊丝直径	0.8～1.6 mm
气体消耗量	6 L/min 起
气体导管	两条，等同于保护气和压缩空气通路
质量	约为 0.70 kg
电压等级	L（IEC60974-7 标准）
当用户使用脉冲电源时，暂载率会有所下降	

2. 机器人焊枪安装的注意事项

（1）焊枪耗材的安装按照图 9-21 所示进行。安装导电嘴座、气体分流器、导电嘴、喷嘴等螺纹连接的部件时，应将相应的螺纹对正，然后轻柔顺畅地拧紧，确保得到良好的导电性能。

（2）焊枪安装时一定要注意，需要使枪颈后端带外丝的接头和集成电缆带铜内丝的塑料锁母对正，然后轻柔顺畅地拧紧，以确保枪颈和电缆的外缘导电面紧密接触。如果没有拧紧，则枪颈和电缆的导电面就会有间隙，由于电流较大会出现间隙放电，会破坏导电面，从而使枪颈和电缆出现不可修复的故障。

（3）对于水冷焊枪，由于间断焊接导致铜锁母经常冷热交替，可能会导致螺母松动，枪颈和电缆出现间隙而放电烧损，所以应每周定期检查并拧紧锁母， 但注意不要用力过大导致滑丝。

（4）如果在电缆法兰处出现漏水现象，则及时检查是否正确安装枪颈；如果枪颈电缆的接触面已经损坏，则及时送厂家维修，切忌将水箱关闭继续使用，否则会出现不可修复的损坏。注意，焊枪系统本身就是整个焊接系统的耗材，建议用户进行焊枪备件库存，以便维修时能够及时更换，不至于因此影响生产。

（5）水冷焊枪工作时要保证充分冷却，TBi 水冷焊枪要求在 2×10^5 Pa 压力下，焊枪回水管外接端口水流量必须达到 1.0～2.0 L/min；要经常检查水箱、通水管道和水质，并每 3 个月定期更换冷却液体（专用冷却液或蒸馏水混合汽车防冻液）。水管材质是由耐腐蚀，耐氧化材料制成的，水管必须顺畅，不能弯折，捆绑。

3. 水流量问题

（1）水箱流量传感。流量传感是最准确的，但是要看流量传感器的放置位置和设定的流量值。流量传感器应该放在回水管进水箱之前，这样测出的流量才是准确的。另外，流量传感器设定流量的最小值应该是 1.6 L/min，否则不能满足电缆冷却要求。如果传感器报警，则说明流量已经出现问题，应停机检查。如必要应从 TBi 购买流量传感器。

（2）是否采用加长水管，应检查整个水管长度（含焊枪电缆长度）是否超过水箱的最大扬程。如果必须用加长水管则应采用加粗的水管，内径 8 mm 以上，以保证有充足的水流量。另外，加长水管的布置也应注意，不要用捆扎带将水管捆扎固定，应该使其处于自由状态，否则会因为捆扎使水路受阻损失流量，造成电缆烧损。

（3）水箱中是否有滤芯（好的滤芯应该有多层过滤）。滤芯可以过滤掉水中的杂质和颗粒，起到保证水冷通畅的作用。应定时检查滤芯效果，并及时清理或更换。

（4）水质问题，要使用冷却液或纯净水（并加注适量防冻液），而不能使用自来水或矿泉水。要经常检查水质，如果水变浑浊或者黏稠应及时更换。

（5）在使用机器人焊枪前要检查清枪站清枪绞刀和焊枪喷嘴、导电嘴是否匹配，如果不匹配会对焊枪造成严重的损坏，从而导致整个系统无法工作。

（6）注意，严格按照额定电流和暂载率使用本产品，超负荷使用会导致焊枪损坏。

（7）注意，要使用 TBi 原厂配件和耗材，否则将导致丧失原厂质保。

（8）清枪站需要定期维护：清枪站一定要使用干燥清洁的压缩空气，并且每周拧开气动电动机下面的胶木螺钉放水以免使转轴生锈影响转动；移动轴每月注油一次；每周对设备进行清扫；每周检查一次硅油瓶中的硅油。

（9）每次使用焊枪前后，应检查喷嘴、导电嘴、导电嘴座、气体分流器、绝缘垫片、送丝管和导丝管等耗材是否安装正确及完好，有问题要及时更换。更换导电嘴时应用扳手固定导电嘴座，以免导电嘴座连同导电嘴一起被卸下。这样可以延长焊枪使用寿命。当导电嘴的螺纹磨平后再更换导电嘴座。

（10）每次使用焊枪后，应用压缩空气吹扫送丝管和焊枪，以防止焊屑影响送丝，损坏焊枪。

（11）如遇送丝不畅，应更换送丝管、导丝管、导电嘴等，并且检查送丝机构的送丝轮，压力过小会影响送丝，压力过大会伤害焊丝表面，影响引弧稳定。

（12）正确使用防护用品并按正确规程操作焊枪，确保安全。

（13）使用 TBi 原厂配件。

4. 说明

（1）机器人焊枪和电缆只是整个焊接系统输出的终端，系统中其他设备发生问题往往通过焊枪系统来表现：送丝机构或电源有问题，会导致送丝不畅，焊接效果差；水箱有问题会影响焊枪的冷却，甚至造成水电缆和水管因冷却不足干烧而损坏，从而出现漏水现象。

（2）焊枪系统本身就是整个焊接系统的耗材，所以任何焊枪厂家都不会给出固定的质保期。TBi 是全球唯一一家对机器人焊枪枪颈主体给予一年的质保期（焊枪必须正确安装使用并按要求定期维护，而且仅使用原厂的耗材和配件）的企业。表 9-12 所示是一些焊枪易损件配件的名称和图片，供参考。

表 9-12　焊枪易损件配件

序号	名　称	图　片	生产编号	建议库存/支	备　注
1	导电嘴座	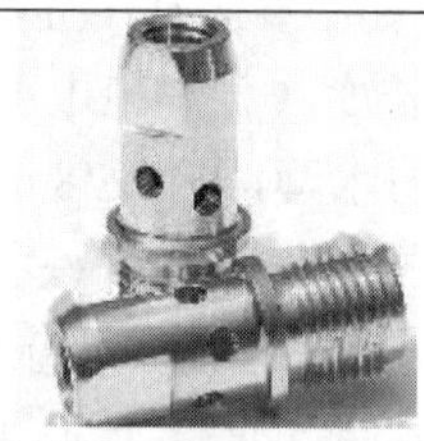	671P102065	10	导电嘴座 M8，带专利，焊丝强迫接触设计
2	防飞溅套		346P012671	20	PEFT
3	气体分流器	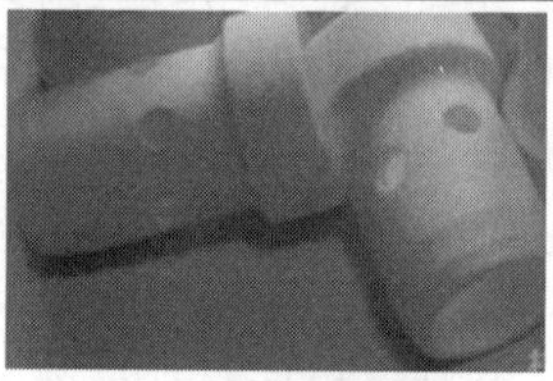	671P102038	20	陶瓷 M8 L= 21.5 mm
4	螺纹喷嘴		345P12267	10	L=62 mm，锥度（内径 16 mm）和直口（20 mm）两种选择

（续表）

序号	名　称	图　片	生产编号	建议库存/支	备　注
5	TBi 五星导电嘴		344PXX626	60	高硬度铜合金，内孔五边形设计，长使用寿命，L=28 mm M8
6	钢送丝软管		324P2045XX	20	焊钢用
7	PA 送丝软管 碳特氟龙送丝管 特氟龙送丝管		328P2040X	20	焊铝用，根据客户需要选用

项目测评

各小组在任务实施指引完成后，根据学习任务要求，检查各项知识。教师根据各小组的实际掌握情况在表 9-13 中进行评价。

表 9-13　焊接机器人焊枪维护保养

序　号	主要内容	考核要求	评分标准	配　分	得　分
1	焊枪使用前注意事项	正确说明焊枪使用前注意事项	按照说明的合理性和完整性评分	40	
2	焊枪日常检查	正确实施焊枪日常检查	按照检查步骤的合理性和完整性评分	40	
3	课堂纪律	遵守课堂纪律	按照课堂纪律细则评分	10	
4	工位 7S 管理	正确管理工位 7S	按照工位 7S 管理要求评分	10	
合计				100	

课 后 练 习

一、填空题

1. 焊枪送丝管的长度为：________拧到________上后，刚好顶到送丝管。
2. 焊接过程中，如果送丝不畅，则检查__________及更换__________。
3. 定期用_______吹扫送丝管和焊枪，以防止焊屑影响送丝，损坏焊枪。

二、问答题

1. 简述焊枪喷嘴内飞溅过多的原因和解决方法。

____

____

2. 说明焊枪维护保养的内容和步骤。

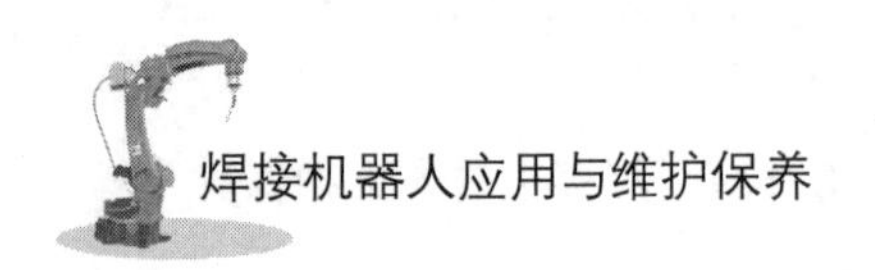

9.4 送丝机构的维护保养

任务导入

本部分内容针对时代公司 TFN 6000FN（以直流电机为驱动单元的单电机四轮驱动）送丝机构的维护保养做详细说明。

TFN 6000FN 送丝机构电机的控制电路安装在其内部，与电源之间由多芯控制电缆和焊接电缆相连，如图 9-22 所示。该送丝机构轻巧、稳定和可靠。

图 9-22 TFN 6000FN 送丝机构

TFN 6000FN 送丝机构（以下简称送丝机构）采用注塑件＋钣金结构，强度高，体积小、结构简单、移动方便，并且具备下述技术特点。

（1）适用于欧式接口焊枪。

（2）面板设计有焊接电压、送丝速度调节旋钮。

（3）焊丝盘支撑转轴采用高强度注塑件，坚固耐用，转轴内部具有阻尼调节机构，可方便调节支撑转轴转动时的阻尼。

（4）丝盘罩封闭设计，可有效保护焊丝，开合方便，便于丝盘安装。

（5）允许焊接电流范围为 30～630 A。

（6）电机的额定工作电压为 24 V DC。

任务目标

（1）能够完成送丝机构的安装；

（2）能够完成送丝机构的安全防护和维护保养。

任务实施指引

在教师的讲解和演示下，各学习小组检查并了解送丝机构安装和维护保养的内容和步骤，并结合教材内容知道送丝机构维护保养的功能和目的。

9.4.1 送丝机构的安装

通过教师讲解送丝机构的安装，完成送丝机构的安装步骤，并填写到表 9-14 中。

表 9-14 送丝机构的安装步骤

序　号	安 装 步 骤
1	
2	
3	
4	

关联知识

1. 焊丝盘的安装

（1）将焊丝盘尾端的挡片扳到与焊丝盘安装轴同一轴线的位置。

（2）将焊丝盘推入到焊丝盘安装轴上，推入时注意将安装轴外套组件上的阻尼杆插入到焊丝盘侧面的孔中。

（3）将挡片扳回到垂直于焊丝盘安装轴线的位置，使其能挡住焊丝盘向外蹿动。

2. 送丝轮的安装

小心转动有关装置防止挤压手指。

根据焊丝直径选择与其相对应规格的送丝轮和压丝槽（在压丝槽同侧面上印有标识其规格的字样，如ϕ0.8 mm、ϕ1.0 mm、ϕ1.2 mm、ϕ1.6 mm 等），送丝轮推荐规格见表 9-15。

注意：出口嘴的中轴线与送丝轮上压丝槽的中心线位置偏差不大于ϕ0.1 mm，出口嘴周围应无粉尘、铁屑等多余物。

表 9-15 送丝轮推荐规格

焊 丝 类 型	钢　丝	铝　丝	气保药芯焊丝
推荐送丝轮	V 形	U 形	U 形

3. 穿焊丝

小心转动装置防止挤压手指。

（1）按逆时针方向旋转加压杆把手并将加压杆向下方搬动至水平位置。

（2）将左、右压紧轮从送丝轮上移开。

（3）将焊丝经入口嘴、中间嘴、导电铜头送进送丝管。

（4）压紧轮压紧焊丝后，向上搬动加压杆至竖直位置。

（5）按顺时针方向旋转加压杆把手施加适当的压紧力（注意加压杆上的刻度）。

4. 焊枪的安装

（1）送丝管：依据焊丝直径选择合适的送丝管，并且根据焊枪的实际长度截取送丝管的长度。注意，在焊枪电缆为伸直状态下插入送丝管，使送丝管后端防松螺母紧到极限位置，再以半径（R）为 300～400 mm 盘绕焊枪电缆，使送丝管前端位置与枪颈端头持平，即 $\Delta L=0$，然后截断多余部分。当焊枪拉直后，送丝管缩回枪颈端头，$\Delta L=2\sim5$ mm，见图 9-23 中的放大部分。

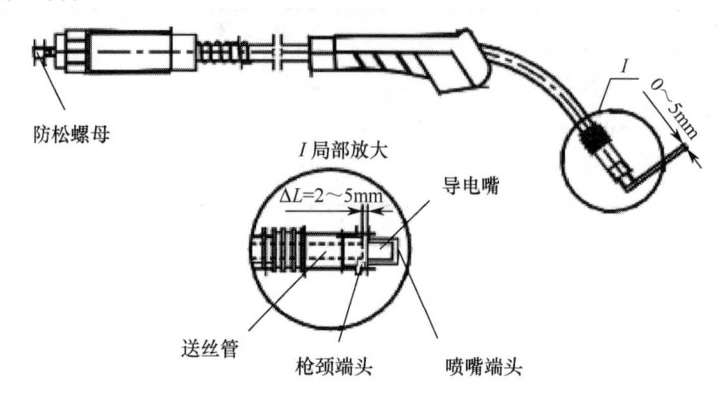

图 9-23　焊枪的安装

（2）送丝管在送完约 3 盘焊丝后，应进行清理，在严重污染的条件下， 应增加清理送丝管的次数，以减小送丝阻力，增加送丝稳定性。

（3）选择相应的导电嘴座，保证安装导电嘴后的导电嘴的端头与喷嘴端头的距离为 0～5 mm。

（4）选择相应规格的导电嘴。

（5）选择安装相应喷嘴。焊铝时，喷嘴应适当加长，以保证导电嘴端头与喷嘴端头的距离大于 15 mm。

（6）将完成上述步骤的焊枪谨慎安装在送丝机构上，以防止枪尾插针受损。

5. 欧式枪座导丝管／出口嘴的更换

拆导丝管/出口嘴的步骤如下。

（1）拆下焊枪及欧式枪座。

（2）从送丝机构枪座一侧取出出口嘴。

装导丝管／出口嘴的步骤如下。

（1）将出口嘴从枪座一侧插入（ϕ0.8 mm、ϕ1.0 mm 的实心焊丝，选用内径为ϕ2.0 的出口嘴），注意出口嘴与送丝轮间距小于 1.5 mm。

（2）装上欧式枪座。

（3）完成上述步骤后，将焊枪谨慎地安装在送丝机构上，出口嘴的安装如图 9-24 所示。

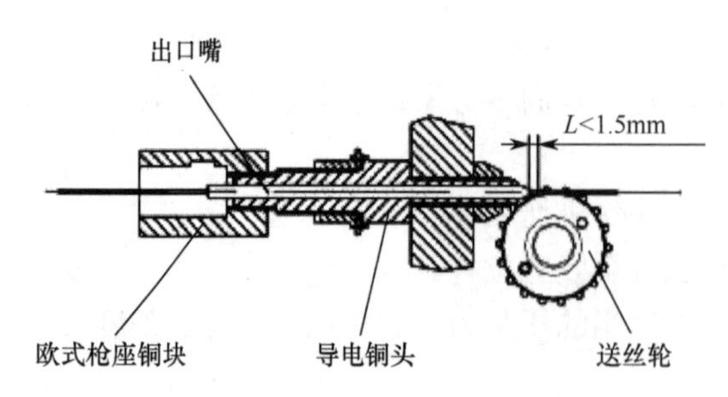

图 9-24　出口嘴的安装

9.4.2　送丝机构的安全防护和维护保养

通过教师讲解送丝机构安全防护和维护保养，完成送丝机构的安全防护和维护保养步骤，并填写到表 9-16 中。

表 9-16　送丝机构安全防护和维护保养步骤

序　号	检 查 步 骤
1	
2	
3	
4	

1. 安全防护

送丝机构安全防护的注意事项如下。

（1）在送丝机构工作过程中严禁触摸带电器件及运动部件，如送丝装置、导电嘴、送丝轮等。

（2）焊接过程中应戴头盔和安全手套，穿劳动保护鞋，使用耳塞并扣领口，戴焊帽，选用合适的滤光镜片，穿全套防护服。

（3）焊接过程中应使用强制通风和吸烟装置去除烟尘。

（4）在触电危险性较大环境作业时应穿全套防护服，应远离易燃、易爆物进行焊接作业，密闭容器作业时应使用必要的通风换气装置，高空作业时应将送丝装置和焊丝盘安装牢固，作业时正下方距离 2 m 范围内严禁站人。

（5）除非特殊需要，送丝装置禁止放置在大于 15°的斜面上进行工作，当有特殊需要时应采取必要措施将送丝装置和焊丝盘固定牢靠。

（6）导丝或更换焊丝盘时不能戴手套，应徒手操作。

（7）焊接过程中如果送丝装置需要悬挂起来，则悬挂装置应与送丝装置的外壳保持电气绝缘，如果采用支撑方式支撑送丝装置，则应保证送丝装置与支撑物之间的电气绝缘。

2. 维护保养

送丝机构维护保养注意事项如下。

（1）送丝轮、加压轮的检查：槽部磨损状况，槽内有无尘土。

（2）送丝导管的检查：有无偏斜、灰尘等。

（3）电机检查：碳刷磨损状况。

（4）更换黄油：检查电机齿轮的黄油。

9.4.3　知识拓展——自动送丝机构

下面拓展介绍焊接机器人送丝机构——自动送丝机构。

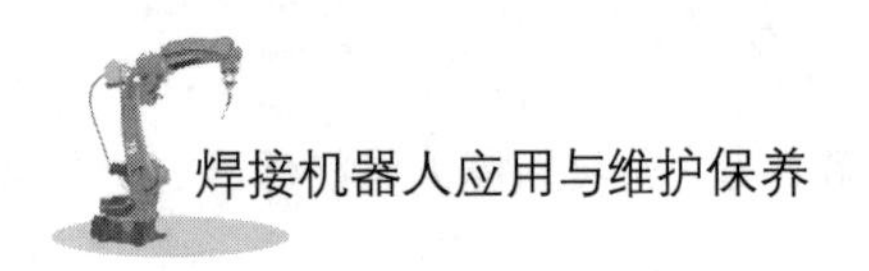

自动送丝机构是在微电脑控制下，根据设定的参数连续稳定地送出焊丝的自动化送丝装置。自动送丝机构一般由控制部分提供参数设置，驱动部分在控制部分的控制下进行送丝驱动，送丝嘴部分将焊丝送到焊枪位置。

1. 控制部分

控制部分具有滞后送丝和提前抽丝功能。它既可以实现单机自动控制（内控），也可以接收上位机控制（485 通信）；既可以通过脚踏开关控制送丝和抽丝，也可以使用焊枪高频开关实现同步控制（高频进线、高频出线）。送丝速度为 0～1000 mm/min（一般可按照客户要求定制），送丝速度重复性误差在±5%以内，具有连续送丝及断续送丝功能，且断续送丝频率及占空比可调。

2. 驱动部分

自动送丝机构送丝驱动部分一般由可调预紧力压杆、主动轮、从动轮组成。可调预紧力压杆：用于压紧焊丝，把手可旋转调节压紧度。主动轮：电机带动主动轮旋转，为送丝提供动力。从动轮：将焊丝压入送丝轮上的送丝槽，增大焊丝与送丝轮的摩擦，将焊丝平稳地送出。

3. 送丝嘴部分

送丝嘴部分可以将送丝嘴和焊枪进行相对固定，且能调整送丝的角度以及送丝嘴到钨极的距离，以保证焊接质量。

项目测评

各小组在任务实施指引完成后，根据学习任务要求，检查各项知识。教师根据各小组的实际掌握情况在表 9-17 中进行评价。

表 9-17 焊接机器人送丝机构维护保养

序号	主要内容	考核要求	评分标准	配分	得分
1	送丝机构的安装	正确说明送丝机构的安装步骤	按照说明的合理性和完整性评分	40	
2	送丝机构的维护保养	正确实施送丝机构维护保养步骤	按照检查步骤的合理性和完整性评分	40	
3	课堂纪律	遵守课堂纪律	按照课堂纪律细则评分	10	
4	工位 7S 管理	正确管理工位 7S	按照工位 7S 管理要求评分	10	
合计				100	

课 后 练 习

一、填空题

1．在送丝机构工作过程中严禁触摸带电器件及运动部件，如________和________。

2．高空作业时应将________和________安装牢固，作业时正下方距离 2 m 范围内严禁站人。

3．送丝机构日常检查________和________的槽部磨损情况。

二、问答题

1．简述焊接机器人送丝机构的安全防护措施。

____

____

2．说明送丝机构日常维护保养的内容和步骤。

____

____

附录 A

故障代码

1. 焊接机器人故障代码表（时代机器人）

（1）时代机器人控制器、驱动器和编码器常规错误见表 A-1。

表 A-1　时代机器人控制器、驱动器和编码器常见错误

错误编号	提示信息	返回信息/错误分析	解决方法
1000	伺服驱动系异常	伺服电机、伺服驱动器、编码器等出现未知错误	根据返回参数中的相应错误代码，查找相应的伺服电机说明书，按照相应的操作进行错误清除，操作完成后按清除键，如果成功清除则机器人变为正常停止状态，否则继续报相应的错误
1001	控制器初始化失败	000X/串口打开失败。检查串口配置后重启。 00X0/ECLR 程序加载失败。 XX00/指定轴驱动电机未找到	根据原因检查后重启控制器程序
1002	控制器与驱动卡连接出错	0/控制器与驱动卡之间网络中断	检查网线，重新连接
		255/驱动器与伺服电机连接出错	检查伺服驱动器与机器人的航空插头及接线，重新连接
		65535/驱动卡未上电 当 6 个伺服驱动器均处于报警状态时也会报此错误	驱动卡上电
1003	控制器中 PLC 程序因错误停止（回调函数返回错误）	返回参数是 PLC 程序错误时的代码	重启控制器程序
1004	超出工作空间范围	出错模块 ID+轴号/轴操作超出工作范围	按下取消限制键再按下清除键待机器人错误标志复位后，轴操作相应轴回到工作空间内
1005	逆向运动学求解错误（多解或奇异）	出错模块 ID/逆向求解出现多解或奇异点	清除错误后重新运行
1006	加速度超过限制	出错模块 ID/可能是机器人出现抖动造成的	清除错误后重新运行
1007	运行速度超出最大限制	输出指令速度/机器人运行速度超出最大限制	清除错误后重新运行，提高最大限制速度或减小运行速度

（续表）

错误编号	提示信息	返回信息/错误分析	解决方法
1008	位置误差超过限制	跟随误差脉冲/位置误差超出系统限制	清除错误后重新运行，提高位置误差限制或减小运行速度或调整PID参数来提高运行精度
1009	速度控制输出电压超出范围	输出指令速度/当编码器位置无法采集时会出现这种情况，应当检查后再运行	清除错误后重新运行
1010	机器人运行状态错误	出错模块ID/因机器人运行状态出错而造成模块无法运行	清除错误后重新运行
1011	外部I/O扩展板连接出错	未连接I/O扩展板	增加或屏蔽I/O扩展板

（2）时代机器人参数配置错误编号及分析见表A-2。

表A-2 时代机器人参数配置错误编号及分析

错误编号	提示信息	原因分析	解决方法
1200	机器人数据文件丢失，已重新建立空文档	机器人数据文件丢失	重新设置机器人相关参数
1201	参数配置文件丢失，已恢复至出厂设置	参数配置文件丢失	重新设置机器人相关参数
1202	输入不合法	输入数值不在允许输入范围内	修改输入的数值
1203	JOG的加减速超出紧急刹车减速度	JOG的加减速超出紧急刹车减速度	修改对应的2个参数
1204	（上限+上限偏置）＞（下限+下限偏置）	（上限+上限偏置）＞（下限+下限偏置）	修改对应的4个参数
1205	电机输出脉冲、编码器线数错误	电机输出脉冲、编码器线数错误	修改对应的2个参数

（3）时代机器人数据配置错误编号及分析见表A-3。

表A-3 时代机器人数据配置错误编号及分析

错误编号	提示信息	原因分析	解决方法
1700	坐标系数据文件丢失，已清零	坐标系数据文件丢失，已清零	重新对机器人坐标系进行校准
1701	原点数据文件打开或建立出错	原点数据文件打开或建立出错	重新校准机械原点
1702	所给的示教点距离过近	坐标系标定时示教点距离过近	重新选择示教点
1703	所给的示教点三点共线	坐标系标定时示教点三点共线	重新选择示教点
1704	示教点不足	坐标系标定时示教点个数少	增加示教点个数
1705	请选择1～8号坐标系进行校准	坐标系标定时需要选择子坐标系	选择坐标系
1706	坐标系选择超范围或该坐标系未设定	选用坐标系时该子坐标系没有标定或子坐标系编号错误	选择合适标号的坐标系
1707	至少选择位置或姿态中的一种进行校准	坐标系标定时没有选择标定方法	选择位置或姿态

（4）示教编程错误编号及分析见表 A-4。

表 A-4　示教器编程错误编号及分析

错误编号	提示信息	原因分析	解决方法
2000	未设置主程序	主程序文件已经被破坏或删除	在【程序管理】界面重新设置主程序
2001	打开文件失败	程序文件丢失或读取不成功	检查示教文件后重新打开
2002	上次操作未完成	编辑/插入/删除/修改/撤销/重做/上翻页/下翻页等操作未完成	完成上次操作即可，或者按取消限制键取消操作
2003	程序超出 1000 行	示教程序最多 1000 行，已达到 1000 行时，不能再执行编辑和插入操作	重新编辑示教程序
2004	输入不合法	示教指令的参数数值，不符合输入规范	重新输入
2005	文件名不能为空	文件名未输入字符	输入文件名
2006	文件创建失败	文件命名不合理	检查后重试
2007	文件已存在	已存在同名文件	修改文件名
2008	点编号范围 1～999	示教点编号超出范围	示教点编号在 1～999 之间
2009	示教点已存在，确定要覆盖	该点已经被设置过	再次确认存储，自动清空，如果不进行再次确认，则放弃当前操作，直接用清除键清空
2010	主程序受保护，不能删除或重命名	主程序不能被删除	若需更改，应首先设置其他程序为主程序
2011	第一条移动指令应当为 MOVJ	第一条移动指令应当为 MOVJ	将出现的第一条移动指令修改为 MOVJ 或在初始时加入一条 MOVJ 指令
2012	指定行 MOVC 指令不完整	MOVC 指令应为偶数个	一个圆弧动作应当包含两条 MOVC 指令
2013	当前行的 IF/ELSE 指令不配套	IF/ELSE 指令不完整	IF 或 ELSE 不能单独出现
2014	指令行转弯距离过大	MOVC 两示教点之间距离较大	减小指定行移动指令转弯距离
2015	减速距离不足，需提前降速	指定的距离不足以完成减速运动	降低初始速度或提高终点速度
2016	外部轴运动冲突	七八轴角度值变化且外部轴未激活	在外部轴设定界面激活外部轴坐标系
2017	寻位失败	在指定方向或距离内无法搜寻到目标点	修改寻位参数后重新寻位
2018	机器人联动时非用户坐标系下的移位指令无效	联动时，移位指令参数只有在用户坐标系下才有效	关闭外部轴激活状态或修改移位指令参数
2019	CALL 指令前的轨迹指令转弯距离必须为 0	CALL 指令前的轨迹指令转弯距离必须为 0	将前一轨迹指令转弯距离修改为 0
2020	CALL 指令调用文件出错	CALL 指令调用的文件不存在	确定调用文件是否存在，若无则重新设定
2021	嵌套调用次数超过设定	嵌套指令过多	减少嵌套调用文件的个数

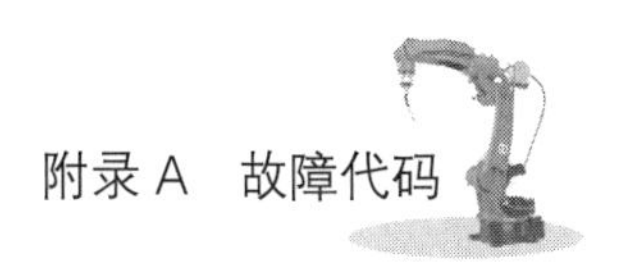

（5）通信错误编号及分析见表 A-5。

表 A-5 通信错误编号及分析

错误编号	提示信息	原因分析	解决方法
2100	焊接电源连接出错	焊接电源与控制柜连接出现错误	检查焊接电源连接情况，重发焊接电源操作指令
2101	机器人伺服串口错误	返回参数为：串口状态+轴号 1：打开失败 轴号 0 0：打开成功 轴号（连接轴失败）	检查串口连接情况，重启

（6）焊接电源错误编号及分析见表 A-6。

表 A-6 焊接电源错误编号及分析

错误编号	提示信息	原因分析	解决方法
2300	焊接电源连接出错	焊接电源信号线没有正确连接到控制柜	检查焊接电源连接情况，重发焊接电源操作指令
2301	焊接电源指令错误	同“外部轴连接出错”返回错误原因	检查指令发送情况，重发焊接电源操作指令
2302	引弧工艺文件号错	引弧文件号不存在或程序调用错误	重新设置引弧文件编号
2303	收弧工艺文件号错	收弧文件号不存在或程序调用错误	重新设置收弧文件编号
2304	焊接电源引弧失败	收到引弧指令后检测到引弧状态为失败	检查焊接电源状态，确认都已准备就绪
2305	焊接电源报警	焊接电源在焊接时报警	根据焊接电源报警代码检查焊接电源
2306	焊接电源状态冲突	返回参数为焊接电源状态： 0：未连接。 1：焊接电源连接检查中。 2：空闲中。 3：引弧指令已写入队列中。 4：引弧中，引弧指令已返回，开始读引弧状态。 5：焊接中，开始读是否有报警。 6：收弧指令已写入队列中，不再对焊接电源状态进行检查。 7：引弧失败后，主动将收弧指令已写入队列中。 8：引弧失败。 9：寻位状态	根据返回参数进行检查
2307	末端碰撞报警	焊枪与焊件发生碰撞	清除错误信息，操作机器人离开焊件

（续表）

错误编号	提示信息	原 因 分 析	解 决 方 法
2308	外部轴连接出错	返回参数为轴号+错误原因： 1：无数据返回。 2：无效地址。 3：参数错误。 4：写错误。 5：读错误。 6：错误应答。 7：返回长度不符。 8：超过最大长度	清除错误信息，重新连接。若出错，则重启控制柜

2. 焊接电源故障代码表（时代）

设备发生能够自我识别的故障时，控制面板会显示故障代码，如图 A-1 所示。

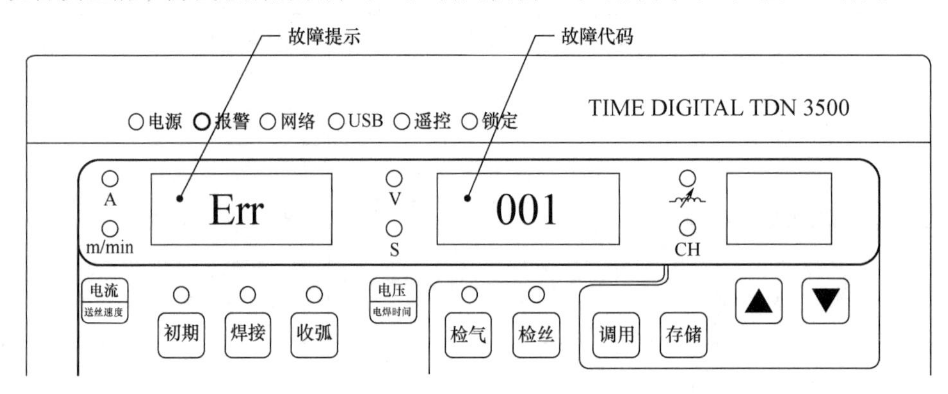

图 A- 1 控制面板故障代码界面

故障类型区分如下。

符号△：不需要重新接通电源（故障消除后，故障代码显示自动消除）。

符号▲：必须重新接通电源（即使故障消除，故障代码也不会自动消除，需要重新接通电源才能消除故障代码）。

接通电源后，控制面板显示窗口不能正常显示的原因有以下几个方面。

（1）显示控制板（MS01-02.14）损坏，可通过更换显示控制板排除故障。

（2）显示板（MS01-03.5）损坏，可通过更换显示板排除故障。

（3）显示控制板供电异常，检查供电异常原因（可能为线路故障或控制电源板 H225-01 故障引起）并排除。

故障代码详情及原因见表 A-7。

表 A-7 故障代码详情及原因

故 障 代 码	故 障 内 容	故 障 类 型	原因与对策
000	未知	未知原因，与时代售后服务客服联系	
001	一次侧过流	▲	内部部件发生故障：断电检查 IGBT、快恢复整流二极管模块、高频变压器和原边电流互感器等，更换后接通电源

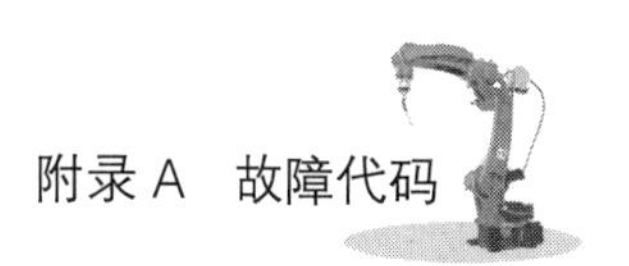

（续表）

故障代码	故障内容	故障类型	原因与对策
002	温度异常	△	内部温度过高：在本产品内部温度下降到正常前不要关闭电源；排除引起温度过高的原因（超出额定负载持续使用、通风口被堵塞和继电器损坏等）
003	输入过压	△	输入电压超出许可范围：关闭电源，将输入电压调整到额定号输入电压±15%的范围内，接通输入电源
004	输入欠压	△	输入电压超出许可范围：关闭电源，将输入电压调整到额定号输入电压±15%的范围内，接通输入电源
005	输入缺相	△	输入电源缺相：断开输入电源，检查引起缺相的原因（输入线路故障、输入开关故障等），排除后接通输入电源
006	冷却水 水压异常	△	冷却水箱循环水压力信号异常（适用选配水冷方式的电源）：检查冷却水箱工作是否正常（详细说明阅读冷却水箱使用说明书）
007	保护气体 压力异常	△	保护气体压力信号异常：检查保护气体压力信号，排除故障后可自行恢复正常
008	外部急停信号	△	连接到自动焊接口端子收到急停信号：解除急停信号后自动恢复正常
009	焊枪信号异常	△	接通输入电源时检查到焊枪闭合信号：焊枪闭合信号消除后自动恢复正常
010	引弧异常	△	引弧电流输出超时没有引弧成功信号：检查电流传感器是否工作正常；检查输出电流反馈信号是否正常；检查主控板（MS01-01）工作是否正常
011	电流反馈异常	△	接通输入电源时检测到输出电流反馈信号：检查电流传感器是否工作正常；检查输出电流反馈信号是否正常；检查主控板（MS01-01）工作是否正常
012	电压反馈异常	△	接通输入电源时检测到输出电压反馈信号：检查焊接回路中有无干扰信号（干扰信号可能来自邻近的交流焊接电源等其他设备）；检查内部输出电压反馈回路是否出现异常；检查电压采样板（ME04-13）工作是否正常；检查主控板（MS01-01）工作是否正常

附录 B

焊接工艺参数附表

1. CO_2保护焊工艺参数

（1）角焊时推荐的焊接工艺参数见表 B-1。

表 B-1　角焊时推荐的焊接工艺参数

坡 品 形 状	板厚 / mm	根部间隙 / mm	焊丝直径 / mm	电流 / A	电压 / V	速度 / (cm/min)	CO_2流量 / (L/min)
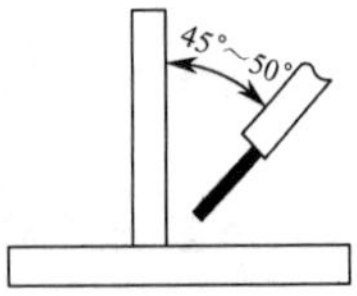 45°～50°	2.3	3.5～4	0.9	130～150	19～20	35～40	15
	3.2	4～4.5	1.2	150～200	21～24	35～45	
	4.5	5～5.5	1.2	200～250	24～26	40～50	
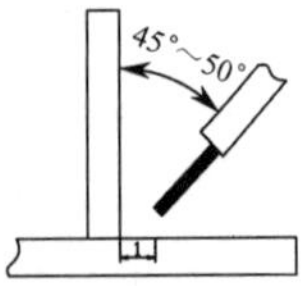 45°～50°	6	5～5.5	1.2	200～250	24～26	40～50	20
	8	7～8	1.2	260～300	28～34	25～35	
	12	7～8	1.2	260～300	28～35	25～35	
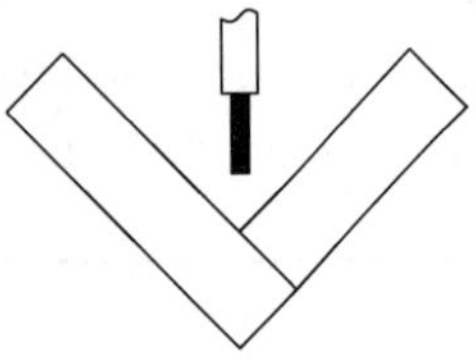	2.3	3.5～4	0.9	100～150	19～20	35～40	15
	3.2	4～5	1.2	150～200	21～25	35～45	
	4.5	5～5.5	1.2	150～200	21～25	35～40	
	6	6～7	1.2	300～350	30～36	40～45	20
	8	6～7	1.2	300～350	30～35	40～45	
	12	8～9	1.6	430～450	38～40	40～45	
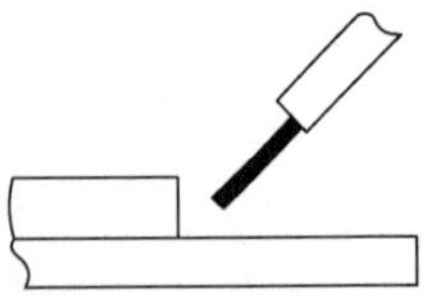	2.3	—	0.9	100～130	20～21	45～50	15
	3.2	—	1.2	150～180	20～22	35～40	
	4.5	—	1.2	200～250	24～26	40～50	

（2）平对接焊时推荐的焊接工艺参数见表 B-2。

表 B-2 平对接焊时推荐的焊接工艺参数

坡品形状	板厚 / mm	焊丝直径 / mm	焊道数	电流 / A	电压 / V	速度 / (cm/min)	CO2 流量 / (L/min)
z	6	1.6	1	400～430	36～38	80	15～20
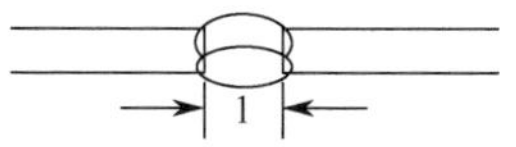 1	8	1.6	2	350～380	35～37	70	20～25
				400～430	36～38	70	
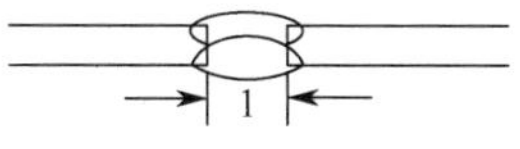 1	12	1.6	2	400～430	36～38	70	20～25
				400～430	36～38	70	
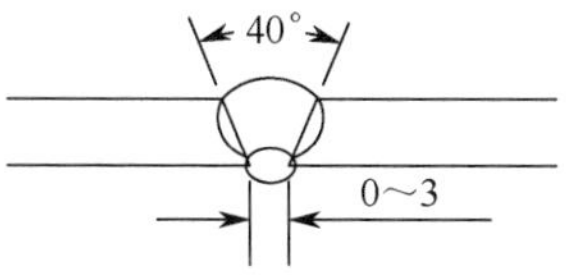 40° 0～3	8	1.2	2	120～130	26～27	0～50	20
				250～260	28～30	40～50	
	10	1.2	2	130～140	26～27	30～50	20
				280～300	30～33	25～30	
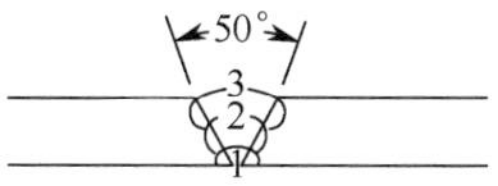 50° 3 2 1	16	1.2	3	120～140	25～27	40～45	20
				300～340	33～35	30～40	
				300～340	35～37	20～30	
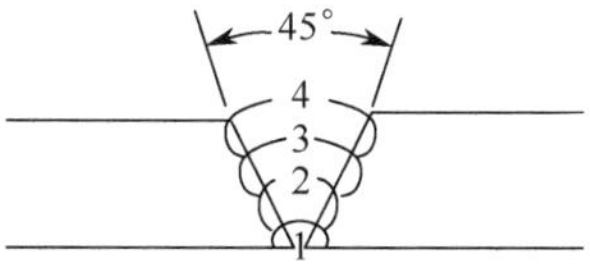 45° 4 3 2 1	19	1.2	4	120～140	25～27	40～50	25
				300～340	33～35	30～40	
				300～340	33～35	30～40	
				300～340	35～37	20～25	
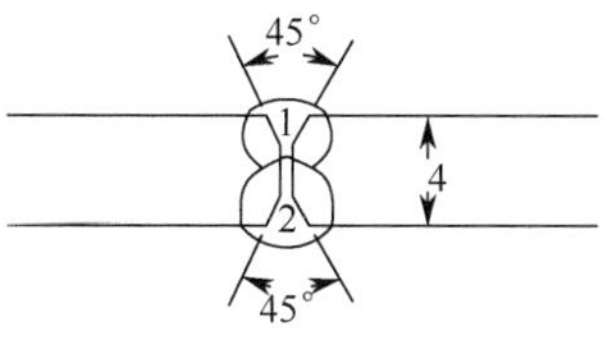 45° 1 4 2 45°	10	1.2	2	300～320	37～39	60～70	20
				300～320	37～39	60～70	
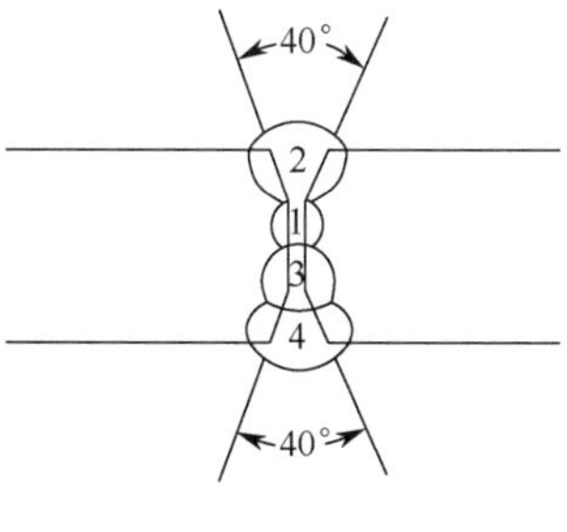 40° 2 1 3 4 40°	16	1.2	4	140～160	24～26	20～30	20
				260～280	31～33	35～40	
				270～290	34～36	50～60	
				270～290	34～36	40～50	
	19	1.2	4	140～160	24～26	26～30	20
				260～280	31～33	35～45	
				300～320	35～37	40～50	
				300～320	35～37	35～40	
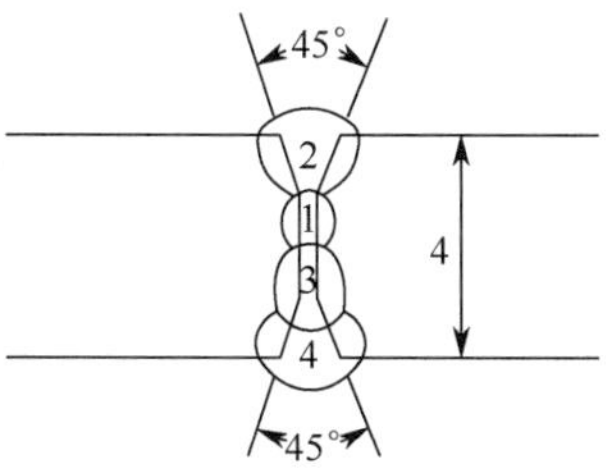 45° 2 1 3 4 4 45°	16	1.6	4	400～430	36～38	50～60	25
				400～430	36～38	50～60	
	19	1.6	4	400～430	36～38	35～45	25
				400～430	36～38	35～40	

（3）横向位置对接焊时推荐的焊接工艺参数见表 B-3。

表 B-3 横向位置对接焊时推荐的焊接工艺参数

坡 品 形 状	板厚 / mm	根部间隙 / mm	焊道直径 / mm	焊道数	电流 / A	电压 / V	速度 / (cm/min)
	6	2	1.0	1	130～140	19～20	18～22
				2～	150～160	20～21	15～25
	12	2	1.0	1	130～140	19～20	18～22
				2～	150～160	20～21	15～25
	15	6	1.2	1～4	240～260	25～29	30～40
				5～	200～240	24～26	40～50

2. CO_2/MAG 焊工艺参数

CO_2/MAG 焊接电流与焊丝直径的关系及板厚适用范围见表 B-4。

表 B-4 CO_2/MAG 焊接电流与焊丝直径的关系及板厚适用范围

材料类别	气体类型	钨极直径	ϕ0.8		ϕ1.0		ϕ1.2		ϕ1.6	
		熔滴过渡形式	CO_2	MAG	CO_2	MAG	CO_2	MAG	CO_2	MAG
碳素钢低合金钢	（1）CO_2 （2）80%Ar+20% CO_2 （3）80%Ar+15% CO_2+5% O_2	焊接电流范围 /A	50～150	30～150	70～180	50～300	80～350	60～440	140～500	120～550
		电弧电压范围 /V	18～22	17～22	18～22	18～32	19～34	19～35	20～38	19～40
		适用板厚/mm	0.9～4	0.4～6	2～12	2～20	2～25	20～50	4～80	4～100
奥氏体不锈钢	（1）95%Ar+5% CO_2 （2）98%Ar+2% O_2	焊接电流范围 /A	—	30～120	—	50～300	—	60～440	—	120～500
		电弧电压范围 /V	—	17～24	—	18～34	—	19～35	—	24～40
		适用板厚/mm	—	0.4～6	—	1～12	—	2～20	—	4～50

（续表）

材料类别	气体类型	钨极直径	ϕ0.8		ϕ1.0		ϕ1.2		ϕ1.6	
		熔滴过渡形式	CO_2	MAG	CO_2	MAG	CO_2	MAG	CO_2	MAG
铝及铝合金	Ar（99.9%）	焊接电流范围/A	—	—	—	—	短路 100～200	喷射 220～400	短路 140～220	喷射 240～500
		电弧电压范围/V	—	—	—	—	16～22	22～34	17～22	24～36
		适用板厚/mm	—	—	—	—	2～24	2～30	4～50	6～80

说明：

（1）短路过渡适用于平、横、立、仰全位置焊接；喷射过渡（射滴过渡）适用于平焊、角焊。

（2）板厚大于6 mm，开坡口焊接，采取多层多道焊工艺，最大可焊接厚度为100 mm。

（3）低合金钢板厚大于或等于28 mm，铝及铝合金板厚大于或等于34 mm应采用预热工艺。

（4）熔化极气体保护焊一般焊接速度范围：12～90 cm/min。

附录 C 焊接机器人编程指令

本附录介绍编程操作中用到的各种指令的含义、调用格式、使用方法。在打开的编程界面中，单击【快捷菜单】→【实用工具】→【命令一览】或在程序内容界面下单击【命令】按钮，可看到各种指令，详情如下：I/O 指令说明见表 C-1，控制指令说明见表 C-2，移动指令说明见表 C-3，作业指令说明见表 C-4，弧焊预设条件见表 C-5，弧焊引弧设置见表 C-6，弧焊熄弧设置见表 C-7，其他设置操作见表 C-8，弧焊摆焊设置见表 C-9，变位系统见表 C-10，运算指令说明见表 C-11，寻位指令说明见表 C-12。

表 C-1 I/O 指令说明

指令及功能说明	使 用 举 例	参 数 说 明
DOUT：数字信号输出（输出点复位或置位）	DOUT DO=1 VAL=1 表示把端子板数字量输出的第 1 个 I/O 输出点置位值为 1（高电平）	DOUT DO=*1 VAL=*2 其中：*1 为数字量输出端口号；*2 为数字量输出值
WAIT：等待信号输入（等待 I/O 输入点信号）	WAIT DI=1 VAL=1 表示等待端子板数字量输入的第 1 个 I/O 输入点置位值为 1（高电平）	WAIT DI=*1 VAL=*2 其中：*1 为数字量输入端口号；*2 为数字量输入值。 注意：如果没有信号输入，则一直等待不执行后续程序

表 C-2 控制指令说明

指令及功能说明	使 用 举 例	参 数 说 明
JUMP：跳转指令行	JUMP L=1 IF I1 〉/〈/= 2 表示：如果变量 I1 的值大于/小于/等于 2 时，光标跳转到第 1 行继续执行	JUMP L=*1 IF I *2 〉/〈/= *3 其中：*1 为跳转至行号；*2 为变量 I 的序号；〉、〈、=为判断跳转条件；*3 为判断跳转条件的值；如果判断跳转条件满足，则光标跳转到*1 行
CALL：调用子程序指令	CALL PRO= 1 表示调用程序文件名字为 1 的子程序	CALL PRO= *1 其中：*1 为已编辑的子程序名称，供当前程序调用
TIMER：延时指令	TIME T=1000 表示延时 1000 ms	TIME T=*1 其中：*1 为延时时间值（单位为 ms）

（续表）

指令及功能说明	使 用 举 例	参 数 说 明
IF/ELSE：IF 判断指令	IF IN/DI/DO= 1 〉/〈/= 2 表示：如果变量 I/数字输入端子口/数字输出端子口 1 的值大于/小于/等于 2，则执行 IF 语句的下一行指令；如果判断条件不成立，则执行 ELSE 语句的下一行指令，直到 ENDIF 结束判断	IF IN/DI/DO= *1 〉/〈/= *2 其中：*1 为判断要素 1（变量的序号、数字量输入端口号、数字量输出端口号）；*2 为判断要素 2（变量的数值、数字量输入端口高低电平 1 或 0 数字量输出端口高低电平 1 或 0）
PAUSE：暂停	PAUSE 表示机器人暂停动作	其中的单步前进无作用

表 C-3　移动指令说明

指令及功能说明	使 用 举 例	参 数 说 明
MOVJ：关节插补模式移动至目标点位置。 P=[0,999]整数，V=[0,100]整数, CR=[0,0xFFFFFFFF]整数	MOVJ P=0 V=20 CR=0 表示：机器人以速度为 20%，无拐角过渡，关节插补运动到当前点。 MOVJ P=1 V=20 CR=0 表示：机器人以速度为 20%，无拐角过渡，关节插补运动到【位置型】变量点 1 处	MOVJ　P=*1 V=*2　CR=*3 其中：*1 为 0 时是当前点位置，为 1～999 时是【变量】中【位置型】保存点；*2 为当前运行速度的百分比；*3 为提前规划的下一位置点轨迹拐角过渡段半径
MOVL：直线插补模式移动至目标位置（轨迹精度要求高）	MOVL P=0 V=20 CR=0 表示：机器人末端以速度为 20%，无拐角过渡，直线插补运动到当前点。 MOVL P=1 V=20 CR=0 表示：机器人末端以速度为 20%，无拐角过渡，直线插补运动到【位置型】变量点 1 处	MOVL　P=*1 V=*2　CR=*3 其中：*1 为 0 时是当前点位置，为 1～999 时是【变量】中【位置型】示教点；*2 为当前运行速度的百分比；*3 为提前规划的下一位置点轨迹拐角过渡段半径
MOVC：圆弧插补模式移动至目标位置。 注意：圆弧插补采用三点法成对出现，起始点插补模式随意，圆弧中点与末点皆为圆弧插补模式 MOVC	MOVL P=0 V=20 CR=0 MOVC P=0 V=20 CR=0 MOVC P=1 V=20 CR=0 表示机器人末端圆弧插补模式移动到目标位置点 P1，P1 点是提前示教好的【位置型】变量点	MOVC　P=*1 V=*2　CR=*3 其中：*1 为 0 时是当前点位置，为 1～999 时是【变量】中【位置型】保存点；*2 为当前运行速度的百分比；*3 为提前规划的下一位置点轨迹拐角过渡段半径
MOVP：点到点插补模式移动至目标位置（运动速度要求较高）	MOVP P=0 V=20 CR=0 表示机器人以速度为 20%，无拐角过渡，点对点插补运动到当前点。 MOVP P=1 V=20 CR=0 表示：机器人以速度为 20%，无拐角过渡，点对点插补运动到【位置型】变量点 1 处	MOVP　P=*1 V=*2　CR=*3 其中：*1 为 0 时是当前点位置，为 1～999 时是【变量】中【位置型】保存点；*2 为当前运行速度的百分比；*3 为提前规划的下一位置点轨迹拐角过渡段半径

（续表）

指令及功能说明	使 用 举 例	参 数 说 明
TRANSP：偏置开始指令	TRANSP A=1　PON=0 表示：以【数组型】变量点 1 为偏置增量，无姿态偏移量，进行偏置动作	TRANSP A=*1　PON=*2 其中：*1 为【变量】中【数组型】变量号；*2 为姿态变量，为 0 时姿态偏移无效
TRANSOFF：偏置结束指令	TRANSOFF 表示偏置结束	该指令与 TRANSP 配合使用
SPEED：调整本条语句后的运动指令速度百分比。 注意：本指令设置的速度与插补模式指令中的速度量的乘积为机器人“再现”模式下的最终速度	SPEED SP=10 表示：本条指令之后的机器人【单步运行】和【再现模式】下的运动速度为全速时的 10%，直至遇到新的 SPEED 指令	SPEED SP=*1 其中：*1 为速度百分比值。本指令能调整本条语句后所有指令的运动速度，直至遇到新的 SPEED 指令。 SPEED：SP=[1,100]，两位数
COORD：选择坐标系号	COORD COOR=TCS NUM=2 表示：选择工具坐标系中第 2 个子坐标系为后续程序所使用的坐标系	COORD COOR=*1 NUM=*2 其中：*1 为坐标系种类；*2 为*1 坐标系下第 *N* 号坐标系
MODE：调整机器人姿态工作方式	预留	预留
JERK：调整本条语句后的变加速度百分比。 JERK:JT=[0,1000]整数	JERK JT=10 表示：本条指令后的机器人运动指令的变加速度为总变加速度的 10%	JERK JT=*1 其中：*1 为变加速度百分比值
DEC：调整本条语句后的减速度百分比。 DEC:DEC=[0,100]整数	DEC DEC=*1 表示本条指令后的机器人运动指令的减速度为总减速度的 10%	DEC DEC=*1 其中：*1 为减速度百分比值
ACC：调整本条语句后的加速度百分比。 ACC:ACC=[0,100]整数	ACC ACC=*1 表示本条指令后的机器人运动指令的加速度为总加速度的 10%	ACC ACC=*1 其中：*1 为加速度百分比值

表 C-4　作业指令说明

内　　容	操　　作	说　　明
进入焊接界面	在触摸屏中单击【工艺】按钮→【弧焊】按钮或者在示教器中按【菜单】键→【上/下】键使光标置于【工艺】按钮→【右移】键→【上/下】键使光标置于【弧焊】按钮→【选择】键	预设条件 引弧设置 熄弧设置 其他设置 摆焊设置
界面介绍	预设条件	设置弧焊工作参数，包括焊丝材质、焊丝直径、保护气体、操作方式和输出控制等
	引弧设置	设置引弧相关参数，包括引弧电流、引弧时间、提前送气、熔深调整、热引弧电压和慢送丝速度等
	熄弧设置	设置收弧参数，包括收弧电流、收弧电压、滞后送气、回烧电压和回烧时间等
	其他设置	设置再启动功能参数，包括返回速度、返回长度、重焊电流、重焊电压、退丝时间、报警处理、再启动次数
	摆焊设置	设置摆焊相关参数，包括摆弧类型、摆动形态、行进角、摆动频率和停止时间等

表 C-5　弧焊预设条件

操　作	说　明
在触摸屏中单击【工艺】按钮→【弧焊】按钮→【预设条件】按钮或者在示教器中按【菜单】键→【上/下】键使光标置于【工艺】按钮→【右移】键→【上/下】键使光标置于【弧焊】按钮→【预设条件】按钮→【选择】键	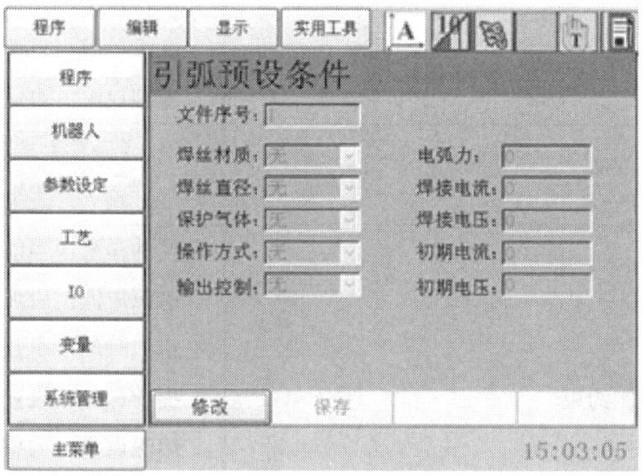
用户权限	操作权限：无权访问。 编辑权限：可访问、不可编辑。 管理权限：可访问、可编辑
注意	（1）【保存】按钮默认无效。 （2）输入方式为示教器键盘、软键盘
参数说明	文件序号：配置的焊接程序文件序号，范围为[1,20]。 电弧力：作用在电弧上的作用力，范围为[−9,9]。 焊接电流：焊接过程电流大小，范围为[25,1000]。 焊接电压：焊接过程电压大小，范围为[10,100]。 初期电流：焊接引弧电流大小，范围为[25,1000]。 初期电压：焊接引弧电压大小，范围为[10,100]
焊接参数选择 （具体参数修改，可查阅焊接电源说明书）	焊丝材质：（1）无；（2）碳钢；（3）药芯碳钢；（4）不锈钢；（5）药芯不锈钢。 焊丝直径：（1）无；（2）0.8 mm；（3）1.0 mm；（4）1.2 mm；（5）1.4 mm；（6）1.6 mm。 保护气体：（1）无；（2）CO_2；（3）MAG；（4）MIG。 操作方式：（1）无；（2）二步；（3）四步；（4）初期四步；（5）点焊。 输出控制：（1）无；（2）一元化；（3）分别

表 C-6　弧焊引弧设置

操　作	说　明
在触摸屏中单击【工艺】按钮→【弧焊】按钮→【引弧设置】按钮或者在示教器中按【菜单】键→【上/下】键使光标置于【工艺】按钮→【右移】键→【上/下】键使光标置于【弧焊】按钮→【引弧设置】按钮→【选择】键	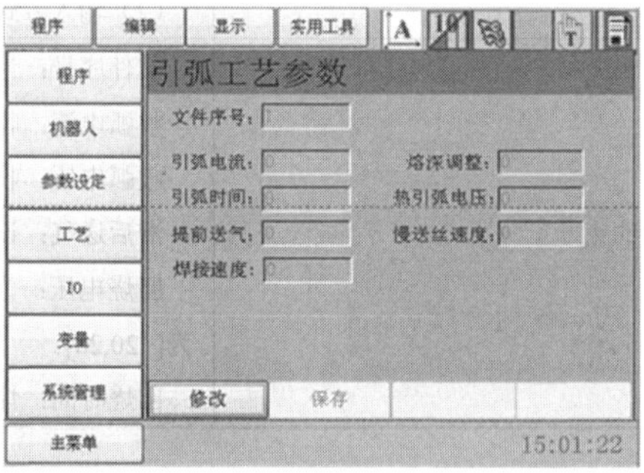

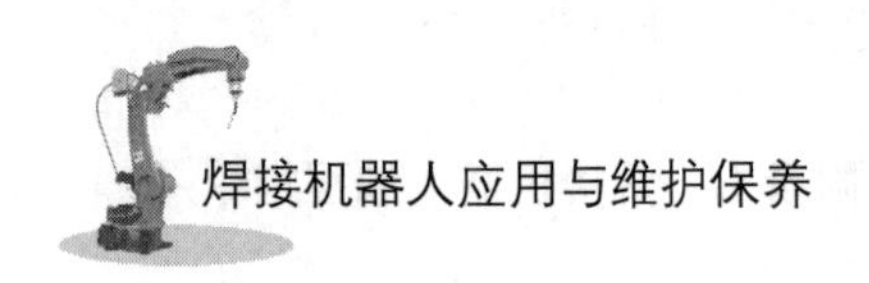

（续表）

操　　作	说　　明
用户权限	操作权限：无权访问。 编辑权限：可访问、不可编辑。 管理权限：可访问、可编辑
注意	（1）【保存】按钮默认无效。 （2）输入方式为示教器键盘、软键盘
取值范围约束	文件序号：当前焊接电源使用的引弧工艺参数索引号，范围为[1,20]。 引弧电流：引弧时焊接电源输出电流，范围为[−20,20]。 引弧时间：引弧所需时间，范围为[−20,20]。 提前送气：设置提前送气时间，范围为[0,1000]。 熔深调整：调整熔池深度，范围为[−20,20]。 热引弧电压：引弧成功增加的电压值，范围为[−20,20]。 慢送丝速度：引弧成功前的送丝速度，范围为[−20,20]

表 C-7　弧焊熄弧设置

操　　作	说　　明
在触摸屏中单击【工艺】按钮→【弧焊】按钮→【熄弧设置】按钮或者在示教器中按【菜单】键→【上/下】键使光标置于【工艺】按钮→【右移】键→【上/下】键使光标置于【弧焊】按钮→【熄弧设置】按钮→【选择】键	程序　编辑　显示　实用工具 程序　机器人　参数设定　工艺　IO　变量　系统管理　主菜单 熄弧工艺参数 文件序号：1 收弧电流：0　回烧电压：0 收弧电压：0　回烧时间：0 滞后送气：0 修改　保存 15:30:11
用户权限	操作权限：无权访问。 编辑权限：可访问、不可编辑。 管理权限：可访问、可编辑
注意	（1）【保存】按钮默认无效。 （2）输入方式为示教器键盘、软键盘
取值范围约束	文件序号：当前焊接电源使用的熄弧工艺参数索引号，范围为[1,20]。 收弧电流：收弧时焊接电源输出电流，范围为[250,10000]。 收弧电压：收弧时焊接电源输出电压，范围为[100,2000]。 滞后送气：设置滞后送气时间，范围为[0,100]。 回烧电压：为防止出现粘丝现象，焊接结束前焊接电源输出电压，范围为[−20,20]。 回烧时间：焊接输出防粘丝现象电压的持续时间，范围为[−20,20]

表 C-8 其他设置操作

操 作	说明
在触摸屏中单击【工艺】按钮→【弧焊】按钮→【其他设置】按钮或者在示教器中按【菜单】键→【上/下】键使光标置于【工艺】按钮→【右移】键→【上/下】键使光标置于【弧焊】按钮→【其他设置】按钮→【选择】键	程序 编辑 显示 实用工具 其他焊接参数 再启动功能设定 返回速度：10 mm/s 返回长度：15 mm 重焊电流：1500 A 重焊电压：20 V 退丝时间：100 ms 报警处理：报警停止 再启动次数 9 修改 保存 程序 机器人 参数设定 工艺 IO 变量 系统管理 主菜单 22:25:57
用户权限	操作权限：无权访问。 编辑权限：可访问、不可编辑。 管理权限：可访问、可编辑
注意	（1）【保存】按钮默认无效。 （2）输入方式为示教器键盘、软键盘
取值范围约束	返回速度：设置从当前位置返回到断弧处的速度。 返回长度：设置从当前位置返回到断弧处的距离。 重焊电流：设置再次焊接电流。 重焊电压：设置再次焊接电压。 退丝时间：设置焊丝回抽时间。 报警处理：默认。 再启动次数：设置再启动次数

表 C-9 弧焊摆焊设置

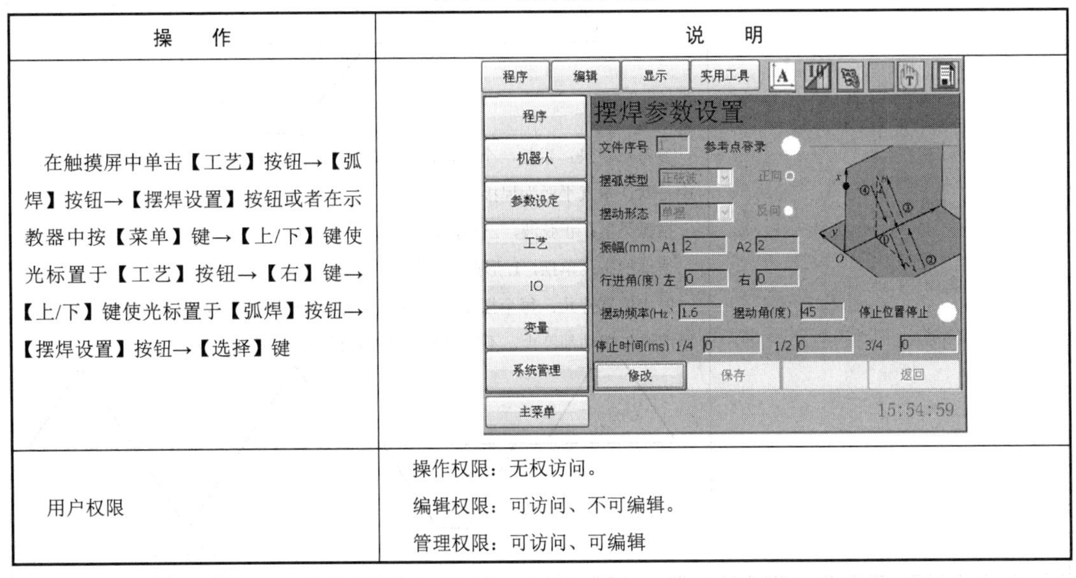

操 作	说 明
在触摸屏中单击【工艺】按钮→【弧焊】按钮→【摆焊设置】按钮或者在示教器中按【菜单】键→【上/下】键使光标置于【工艺】按钮→【右】键→【上/下】键使光标置于【弧焊】按钮→【摆焊设置】按钮→【选择】键	程序 编辑 显示 实用工具 摆焊参数设置 文件序号 参考点登录 摆弧类型 正弦波 正向 摆动形态 单摆 反向 振幅(mm) A1 2 A2 2 行进角(度) 左 0 右 0 摆动频率(Hz) 1.6 摆动角(度) 45 停止位置停止 停止时间(ms) 1/4 0 1/2 0 3/4 0 修改 保存 返回 程序 机器人 参数设定 工艺 IO 变量 系统管理 主菜单 15:54:59
用户权限	操作权限：无权访问。 编辑权限：可访问、不可编辑。 管理权限：可访问、可编辑

（续表）

操　　作	说　　明
注意	（1）【保存】按钮默认无效。 （2）输入方式为示教器键盘、软键盘
参数说明及限制	文件序号：当前摆焊参数设置文件的索引号，范围为[1,30]。 振幅：焊枪摆动的最大幅度，范围为[0.1,30]。当摆弧类型选择为正弦波或者三角波时，需要设置左/右振幅，即摆焊时从焊缝中心往左/右偏的最大距离。如下图所示，单位是毫米（mm），默认值为 1 mm，范围为 0.1～30 mm。 注意：左/右振幅的值差别越大，对机器人本体和电机承受的冲击也越大。 左振幅　前进方向　右振幅　正弦波/三角波 行进角：摆动方向与前进方向的垂线之间的夹角。正向、反向选择可改变夹角正负，范围为[−80,80]。 摆动频率：焊枪的摆动频率，范围为[0.1, 5]。 注意：频率设置得越大，摆动越快，机器人本体和电机承受的冲击也越大。 摆动角：摆动平面与前进直线的大地平面的垂面之间夹角，范围为[−180,180]。 停止时间：停止时间是指在每个周期的 1/4、2/4、3/4 处摆弧停止的时间。单位是 s，默认停止时间是 1/4 处为 0.1 s，2/4 处为 0s，3/4 处为 0.1 s，范围都是 0～32 s，如下图所示。 1/4周期停止时间　2/4周期停止时间　前进方向　3/4周期停止时间 参考点登录：示教一个点，以摆动轨迹与此点形成的平面为焊接平面，不选中是默认垂直平面为焊接平面。 摆弧类型：正弦波，三角波，圆形波（暂未开放）。 摆动形态：单摆，L 形摆，三角摆。 停止位置停止：每个摆弧周期的左右顶点与中间可以设置停留时间。选中表示前进与摆动都停止，不选中表示只停止摆动，不停止前进。 停止时间运动　停止时间不运动

表C-10　变位系统

操　　作	说　　明
在触摸屏中单击【工艺】按钮→【变位系统】按钮或者在示教器中按【菜单】键→【上/下】键使光标置于【工艺】按钮→【右】键→【上/下】键使光标置于【变位系统】按钮→【选择】键	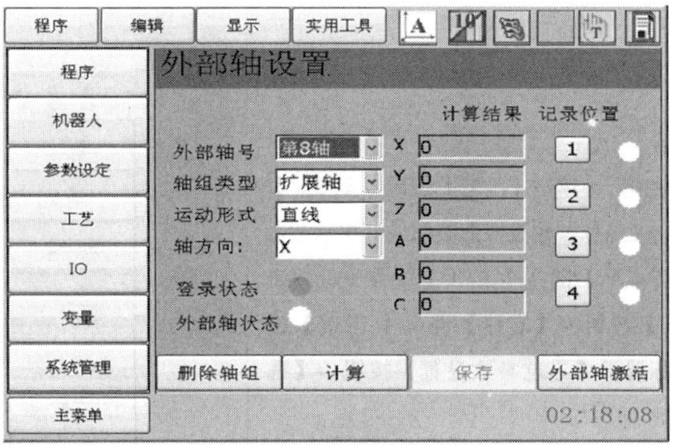
登录外部轴参数选择	外部轴号：（1）第7轴；（2）第8轴。 轴组类型：（1）扩展轴；（2）单轴变位机；⑶双轴变位机。 运动形式：（1）直线；（2）旋转。 轴方向：（1）X（*X*轴）；（2）Y（*Y*轴）；（3）Z（*Z*轴）
说明	登录轴组：登录当前轴界面，登录状态图标颜色为绿色，外部轴单轴操作时不需要标定。 外部轴激活：外部轴为可联动状态时，外部轴状态图标颜色变为绿色。 外部轴关闭：外部轴为不可联动状态时，外部轴状态图标颜色变白色。 删除轴组：登录轴组界面后，单击【删除轴组】按钮，可删除登录轴相关信息，并退出登录，登录状态图标颜色变为白色。

表C-11　运算指令说明

指令及功能说明	使用举例	参数说明
ADD：把数据2加到数据1上	ADD A/I=1 A/I=2 表示：把【数组型】变量/设定的变量2加到【数组型】变量/设定的变量1上	ADD A/I=*1 A/I=*2 其中：A/I为【变量】中数组型位置变量/普通变量；*1为点序号/普通变量名；*2为点序号/普通变量名
INC：变量值累加1	INC I=1 表示：变量1累加1	INC I=*1 其中：I为变量；*1为普通变量名
SUB：把数据1减去数据2	SUB A/I=*1 A/I=*2; 表示：把【数组型】变量/设定的变量1减去数组型变量/设定的变量	SUB A/I=*1 A/I=*2 其中：A/I为【变量】中数组型位置变量/普通变量；*1为点序号/普通变量名；*2为点序号/普通变量名
DEC：变量值累减1	DEC I=1 表示：变量1累减1	DEC I=*1 其中：I为变量；*1为普通变量名
SET：设置变量值	SET I=1 VAL=2 表示：设定变量I1的值为2	SET I=*1 VAL=*2 其中：I为变量；VAL为值；*1为普通变量名；*2为变量值

表 C-12　寻位指令说明

操　作	说　明
在触摸屏中单击【工艺】按钮→【弧焊】按钮→【寻位参数设置】按钮或者在示教器中按【菜单】键→【上/下】键使光标置于【工艺】按钮→【右移】键→【上/下】键使光标置于【寻位参数设置】按钮→【选择】键	程序 编辑 显示 实用工具 程序 机器人 参数设定 工艺 IO 变量 系统管理 主菜单 寻位参数设置 文件序号: 1 参数名称 单位 取值 触碰监测IO 1~12 3 触发有效信号 1/0 1 寻位距离倍数 偏差范围 毫米 50 寻位速度 毫米/秒 100 返回速度 毫米/秒 800 结果累加 1/0 0 修改 保存 返回 02:17:22
用户权限	操作权限：无权访问。 编辑权限：可访问、不可编辑。 管理权限：可访问、可编辑
注意	(1)【保存】按钮默认无效。 (2) 输入方式为示教器键盘、软键盘
取值范围约束	文件序号：当前寻位参数设置文件的索引号[1,20]。 触碰监测 IO：将信号检测接到端子板的相对应的输入端子上。 触发有效信号：选择上升沿或下降沿有效。此处两个变量已修改到 I/O 配置界面中。 寻位距离倍数：搜寻起点到寻位点距离的倍数。超过此倍数的距离则寻位失败，范围为[0,100]。 偏差范围：寻位搜寻的最大偏差，超过此距离则寻位失败，范围为[0,500]。 寻位速度：从起始点到寻位点的搜寻速度，范围为[−300,300]。 返回速度：寻位后返回的速度，范围为[−1500,1500]。 结果累加：对于存储变量多次使用时进行结果的覆盖或叠加操作

附录D

焊接机器人安全操作规程

1. 范围

本规程规定了焊接机器人在实施焊接操作过程中避免人身伤害及财产损失所必须遵循的基本原则。本规程为安全地实施焊接操作提供了依据。本规程均适用于 MIG 弧焊接电源器人。

2. 引用标准

本规程引用 GB 9448—1999 标准中有关焊接安全方面的相关条文，以及参照焊接机器人的使用说明书中的内容。

3. 责任

焊接监督、焊接组长和操作者对焊接的安全实施负有各自的责任。

3.1 焊接监督

3.1.1 焊接监督必须对实施焊接的操作工及焊接组长进行必要的安全培训。培训内容包括：设备的安全操作、工艺的安全执行及应急措施等。

3.1.2 焊接监督有责任将焊接可能引起的危害及后果以适当的方式（如安全培训教育、口头或书面说明、警告标识等）通告给实施焊接的操作工和焊接组长。

3.1.3 焊接监督必须标明允许进行焊接的区域，并建立必要的安全措施。

3.1.4 焊接监督必须明确在每个区域内单独的焊接操作规则，确保每个有关人员对所涉及的危害有清醒的认识并了解相应的预防措施。

3.1.5 焊接监督必须保证只使用经过认可合格并能满足产品焊接工艺要求的设备（如机器人本体、控制装置、焊接电源、送丝机构、电源电压、气瓶气压及调节器、仪表和人员的防护装置等）。

3.2 焊接组长

3.2.1 必须对设备的安全管理及工艺的安全执行负责，并担负现场管理、技术指导、安全监督和操作协作等。

3.2.2 必须保证：

——各类防护用品得到合理使用；

——在现场适当地配置防火及灭火器材；

——指派火灾、故障排除时的警戒人员；

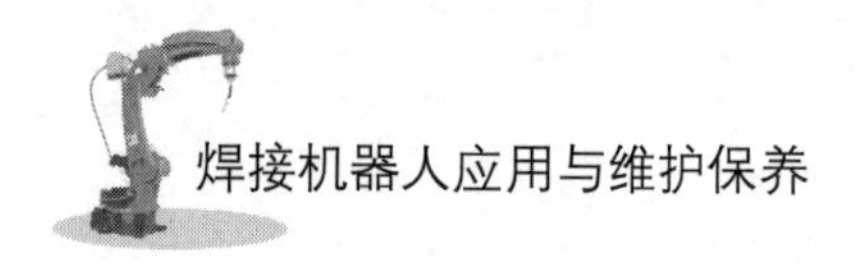

——所要求的安全作业规程得到遵循。

3.2.3 在不需要火灾警戒人员的场合，焊接组长必须在焊接操作工作业完成后做最终检查并组织消除可能存在的火灾隐患。

3.3 焊接操作工

3.3.1 焊接操作工必须具备对机器人焊接所要求的基本条件，并懂得将要实施焊接操作时可能产生的危害以及适用于控制危害条件的程序。焊接操作工必须安全地使用焊接机器人及其辅助的设备，使之不会对生命及财产构成危害。

3.3.2 焊接操作工只有在规定的安全条件得到满足，并得到焊接监督或焊接组长准许的前提下，才可实施焊接操作。在获得准许的条件没有变化时，焊接操作工可以连续地实施焊接操作。

4. 安全规范

4.1 人员及工作区域的防护

4.1.1 工作区域的防护。

4.1.1.1 设备：机器人本体、控制装置、焊接电源、送丝机构、气瓶、工作台、防护屏板、工装治具、工具用具、电缆及其他器具必须安放稳妥并保持良好的秩序，使之不会对附近的作业人员或过往人员构成妨碍。

4.1.1.2 警告标志：焊接区域和可能出现危险的机器部位必须予以明确标明，并且应有必要的警告标志。

4.1.1.3 防护屏板：为了防止作业人员或邻近区域的其他人员受到焊接电弧的辐射及焊渣飞溅的伤害，应用不可燃或耐火屏板（或屏罩）加以隔离保护。

4.1.1.4 焊接隔间：在准许操作的地方、焊接场所，必要时可用不可燃屏板或屏罩隔开形成焊接隔间。

4.1.2 人身防护。

4.1.2.1 眼睛及面部防护：

4.1.2.1.1 作业人员在观察电弧时，必须使用带有滤光镜的头罩或手持面罩，或者佩戴安全镜、护目镜或其他合适的眼镜。辅助人员也应佩戴类似的眼保护用具。

4.1.2.1.2 对于大面积观察（如培训、展示、演示的焊接操作），视情况可以配备大面积的滤光窗或幕而不必使用单个的头罩、手持面罩或护目镜。窗或幕材料必须对观察者提供安全的保护效果，使其免受弧光、碎渣飞溅的伤害。

4.1.3 身体保护。

4.1.3.1 防护服：防护服应可以提供足够的保护面积。

4.1.3.2 手套：焊接操作工必须佩戴耐火的防护手套。

4.1.3.3 围裙：当身体前部需要对火花和辐射做附加保护时，必须使用经久耐火的皮制或其他材质的围裙。

4.1.3.4 护腿：需要对腿做附加保护时，必须使用耐火的护腿或其他等效的用具。

4.2 场所的通风

4.2.1 充分通风：为保证焊接操作工在无害的呼吸氛围内工作，必须在足够的通风条件下（包括自然通风或机械通风）进行。

4.2.2 防止烟气流：焊接操作工必须戴好口罩以免直接呼吸到焊接操作所产生的烟气流。

4.2.3 通风的实施：为了确保车间空气中焊接烟尘不至于伤害到车间员工，可根据需要采用各种通风手段（如自然通风、机械通风等）。

4.3 消防措施

4.3.1 焊接操作场所只能在无火灾隐患的条件下实施。

4.3.2 在进行焊接操作的场所必须配置足够的消防器材，其配置取决于现场易燃物品的性质和数量，可以是水池、沙箱、水龙带、消防栓或手提灭火器。

4.4 人员的进入

4.4.1 未经许可非操作或工作人员不得进入焊接区域。如需进入，必须佩戴合适的防护用具并有他人监护。

4.4.2 邻近的人员必须确保不受电弧照射和焊接烟尘的伤害。

4.5 使用设备的安置

4.5.1 焊接设备的安置场所不得有暴晒、雨淋和浸泡现象。气瓶及焊接电源必须放置在操作间或者操作区域的外面，以便突发事件时切断电源或者移除气瓶，防止事故面扩大。

4.5.2 用于通风的窗口或抽气通风管道要定期检查，不能堵塞以保证其功能稳定，窗台或管道表面不得有可燃残留物，管道必须由不可燃材料制成。

4.5.3 紧急制动或报警按钮必须安置在焊接操作工第一时间能接触到且较为安全的区域内。

4.6 气瓶的储存、搬运、安放和标识

4.6.1 为了便于识别气瓶内的气体成分，气瓶必须做明显标识。其标识必须清晰、不易去除。标识模糊不清的气瓶禁止使用。

4.6.2 气瓶必须储存在不会遭受物理损坏或使气瓶内储存物的温度超过 40℃的地方，并且必须远离电梯、楼梯或过道，不会被经过或倾倒的物体碰翻或损坏的指定地点。在储存时，气瓶必须稳固以免翻倒。气瓶在储存时必须与可燃物、易燃液体隔离。

4.6.3 气瓶在使用时必须稳固竖立或装在专用车（架）或固定装置上。

4.6.4 气瓶不得置于受阳光暴晒、热源辐射及可能受到电击的地方。气瓶必须距离实际焊接作业点足够远（一般为 5m 以上），以免接触火花、热渣或火焰，否则必须提供耐火屏障。

4.6.5 气瓶不得置于可能使其本身成为电路一部分的区域。避免与电动机车轨道、无轨电车电线等接触。气瓶必须远离散热器、管路系统、电路排线等，以及可能供接地（如电焊机电源）的物体。禁止用电极敲击气瓶，在气瓶上引弧。

4.6.6 搬运气瓶时，应注意关紧气瓶阀，而且不得提拉气瓶上的阀门和保护帽；用吊车、起重机运送气瓶时，应使用吊架或合适的台架，不得使用吊钩、钢索或电磁吸盘；必须避免可能损伤瓶体、瓶阀或安全装置的剧烈碰撞。

4.6.7 气瓶不得作为滚动支架或支撑重物的托架。气瓶应配置手轮或专用扳手启闭瓶阀。气瓶在使用后不得放空，必须留有98～196kPa表压的余气。

4.6.8 清理阀门时操作者应站在排出口的侧面，不得站在其前面。

4.6.9 配有手轮的气瓶阀门不得用榔头或扳手开启。气瓶在使用时，其上端禁止放置物品，以免损坏安全装置或妨碍阀门的迅速关闭。使用结束后，气瓶阀门必须关紧。

4.6.10 如果发现燃气气瓶的阀门周围有泄漏，应关闭气瓶阀门拧紧密封螺帽。然后缓缓打开气瓶阀门，逐渐释放内存的气体。有缺陷的气瓶或阀门应做适宜标识，并送专业部门修理，经检验合格后方可重新使用。

4.6.11 当发生火灾时不可使用气瓶气体灭火，必须采用灭火器、防火沙、消防水或湿布等手段灭火。

4.6.12 如果需要采用汇流排供气，那么安装在汇流排系统的这些部件均应经过单件或组合件的检验认可，并证明符合汇流排系统的安全要求。

4.7 接地装置

4.7.1 只要有电流通过焊接设备就必须以正确的方法接地（或接零）。接地（或接零）装置必须连接良好，永久性的接地（或接零）应做定期检查。禁止使用气瓶和非接地管道作为接地装置。

4.7.2 在有接地（或接零）装置的焊件上进行弧焊操作，或者焊接与大地密切连接的焊件（如管道、房屋的金属支架等）时，应特别注意避免焊接电源和焊件的双重接地。

4.7.3 构成焊接回路的电缆外皮必须完整、绝缘良好（绝缘电阻大于1 MΩ）。

4.7.4 焊接电源的电缆应使用整根导线，尽量不带连接接头。需要接长导线时，接头处要连接牢固、绝缘良好。

4.7.5 构成焊接回路的电缆禁止搭在气瓶等易燃品上，禁止与油脂等易燃物质接触。在经过通道、马路时，必须采取保护措施（如使用保护套）。

4.7.6 能导电的物体（如管道、轨道、金属支架、暖气设备等）不得用作焊接回路的部分。

4.8 机器设备维修

4.8.1 机器设备必须随时维护，保持在安全的工作状态。当设备存在缺陷或安全危害时必须中止使用，直到其安全性得到保证为止。修理必须由认可的人员进行。

4.8.2 不得不在控制装置电源接通的情况下进行检查或维修时，防护栏外必须有一名看守人员（第三人）始终观察工作的进行情况，并做好随时立即按下紧急停止按钮的准备。

4.9 当需要对设备参数进行修改时，应确保设备的修改或补充不会因设备电气或机械额定值的变化而降低其安全性能。

5. 安全操作规程

5.1 指定操作、调试、编程或维修焊接设备的人员必须了解、掌握并遵守有关设备的使用说明及作业标准。此外，还必须熟知本规程的有关安全要求（如人员防护、通风、防火等内容）。

5.2 在开始焊接操作前必须检查确认下述内容处于正常良好状态。

5.2.1 每个安装的接头应确认其连接良好，线路连接正确合理，接地符合要求。

5.2.2 确认本机所属设备设施完好无损。

5.2.3 磁性焊件夹爪在其接触面上不得有附着的金属颗粒及飞溅物。

5.2.4 检查清理现场，确保没有易燃易爆物品（如油抹布、废弃的油手套、油漆、香蕉水等）。

5.2.5 检查工位之间的隔板是否良好和处于正常位置，确保遮光效果良好和安全。

5.2.6 检查焊接工位之间的通道和机器人手臂空中运行的通道是否保持通畅。

5.3 执行焊接操作：

5.3.1 操作者务必穿戴长袖的工作服装、工作手套，戴上防护眼镜，不要穿暴露脚面的鞋子，以防止焊渣烫伤。

5.3.2 开机时必须确认机器人手臂动作区域内没有其他人员。

5.3.3 打开总电源开关、打开电焊机电源及附属设备电源，按产品焊接工艺要求调试气压、电压、电流和送丝速度。

5.3.3.1 手指、手套、头发、衣物等不要靠近送丝装置的旋转部位，谨防卷入发生事故。

5.3.3.2 操作时要精细专心，产品焊件要摆放到位，工装、夹具的压紧装置必须压牢。

5.3.4 打开机器人控制装置电源。

5.3.5 打开启动程序，选择并确定焊接产品的焊件工艺与机器人现在的程序保持一致。

5.3.6 打开【焊接切】即选择不焊接状态，启动运行机器人，观察确认机器人手臂运行轨迹正常无误，关闭【焊接切】即选择焊接状态，启动焊接操作。

5.3.7 启动焊接操作时，确定机器人手臂和工装翻转动作范围区域内无人，以防止被机械手或工装碰伤。

5.3.8 焊接过程中，操作人员不得离开现场，以及时应对突发事故的处理。

5.3.9 操作中如果发现设备异常或故障应立即停机，紧急状况按下紧急停止按钮，排除故障或保护好现场并报专业人员维修。

5.3.10 待焊接完成工装翻转置初始位置时，操作者才可靠近取件。

5.3.11 将所有工装上加紧装置松开，取下焊好的产品，务必戴好防护手套以防止烫伤。

5.3.12 将焊接好的产品整齐有序地放置于容器中，不要放置过高，以防止产品倒塌而磕碰受损或造成人员伤害。

5.4 工作结束或中止。

5.4.1 清理现场、擦拭机器人本体、调试、维护等工作，必须在停机后方可进行。

5.4.2 当焊接工作中止时（如工间休息、下班），必须关闭机器人、关闭气路装置和切断设备电源。

5.4.3 下班后清理、打扫焊接区域内的焊瘤、焊渣和杂物，擦拭机器人手臂本体、电气箱等部位，做好设备的点检记录。

参 考 文 献

[1] 樊自田. 材料成形装备及自动化[M]. 北京：机械工业出版社，2006.
[2] 夏继强，邢春香. 现场总线工业控制网络技术[M]. 北京：北京航空航天大学出版社，2005.
[3] 连硕教育教材编写组. 工业机器人入门与实训[M]. 北京：电子工业出版社. 2017.
[4] 连硕教育教材编写组. 工业机器人仿真技术入门与实训[M]. 北京：电子工业出版社. 2018.
[5] 连硕教育教材编写组. 工业机器人仿真技术[M]. 北京：电子工业出版社. 2018.
[6] 连硕教育教材编写组. 西门子 PLC 精通案例教程[M]. 北京：电子工业出版社. 2019.